Inhalt

1 Einleitung: Der große Traum

Egal, ob es ein Praktikum ist, ein Ferienjob, der Berufseinstieg oder einfach eine attraktive neue Stelle woanders: Ein Arbeitsaufenthalt im Ausland bereichert nicht nur jeden Lebenslauf und ist für viele Personalchefs ein entscheidendes Kriterium bei der Jobvergabe, sondern auch die neu gesammelten persönlichen Erfahrungen sind kostbar. Eigeninitiative und Flexibilität, Anpassungsfähigkeit, Organisationstalent, Selbstvertrauen und Lernbereitschaft, so lauten nur einige der Eigenschaften, auf die ein Engagement im Ausland schließen lässt. Das Know-how, das man fernab der Heimat erwerben kann, ist geradezu unerschöpflich.

Das Zauberwort heißt also „interkulturelle Kompetenz": Da nationale Grenzen im Geschäftsleben immer öfter überschritten werden, ist es wichtig, neben fundiertem Fachwissen, die Gepflogenheiten von Geschäftspartnern im Ausland zu kennen und sich entsprechend zu verhalten. Unkenntnis kann sonst zu peinlichen und unangenehmen Situationen führen, die im schlimmsten Fall auch massive finanzielle Konsequenzen nach sich ziehen. Mitarbeiter, die andere Kulturkreise kennen gelernt und interkulturelle Kompetenz erworben haben, sind für moderne Unternehmen unersetzlich.

1.1 Die Chance ergreifen: Der Aufenthalt im englischsprachigen Ausland

Wer den Schritt in internationale Gewässer wagen will, für den ist das englischsprachige Ausland ein ideales Sprungbrett. Viele junge Menschen nutzen schon während der Schulzeit oder des Studiums Angebote, um ein Jahr nach England oder in die USA zu gehen. Diese Länder, aber auch Kanada, Irland, Australien und Neuseeland, stehen auch für Jobsuchende auf der Beliebtheitsskala für Auslandsaufenthalte ganz oben, weil sie mit wirtschaftlicher Prosperität und attraktiven Stellen locken, die hier bei uns mehr und mehr fehlen. Heutzutage ist Auslandserfahrung ein wesentlicher Bestandteil der Karriereplanung. Ein Au-pair-Job in Amerika, ein Praktikum in einem kanadischen Betrieb, die Anfangsstelle im wirtschaftlich blühenden Australien oder eine Festanstellung bei einem Unternehmen in Großbritannien: Es gibt es viele Möglichkeiten, im englischsprachigen Ausland Fuß zu fassen. Und bedenken Sie: Mit der zunehmenden Globalisierung werden immer mehr Stellen in Deutschland und weltweit geschaffen, die international ausgerichtet sind. Nationale Unternehmen expandieren mit Auslandsinvestitionen, um im internationalen Wettbewerb zu bestehen und Kosten zu regulieren. Unabhängig davon, ob die Arbeitnehmer im Ausland leben oder ob sie schon in Deutschland mit ausländischen Mitarbeitern und Kunden zu tun haben, die Unternehmen suchen Mitarbeiter, die interkulturelle Kompetenz mitbringen oder bereit sind, diese vor Ort zu erwerben.

1.2 Das Buch als Coach

Ganz gleich, ob Sie sich für ein Praktikum interessieren, von Ihrer Firma entsandt werden oder auf eigene Faust einen Job im Ausland suchen möchten, Sie finden in diesem Buch unzählige detaillierte Hilfestellungen für das richtige Bewerben in den USA, Kanada, Australien, Neuseeland und Großbritannien, inklusive Hinweise auf besondere Unterschiede zwischen den Ländern oder Kontinenten. Wir wollen Ihnen einen möglichst praktischen Leitfaden an die Hand geben, der Sie mit dem notwendigen Instrumentarium ausstattet, ohne lange mit Unnötigem aufzuhalten. Deshalb haben wir uns bei der Gliederung des Buchs am Ablauf eines Bewerbungsvorgangs orientiert. Wenn Sie planen, sich zu bewerben, können Sie sich also an die Struktur unseres Buchs halten und es Kapitel für Kapitel durcharbeiten - von der Selbstanalyse zu Beginn über das Vorstellungsgespräch bis hin zum Vertragsabschluss.

Natürlich funktioniert das Buch auch als Nachschlagewerk. Sie haben die Zusage für einen neuen Job bekommen und wollen nun etwas über Gehaltsverhandlungen wissen? Sie möchten herausfinden, wo Sie sich über eine Aufenthaltsgenehmigung informieren können? Sie wollen sich für ein Praktikum bewerben, kennen aber die Institutionen nicht, die entsprechende Programme anbieten? In unserem Buch finden Sie schnell die Antworten auf diese Fragen. Wir haben großen Wert auf ein übersichtliches Layout gelegt, so dass Sie sich nicht erst durch lange Texte arbeiten müssen, um an die gesuchte Information zu gelangen.

 ## Übrigens!

Manche Informationen werden auch mehrfach gegeben, weil sie an verschiedenen Stellen nötig sind, oder es wird mit Verweisen gearbeitet. Das bedeutet, bestimmte Wiederholungen werden bewusst in Kauf genommen, damit der Leser flexibel an verschiedenen Stellen, die ihm persönlich wichtig sind, einsteigen kann.

Wo will ich beruflich hin? Durch welche Fähigkeiten zeichne ich mich gegenüber anderen Bewerbern aus? Wie kann ich meine Person und meine Qualitäten am besten verkaufen? Bevor Sie mit der Bewerbung loslegen können, sollten Sie sich gut vorbereiten und sich über einige grundlegende Fragen klar werden. Wir liefern Ihnen in diesem Buch Tipps für eine perfekte Vorbereitung - von der Selbstanalyse bis zur kurzen Selbstpräsentation.

Das eigentliche Bewerbungsverfahren beginnt mit der Stellensuche, das versteht sich von selbst. Ob Sie nun die professionelle Hilfe von Ämtern oder

Vermittlungsagenturen in Anspruch nehmen wollen, lieber auf eigene Faust Zeitungen durchforsten oder doch eher die so genannten neuen Medien favorisieren: Wir stellen Ihnen die unterschiedlichen Wege vor, auf denen Sie zu Ihrem Traumjob gelangen können. Darüber hinaus haben wir für Sie unzählige Internetadressen von Zeitungen und Jobsites verschiedener Länder gesichtet und die interessantesten im Anhang zusammengestellt.

Ein spezielles Kapitel widmen wir der Kunst des Networkings. Ohne persönliche Kontakte geht heute nichts mehr. Nur so erfährt man Neuigkeiten, bevor sie publik gemacht werden. Man hat gegenüber Mitbewerbern, die den gewöhnlichen – und langsameren – Bewerbungsweg gehen, die entscheidende Trumpfkarte im Ärmel: Durch den persönlichen Kontakt ergeben sich viel mehr Anknüpfungschancen als durch eine schlichte Initiativbewerbung, die im schlechtesten Fall erst einmal in einer Schublade verschwindet.

Der Erfolg Ihrer Bewerbung hängt natürlich nicht zuletzt von Ihrem überzeugend formulierten Anschreiben und Lebenslauf ab. Wir können Ihnen in diesem Buch dabei helfen, Ihr Anliegen und Ihre Daten ansprechend und interessant zu verpacken. Für den Inhalt sind natürlich Sie verantwortlich. Und denken Sie daran: Die Fakten sind zwar wichtig, aber wie sie präsentiert werden, ist oftmals entscheidend. Sie finden eine detaillierte Anleitung, was in Ihr Anschreiben hineingehört und was nicht, wie Sie sich darstellen sollten und auf welche sprachlichen Mittel Sie dabei zurückgreifen können. Ein besonderer Clou: Dieses Buch liefert Sprachbausteine und umfangreiche deutsch-englische Vokabellisten zu den verschiedenen Stationen des Bewerbungsverfahrens. So finden Sie für jede Situation die passende Formulierung. Damit einer perfekten Bewerbung nichts mehr im Wege steht, bieten wir Ihnen darüber hinaus etliche Tipps und Tricks und weisen jeweils auf die entscheidenden Länderunterschiede hin.

Nach der Bewerbung folgt der nächste große Schritt: das Vorstellungsgespräch. Im Gegensatz zu Ihrer schriftlichen Bewerbung, die zunächst einen Überblick über Ihre Qualifikationen und einen ersten Eindruck von Ihren sprachlichen Fähigkeiten vermitteln soll, gilt es hier, Sicherheit im Auftritt zu beweisen und den Arbeitgeber von sich zu überzeugen. In diesem Kapitel erfahren Sie, wie Sie sich optimal auf ein Vorstellungsgespräch vorbereiten können. Welche Fragen müssen Sie erwarten und welche Antworten könnten Sie geben? Womit können Sie besonders überzeugen? Das Kapitel wird mit Hinweisen zu möglichen Stolpersteinen und Tipps zur richtigen Strategie für die Gehaltsverhandlung abgerundet.

Wenn es wirklich ernst wird und der Wechsel in ein anderes Land bevorsteht, welche Arbeitserlaubnis benötigen Sie? Wo informieren Sie sich über Kranken- und Sozialversicherung? Wichtige Fragen, zu denen wir Ihnen im Anhang eine Fülle von Internetadressen zur Recherche zusammengestellt haben.

Wenn Sie die Ratschläge und Anregungen aus diesem Buch beherzigen, sind Sie mit dem Rüstzeug, das für eine Bewerbung auf Englisch nötig ist, ausgestattet. Natürlich ist das allein keine Garantie dafür, dass Sie die Stelle, auf die Sie sich bewerben, auch bekommen. Grundvoraussetzungen für eine erfolgreiche Bewerbung sind in jedem Fall gute bis hervorragende Englischkenntnisse. In einigen Ländern werden entsprechende Sprachprüfungen vorausgesetzt. Wenn Sie sich Ihrer sprachlichen Fähigkeiten nicht sicher sind, sollten Sie also lieber noch einen Englischkurs besuchen. Denn spätestens beim Vorstellungsgespräch müssen Sie Farbe bekennen. Um Ihre englischen Sprachkenntnisse besser einschätzen zu können oder die eine oder andere grammatikalische Unsicherheit zu beseitigen, erweisen sich unsere Hinweise auf spezifische Grammatikaspekte im Anhang als hilfreich.

Verstehen Sie die zahlreichen zweisprachigen Formulierungshilfen, die authentischen Musterbriefe sowie Lebensläufe als Anregungen, um Ihr Anschreiben und Ihren individuellen Lebenslauf zu verfassen. Denken Sie immer daran, dass Sie nicht der einzige Kandidat sind und sich von Ihren Mitbewerbern abheben müssen. Ihre Persönlichkeit steht im Vordergrund. Viele Bewerber glauben immer noch, vorrangig ihre fachlichen Qualifikationen ebnen den Weg zur neuen Stelle. Doch die soziale Kompetenz ist mindestens genauso wichtig: Schließlich soll man mit Ihnen gut zusammenarbeiten können. Fachliche Mängel kann man meist beheben – durch Engagement, Lernbereitschaft und Weiterbildung – persönliche Defizite hingegen sind nur schwer wettzumachen.

Nur Mut: Gute bzw. erfolgreiche Bewerbungen zu schreiben, will gelernt sein. Erwarten Sie nicht, dass Ihr erster Anlauf direkt von Erfolg gekrönt wird. Bleiben Sie am Ball, feilen Sie an Ihren Formulierungen, knüpfen Sie weitere Kontakte, nutzen Sie auch negative Erfahrungen – bilden Sie sich fort.

Übrigens: Für Eilige haben wir noch den Abschnitt „Schnelldurchgang: Die häufigsten Fragen vor dem Start im Dutzend" vorgesehen. Sie können auch damit einsteigen und dann die Kapitel aufschlagen, die Sie besonders interessieren.

Wir hoffen, dass dieses Buch Sie optimal auf kommende Aufgaben vorbereitet und Ihnen die Türen ins englischsprachige Ausland öffnet.

Bochum, im Oktober 2006

Dirk Neuhaus, Karsta Neuhaus

1.3 Schnelldurchgang: Die häufigsten Fragen vor dem Start im Dutzend

1. Für mich steht fest, dass ich ins englischsprachige Ausland will. Aber wie starte ich meine Arbeitssuche?

Am Anfang steht Ihre Selbstanalyse. Überlegen Sie zunächst, welche Ziele Sie mit Ihrem Auslandsaufenthalt verfolgen wollen. Welche Gegend interessiert Sie? In welcher Branche möchten Sie arbeiten? Wollen Sie längerfristig oder nur für kurze Zeit im Ausland bleiben? Danach stellen Sie Ihre Qualifikationen, Berufserfahrungen und persönlichen Eigenschaften zusammen. Schließlich wird während Ihrer Arbeitssuche erwartet, dass Sie genau beschreiben können, was Sie wollen und was Sie zu bieten haben. Kapitel 2.1 zeigt, wie Sie am besten vorgehen.

2. Lässt sich ein Auslandsaufenthalt von Deutschland aus auf eigene Faust planen? Findet man auch so einen Job?

Die Antwort ist ein klares Ja. Es gibt zahlreiche Organisationen, die Ihnen dabei behilflich sein können. Als zusätzliche Quellen können Sie ausländische Printmedien und das Internet nutzen. Auch Networking wird wichtig, wenn Sie Ihren Auslandsaufenthalt planen oder einen Job suchen. Kapitel 2.3 zeigt auf, welche Möglichkeiten sich Ihnen grundsätzlich bieten und in Kapitel 3 wird klar, dass erfolgreiches Networking auch per Telefon und E-Mail funktioniert. Im Kapitel 7 finden Sie neben Internetadressen für Praktika und Au-Pair-Vermittlungen zahlreiche Jobsites für die wichtigsten englischsprachigen Länder.

3. Wie wichtig sind gute Englischkenntnisse?

Sie sind essentiell! Experten der ZAV und Vertreter der Auslandshandelskammern betonen unisono, dass für alle Bereiche, Branchen und Positionen die Beherrschung der Landessprache Voraussetzung für eine erfolgreiche Arbeitssuche im englischsprachigen Ausland ist. In einigen Ländern müssen Sie Sprachprüfungen abgelegt haben, in anderen werden Ihre Englischkenntnisse in einem Punktesystem bewertet.

Schon während der Arbeitssuche stehen Ihre Englischkenntnisse auf dem Prüfstand: Telefonate und persönliche Gespräche in der Fremdsprache gehören zu den höheren Anforderungen. Suchen Sie sich deshalb einen kompetenten Muttersprachler und spielen Sie mit ihm alle möglichen Varianten der Unterhaltung durch. Je überzeugender Sie dabei lernen, auf jede neue Gesprächswendung einzugehen, Zwischentöne zu beherrschen, desto höher steigen Ihre Chancen, zu überzeugen und den Job zu bekommen. Kapitel 3.3 gibt Ihnen auf zwölf Seiten zahlreiche deutschenglische Formulierungshilfen für Telefonate an die Hand und in Kapitel 3.4.3 finden Sie mögliche Fragen, auf die Sie in einem Sondierungsgespräch zurückgreifen können. Um auf Nummer Sicher zu gehen, beachten Sie im Anhang – kurz und knapp – die einschlägigen Grammatiktipps. Das schadet nie!

4. Wie bereite ich mich am besten auf englische Jobinterviews vor?

Wir haben in Kapitel 6.4.2 eine Vielzahl klassischer Interviewfragen von „Tell me about yourself" bis zu „Tricky questions" zusammengestellt. Um sicher und selbstbewusst in ein Vorstellungsgespräch zu gehen, müssen Sie sich selbst auf diese Fragen überzeugende Antworten geben können. Ihre englischen Antworten trainieren Sie am besten in Rollenspielen. Im Kapitel 6.4.4 finden Sie eine Fülle von Kommentaren und Musterantworten auf Englisch, die Ihnen dafür Anregungen geben und Formulierungshilfe sein sollen.

5. Die Form war mir noch nie wichtig. Für mich zählt der Inhalt. Muss ich mich beim Bewerbungsschreiben an bestimmte Gepflogenheiten halten, obwohl ich Ausländer bin?

Ja. Das Bewerbungsschreiben ist das erste, was Ihr potenzieller Arbeitgeber von Ihnen liest. Von der Qualität dieses Briefs hängt ab, ob er sich den Lebenslauf überhaupt noch ansieht. Leider gibt es den Musterbrief nicht, der auf alle Bewerbungen und Absender sowie Adressaten passen würde. Das heißt, Ihr Schreiben muss zwar formal den landestypischen Anforderungen und Regeln entsprechen, aber sollte unbedingt auch einen persönlichen unverwechselbaren Charakter haben. Kapitel 4 zeigt, wie man das erreicht. Auch wenn ein individuell maßgeschneidertes Schreiben mehr Aufwand bedeutet, die Mühe zahlt sich letztlich aus. Sie legen damit schließlich Ihre Visitenkarte vor. Dabei zählen Form und Inhalt. Musterbriefe zur Anregung finden Sie In Kapitel 4.2.

6. Elektronische Lebensläufe sind gang und gäbe. Brauche ich neben dem Electronic Résumé auch noch einen Lebenslauf auf Papier?

Mithilfe elektronischer Lebensläufe ist es leichter geworden, mit potenziellen Arbeitgebern Kontakt aufzunehmen und die individuellen Fähigkeiten und Fertigkeiten gleichzeitig bei verschiedenen Unternehmen weltweit zu vermarkten. Die Kosten dafür sind überzeugend gering.

Und Sie müssen nicht erst versuchen, Ihren Ansprechpartner über die Sekretärin zu erreichen. Und damit gewinnen Sie auch Zeit. In Kapitel 5.3 finden Sie alles, worauf es beim elektronischen Resume ankommt, von den Keywords bis zum Layout.

Einen Papierlebenslauf benötigen Sie trotzdem (vgl. dazu Kapitel 5.2). Sie sollten ihn für Networkingkontakte parat haben und ihn auf jeden Fall zum Jobinterview mitnehmen. Abgesehen davon gibt es noch zahlreiche Personalverantwortliche, die die klassische Form eines Papierlebenslaufs vorziehen.

7. Wie kann ich prüfen, ob ich etwas vergessen habe, was die Beschreibung meiner Fähigkeiten und Eigenschaften angeht?

Schlagen Sie im Kapitel 5.4 nach. In der Auflistung „Mehr Power durch Aktionsverben" werden viele mögliche berufliche Leistungen aufgeführt. Im Kasten S. 169 „Personality Traits – Diese Eigenschaften sind gefragt" sowie im Kasten „Poweradjektive" finden Sie das notwendige Handwerkszeug, um in Ihrem Lebenslauf überzeugend hervorzuheben, was Sie auszeichnet. Je präziser Sie sich und Ihre Fähigkeiten beschreiben, desto vorteilhafter für Sie. Dabei muss Ihr Lebenslauf auch kurz und prägnant sein. Nennen Sie nur die Dinge, die Ihrem potenziellen Arbeitgeber wichtig sein könnten.

8. Mein Schulenglisch ist nicht schlecht, aber wie checke ich, ob meine Bewerbungsunterlagen professionell und up-to-date klingen?

Ob elektronisch oder auf Papier: Die richtigen branchen- und positionsrelevanten Schlüsselwörter gehören einfach dazu. Auf Deutsch kein Problem. Englische Keywords finden Sie in Hülle und Fülle in den entsprechenden Stellenanzeigen im Internet. Damit halten Sie sich auf dem Laufenden. Unsere Musterlebensläufe im Kapitel 5.3 sowie die Aktionsverben und Poweradjektive in Kapitel 5.4 werden Ihnen Hilfen sein, Ihren eigenen Resume/CV professionell zu verfassen. Zwanzig Seiten deutsch-englische Formulierungshilfen für Ihr Bewerbungsanschreiben im Kapitel 4.4 sowie die Musterbriefe in Kapitel 4.2 liefern Ihnen in Hülle und Fülle „Bausteine" für Ihre Bewerbungsunterlagen.

9. Wie erfahre ich im Vorfeld so viel wie möglich über das Unternehmen, bei dem ich mich bewerben möchte?

Kapitel 6.2 „Gut vorbereitet ins Gespräch" gibt hierüber Auskunft. Unternehmensrecherche heißt der Schlüsselbegriff. Nutzen Sie alle hier aufgelisteten Möglichkeiten. Versuchen Sie darüber hinaus, Kontakt zu

Mitarbeitern zu knüpfen, um Besonderheiten zu erfahren, die Sie später im Personalgespräch platzieren können. So signalisieren Sie, dass Sie sich schon intensiv damit auseinandergesetzt haben, wie die Firma aufgestellt und dass es Ihnen wichtig ist, immer mehr zu wissen als Ihre Mitbewerber.

10. Gehört Smalltalk auch zu den entscheidenden Aspekten der Jobsuche? Kann man so was lernen?

Ja. Smalltalk ist oft wichtiger als Sie vielleicht denken. Beispielsweise hilft er Ihnen beim Einstieg ins Vorstellungsgespräch sowie am Rande eines Treffens oder Telefonats mit einem Networkingkontakt. Smalltalk schafft Verbindlichkeit. Kapitel 6.4 zeigt, wie es geht und gibt Ihnen eine Fülle von Mustersätzen und Redewendungen an die Hand, damit Sie schon in der ersten Runde punkten können. Auch hier gilt: Rollenspiele wirken als Übung Wunder und machen sicher fürs Parkett. Im Erfahrungsbericht aus den USA (vgl. S. 230) können Sie nachlesen, welche Bedeutung Smalltalk im Jobinterview hat.

11. Ist auch gegen Stress Questions ein Kraut gewachsen?

Ja, wenn Sie einmal durchdacht haben, wie solche Stressfragen lauten könnten, haben Sie meist auch ein passendes Gegenmittel zur Hand. Und egal, was passiert: Immer die Ruhe bewahren, sich nie provozieren lassen und sachlich bleiben. Und denken Sie daran: Die Interviewer wollen oft nur sehen, wie Sie reagieren. Ein bisschen Humor zu zeigen, kann übrigens auch nicht schaden. Einige Beispiele haben wir in Kapitel 6.3 zusammengestellt. Kommentare und englische Musterantworten für eine ganze Reihe von Fragen finden Sie in Kapitel 6.4.

12. Gehaltsverhandlungen sind schon in Deutschland nicht leicht. Wie läuft das im Ausland ab?

Auch hier gilt: Woanders ist manches anders. Machen Sie sich also rechtzeitig schlau, was in Ihrem Zielland gesetzlich festgelegt ist und was Sie daneben in Ihren Gehalts- und Vertragsverhandlungen regeln wollen. Damit Sie nicht sprachlos bleiben, haben wir in Kapitel 6.5 eine Liste relevanter Termini zusammengestellt sowie Mustersätze, die Sie elegant in Ihre Verhandlung einfließen lassen können. Zu Gehaltsspiegeln für die wichtigsten englischsprachigen Länder werden im Kapitel 7 relevante Internetadressen aufgeführt.

2 Der Weg zum Ziel: Arbeitssuche und –vermittlung

Eine gute Vorbereitung ist das A und O einer erfolgreichen Arbeitssuche. Bevor Sie also vorschnell einen Unternehmer im Ausland kontaktieren, einen Lebenslauf mailen oder in ein Vorstellungsgespräch gehen, sollten Sie sich zunächst mit Ihrer beruflichen Situation auseinandersetzen und alle nötigen Daten wie Abschlüsse, bisherige Arbeitgeber, Arbeitsschwerpunkte, Verantwortungsbereiche, berufliche Erfolge und Interessen zusammenstellen – nach dem Motto: „Know Thyself – Know Thy Job. Know what you want to offer." Machen Sie eine Status quo-Analyse und überlegen Sie genau, welche Ziele Sie verfolgen wollen.

2.1 Gut vorbereitet: Von der Selbstanalyse zur Selbstpräsentation

Unser Ratschlag lautet demnach: Machen Sie also zunächst Ihre Hausaufgaben. Die folgende kleine Checkliste hilft Ihnen dabei fürs Erste:

- Beschreiben Sie Ihre fachlichen Kompetenzen und persönlichen Qualitäten und skizzieren Sie Ihre bisherige berufliche Entwicklung, insbesondere die Verantwortungsbereiche und Erfolge zu den einzelnen Stationen.

- Definieren Sie Ihr Berufsziel.

- Suchen Sie sich eine Sparte aus, in der Sie arbeiten möchten.

- Wählen Sie eine bestimmte Gegend, die Sie favorisieren.

- Bestimmen Sie die gewünschte Größe der Firma und suchen Sie Ihr Unternehmen ganz gezielt aus.

- Es ist sehr nützlich, wenn Sie sich zu allen Punkten Stichwörter machen, um sich rasch Klarheit zu verschaffen.

2.1.1 Berufliche Ziele, Qualifikationen und Erfahrungen definieren

Dieser erste Schritt – die Selbstanalyse – ist besonders wichtig, denn es wird von Ihnen erwartet, dass Sie möglichst genau beschreiben können, welches Berufsziel und welche Position Sie anstreben und welche Qualifikationen, Berufserfahrungen und persönlichen Eigenschaften Sie mitbringen. Machen Sie sich bewusst, dass der Arbeitgeber einen Mitarbeiter sucht, der seine Probleme lösen kann. Ihre Aufgabe besteht also vorrangig darin, ihm im Detail klarzumachen, dass genau Sie das entsprechende Potenzial besitzen.

Anm.: Im vorliegenden Buch wird aus praktischen Gründen immer nur die männliche Form der Anrede etc. benutzt. Die weiblichen gelten als eingeschlossen.

Experten vergleichen die Arbeitssuche auch gerne mit einer Ego-Marketing-kampagne: Wer sich selbst souverän verkauft und seine Fähigkeiten überzeugend präsentiert, hat entscheidende Vorteile. Denn bei der Arbeitssuche kommt es im Wesentlichen darauf an, dass Sie Ihre Accomplishments anpreisen, d.h. das präsentieren, was Sie bisher geleistet haben. Versuchen Sie deshalb, an möglichst konkreten Beispielen klarzumachen, wie Sie in der Vergangenheit beispielsweise Kosten reduzieren, Umsätze erhöhen oder Verkaufszahlen steigern konnten. Denn nur so überzeugen Sie den Unternehmer, dass Sie künftig auch für ihn effiziente Arbeit leisten und zu seinem Erfolg beitragen können. Damit Sie nichts Wichtiges aus Ihrer beruflichen Laufbahn vergessen und selber den Überblick behalten, sollten Sie zur Vorbereitung auf einzelnen Karteikarten, nach verschiedenen Kapiteln gegliedert, Ihre Berufserfahrungen, Ausbildungsetappen sowie Kenntnisse und Fähigkeiten festhalten. Dazu zählen:

- Work Experience
  - Vollzeit- und Teilzeitjobs,
  - Name des Arbeitgebers, Adresse,
  - kurze Arbeitsplatzbeschreibung,
  - Beginn und Ende der Tätigkeit,
  - Verantwortungsbereiche,
  - Ergebnisse der Tätigkeit (zählen Sie hier auch Beispiele für Ihre beruflichen Erfolge auf wie: „I designed display that increased sales by 10 procent" oder „I won Employee of the Year Award").

- Volunteer experience
  - Verein, Verband, Club,
  - Verantwortungsbereiche und Funktionen,
  - Ergebnisse der Tätigkeit.

- Education
  Wenn Sie weniger als fünf Jahre Berufserfahrung haben, ist dies der wichtigste Teil des Lebenslaufs. Tragen Sie deshalb für diese Sparte alle wesentlichen Daten zusammen.
  - Schule,
  - Daten des Schulbesuchs,
  - Haupt- und Nebenfächer des Studiums (beachten Sie dabei, dass eine bloße Aufzählung oft langweilig wirkt. Genieren Sie sich nicht und notieren auch herausragende Noten, Ehrungen und Stipendien).

- Trainings
  - firmeninterne Seminare,
  - Sprachkurse, EDV-Seminare etc. (nennen Sie auch den Namen der Institution, die Art der Ausbildung, erhaltene Lizenzen, erbrachte Leistungen und Ergebnisse).

- Skills Summary
  - Kommunikationsfähigkeit,
  - Teamfähigkeit,
  - Führungseigenschaften,
  - Organisationsfähigkeit,
  - Computerkenntnisse etc.

Vergessen Sie nicht, dass nicht nur Ihre beruflichen Erfahrungen und Leistungen gefragt sind, sondern auch Ihre persönlichen Eigenschaften. Qualitäten, die in angloamerikanischen Lebensläufen und Vorstellungsgesprächen neben den Fachkompetenzen gern genannt werden, sind beispielsweise Dependability, Creativity, Loyalty, Attention to Detail, Enthusiasm. Eine ausführliche deutsch-englische Liste solcher Aktionswörter finden Sie ab Seite 165.

2.1.2 Für alle Fälle: Ihre Selbstpräsentation

Der erste Schritt ist getan: Sie sind sich über Ihre beruflichen Ziele und Kompetenzen sowie Ihre persönlichen Pluspunkte klar geworden. Nutzen Sie diese Selbstanalyse als Grundlage für eine kurze schriftliche Präsentation Ihrer bisherigen beruflichen Entwicklung, auf die Sie in vielen Bewerbungssituationen zurückgreifen können:

- wenn Sie während eines ersten Gesprächs mit einem Networking-Kontakt beschreiben möchten, wer Sie sind, was Sie suchen und was Sie zu bieten haben.

- wenn Sie im Bewerbungsanschreiben deutlich machen möchten, welchen Beitrag Sie zum Erfolg des Wunschunternehmens leisten können.

- wenn Sie telefonisch bei einem Unternehmen Erkundigungen einholen möchten und sich zu Beginn kurz vorstellen und Ihr Anliegen erläutern.

- wenn Sie während eines Vorstellungsgesprächs aufgefordert werden, in ein paar Sätzen zu sagen, wer Sie sind.

Es gibt also genügend Gelegenheiten, in denen es von Vorteil ist, eine entsprechende Version parat zu haben, in der stichwortartig Ihre Qualifikationen und beruflichen Erfahrungen zusammengefasst sind. Wir werden immer wieder darauf verweisen.

Eine gute Vorbereitung zahlt sich aus

Es ist mehr als wahrscheinlich, dass Sie im Vorstellungsgespräch gebeten werden: „Tell me something about yourself." Sie werden nun sehen, dass sich Ihre gute Vorbereitung gelohnt hat: Heben Sie Ihre Pluspunkte knapp, aber prägnant, hervor und belegen Sie sie mit konkreten Beispielen aus Ihrer beruflichen Praxis. Stellen Sie dabei immer einen Bezug zwischen Ihrem Profil und dem Anforderungsprofil der Stelle her. Erwähnen Sie nur solche Highlights, die für den Arbeitgeber von Interesse sind. So könnten Sie beispielsweise Ihre Kommunikationsfähigkeit hervorheben, wenn die neue Stelle den Umgang mit Kunden vorsieht oder Ihre Teamfähigkeit, wenn Sie in Projektgruppen arbeiten werden. Und langweilen Sie Ihre Gesprächspartner nicht. Bemühen Sie sich, nicht mehr als zwei bis drei Minuten für Ihre Kurzpräsentation zu verwenden und versuchen Sie, möglichst interessant zu erzählen. Geben Sie sich selbstbewusst und begeisterungsfähig und zeigen Sie, dass Sie ein Go-Getter sind. Das bedeutet nichts anderes als: Sie wissen genau, was Sie beruflich erreichen wollen.

Souveränität überzeugt

Eine gute Selbstdarstellung ist deshalb im Bewerbungsverfahren so wichtig, weil der potenzielle Arbeitgeber wissen möchte, ob Sie wirklich an der Stelle interessiert sind, sich überdurchschnittlich engagieren wollen, ob Sie den Job tatsächlich machen können und ob Sie ins Unternehmen passen würden. Je besser Ihnen diese Präsentation gelingt, desto eher überzeugen Sie den Personalverantwortlichen, dass Sie die nötigen Fachkompetenzen und persönlichen Qualitäten mitbringen, die von dem neuen Stelleninhaber erwartet werden. Der Arbeitgeber schließt aus den Leistungen, die Sie in Ihren bisherigen beruflichen Stationen gezeigt haben, auf die Leistungsfähigkeit in seinem Unternehmen.

2.1.3 Aussagekräftige Selbstpräsentationen

Damit Sie es mit Ihrer Selbstpräsentation leichter haben, bieten wir Ihnen zwei Beispiele dafür, wie eine interessante und überzeugende Selbstdarstellung aussehen kann. Ob kurz oder detailliert: Entscheiden Sie, welche Version für Ihre Situation am sinnvollsten ist und legen Sie los.

 Beispielhaft!

- In aller Kürze: Die erste Variante einer Selbstpräsentation

I am an engineer with a PhD degree in Civil Engineering and have worked for 25 years in hydro-power. Currently I am working as the Project Manager, supervising the development and construction of a multi-purpose dam in Manantali (Mali). The project also includes a hydro-power station, transmission lines, and substations throughout Mali.

To give you an idea of the size of the project, the overall cost of the project is 910 million Euro and it will take seven years to complete.

My success as a project manager is demonstrated by the fact that the project will be completed six months ahead of schedule and 4% below its estimated costs. My company is extremely pleased with my performance.

- Gehen Sie ins Detail: Die zweite Variante einer Selbstpräsentation

The project management position for the design and implementation of a hydro-power project in Nepal as announced on your website, looks tailor-made for me. You can see from my track record that I have an excellent history of successfully leading and motivating multidisciplinary teams. In addition, I can demonstrate that I have completed hydro-power projects within tight time frames and budget limits. I am eager to apply my knowledge and experience to this project and I am sure I would prove to be a valuable asset to your company.

A little about myself:

I am an engineer with a PhD in Civil Engineering, with 25 years of professional experience in the engineering business. I am also fluent in German, English, French and Spanish.

At present, I am working for the Consultants Müller & Partners International in Aschaffenburg, Germany, as Project Manager for the design and construction of a dam, hydro-power station, transmission lines, and substations in Mali, West Africa.

My responsibilities include:

- *co-ordination of all design activities performed by an integrated team of up to 65 experts, engineers and technicians,*

- *ensuring that we comply with the various construction schedules meeting key deadlines throughout the construction period,*

- *ensuring that we remain within budgetary limits,*

- *producing quarterly forecasts of finance requirements,*

- *monitoring and checking of the overall quality control and making sure this is delivered by an international team of up to 70 engineers and technicians,*

- *preparation of handover procedures to the owner (Organisation pour la Mise en Valeur du Fleuve Sénégal, OMVS), trial- and start-up-operations and the training on the job of the future operations staff.*

The construction budget amounts to 910 million Euro, the overall duration was scheduled for seven years. Today, after exactly six years from the start of the construction, we are six months ahead of schedule (the project will be handed over in six months) and we will remain 4% below the initial budget estimate.

Before my present position, I was deeply involved as a Senior Project Engineer in technical studies, the feasibility study and the establishment of tender documents for the Manantali project. Prior to this, I held various positions from junior engineer to senior expert in studies and construction supervisions of hydro-power projects in Africa, South America and Asia (Ruzizi 2, Rwanda; Inga, Zaire; Poza Honda, Ecuador; Marsyangdi, Nepal; Nam Theun, Laos).

2.2 Das Know-how der Profis nutzen: Arbeitsvermittlung im In- und Ausland

Wie so oft im Leben: Manchmal ist es besser, man geht gleich zum Fachmann. Gerade was den Dschungel der Arbeitsmärkte angeht, ist das ein wertvoller Rat. Denn der Informationsdschungel ist zu dicht, als dass Sie ihn allein durchforsten können. Aber welche Ansprechpartner sind die Richtigen? Zuerst sind an dieser Stelle die staatlichen Einrichtungen zu nennen. Mit deren Hilfe sollten Sie Ihre Jobsuche starten. Sie bieten mehr, als Sie denken.

2.2.1 Staatliche Arbeitsämter

Die staatlichen Arbeitsämter (State Employment Service Offices in den USA) und die Job Centres in England beispielsweise bieten meistens nicht nur eine Stellenvermittlung an, sondern informieren auch über den Arbeitsmarkt, führen Tests durch und beraten bei der Jobsuche und Bewerbung. Wenn Sie also im Ausland eine Stelle suchen, nutzen Sie das gesamte Know-how der Arbeitsämter vor Ort. Im Anhang finden Sie deshalb auch die Adressen der staatlichen Arbeitsvermittlungen zu den einzelnen Ländern. Zum Einstieg in das Thema können Sie sich zudem im Internet informieren, z.B. über die USA:

- Kontakt
  United States Employment Service
  www.doleta.gov

  America's Jobbank
  www.ajb.dni.us

  www.americasjobbank.com

2.2.2 Employment Agencies oder Recruiters

Personalberatungen spielen bei der Arbeitssuche im Ausland eine herausragende Rolle: Man unterscheidet zwischen Executive Search Firms, die vor allem Führungspositionen mit Jahresgehältern ab 50.000 Dollar vermitteln und Employment/Recruitment Firms, die sich auf Einstiegsjobs und Stellen auf der mittleren Ebene konzentrieren. Personalvermittlungen spezialisieren sich häufig auf bestimmte Bereiche wie z.B. Bankwesen und Sekretariat und gewisse Berufsgruppen wie z.B. Ingenieure, EDV-Fachpersonal, Führungskräfte oder medizinisches Personal.

- Vorteile für Sie
  Wenn Sie der Personalberatung und den Kunden interessant erscheinen, werden Sie zu einem Vorstellungsgespräch eingeladen. Und
  selbst wenn die Agentur Ihnen keine Stelle vermitteln sollte, ist sie
  trotzdem als Informationsquelle über Chancen und Trends in Ihrem
  Bereich interessant. Ein weiterer Vorteil: Viele Recruiters helfen den
  Bewerbern bei der Gestaltung von Lebensläufen und bieten Trainings
  für Vorstellungsgespräche an. Internetadressen von Personalvermittlungen finden Sie im Anhang (vgl. S. 241ff).

- Vorgehensweise
  Vergewissern Sie sich zunächst, dass die Agentur, an die Sie sich
  wenden möchten, seriös ist. Es sollte Sie stutzig machen, wenn man
  direkt Geld von Ihnen verlangt. Üblicherweise erhalten die Recruiters
  erst ihr Honorar, wenn der Bewerber tatsächlich eingestellt wird. In
  den meisten Fällen zahlt dies der Arbeitgeber. Wenn Sie sich ganz
  sicher sein wollen, dass Sie bei Ihrer Agentur gut aufgehoben sind,
  können Sie bei der Job Section einer Bibliothek nachfragen und/oder
  im Internet prüfen, ob diese bei den nationalen Verbänden eingetra-
  gen ist. Denn deren Mitglieder verpflichten sich, bestimmte Grundsätze und Selbstverpflichtungen einzuhalten. Fragen Sie auch, wie
  lange die Vermittlungsagentur schon besteht.

Haben Sie dies alles vorab geklärt, geht es los. Sie können einen Personal-
vermittler schon von Deutschland aus per E-Mail kontaktieren, einen
Lebenslauf beifügen und danach anrufen, um zu klären, ob man Sie in Ihrer
Berufssparte vermitteln kann. Sie beschreiben:

- aus welchem Bereich Sie kommen,

- welche Berufserfahrung Sie mitbringen,

- was für eine Tätigkeit Sie suchen und

- welche Gehaltsvorstellungen Sie haben.

Je besser Sie die Stelle bzw. Firma, die Sie suchen, charakterisieren können
und je detaillierter Sie die Agentur über Ihre Qualifikation informieren,
desto besser kann man Sie vermitteln. Erkundigen Sie sich vorher nach den
Gebühren und dem Service, den Sie erwarten können. Wir haben Ihnen eine
Liste von Fragen zusammengestellt, die Sie unbedingt im Umgang mit
Personalvermittlungen beachten sollten:

- What kind of companies are your clients?

- What kind of skills are you looking for?

- How do you match vacancies and applicants?

– Do you charge a fee?

– Can you also help me with my CV?

– What is this specific client of yours looking for?

– May I have a written description of this specific position?

– How long has the position been open?

- Who will be interviewing me?

Wenn Sie schon im Ausland sind, geben Sie vor Ort Ihren Lebenslauf bei dem Recruiter persönlich ab und stellen bei der Gelegenheit Fragen zum Verfahren. Sollte man Sie dort zu einem Vorstellungsgespräch einladen, geben Sie sich genauso viel Mühe als wenn Sie direkt von einem Unternehmen angesprochen würden. Die Recruiters leben davon, dass sie die besten Kandidaten zu ihren Kunden schicken, also präsentieren Sie sich auch bei den Agenturen so professionell wie möglich! Auch hier gilt: First impressions count.

Rufen Sie gelegentlich in der Agentur an, um sich in Erinnerung zu bringen. Sie können erwarten, dass man Sie über den jeweiligen Zwischenstand des Bewerbungsverfahrens informiert. Schreiben Sie einen Thank-you-Letter, wenn man Ihnen weitergeholfen hat. Verlassen Sie sich nicht allein auf Recruiters, sondern nutzen Sie auch weiter alle anderen Bewerbungsmöglichkeiten. So behalten Sie die Kontrolle über Ihre Arbeitssuche.

 Tipp!

Beratung und Jobvermittlung werden häufig auch an den Universitäten im Ausland angeboten. Arbeitssuchende, die nicht von den entsprechenden Colleges kommen, können meistens die Materialien in der Referenzbibliothek nutzen bzw. auf deren Website Informationen abrufen. Sie sind besonders für Berufsanfänger interessant. Sie

– *organisieren Jobbörsen,*

– *vermitteln Teilzeit- und Sommerjobs sowie Praktika,*

– *bieten Berufsberatungen an,*

– *helfen bei der Kontaktaufnahme zu Firmen,*

– *führen Workshops zu berufsspezifischen Themen durch,*

– *helfen bei der Erstellung von Résumés,*

- *trainieren Vorstellungsgespräche.*

Bei unseren Recherchen hat uns beispielsweise das Career Centre der Universität Canterbury in Christchurch, Neuseeland, sehr geholfen.

2.2.3 Temporary Agencies

Immer mehr Firmen im Ausland beschäftigen zeitlich befristet Angestellte, um Kosten zu reduzieren. Dies trifft auch für gut bezahlte Stellen zu. Es gibt viele Agenturen, die Zeitarbeit für gelernte und ungelernte Bewerber, z.B. für Bürotätigkeiten, vermitteln. Andere Temporary Agencies konzentrieren sich auf technische Berufe wie etwa Architekten und Ingenieure sowie auf Pflegeberufe, aber auch Manager aus Firmen, die im Zuge des Lean Management verkleinert wurden. Im Allgemeinen sind die Zeitarbeitsagenturen auf folgende Berufssparten spezialisiert:

- Accounting,
- Advertisement,
- Construction,
- Engineering,
- Hotel,
- Human Resources,
- Insurance,
- Medical,
- Security.

Die Agenturen stellen übrigens selbst das Personal ein und vermitteln es dann an die Unternehmen weiter. Viele Zeitarbeitnehmer verfügen über EDV-Kenntnisse und Büroerfahrung. Flexibilität bezüglich Arbeitszeit und -ort wird vorausgesetzt. Auch Kommunikationsfähigkeit ist gefragt. Gute Sprachkenntnisse verbessern Ihre Chancen.

- Vorteile für Sie
  Obwohl viele die Vorstellung, zeitlich befristet bei einem Unternehmen zu arbeiten, vielleicht eher abschreckend finden mögen, haben Temporary Jobs auch etliche Vorteile. Sie bieten Ihnen die Möglichkeit,
    - Firmen kennen zu lernen,
    - Einblicke in neue Arbeitsbereiche zu erhalten,
    - Kontakte zu möglichen Arbeitgebern zu knüpfen,
    - vielfältige Erfahrungen in einem anderen Land zu sammeln.

Für den Arbeitgeber haben „Temp Jobs" den Vorteil, dass er die Kandidaten testen kann, ohne sie gleich fest anzustellen.

- Vorgehensweise
  Auch bei den Temporary Agencies sollten Sie zunächst überprüfen, ob es sich um eine seriöse Agentur handelt. Achten Sie darauf, dass die Firmen, bei denen Sie sich bewerben, Mitglieder in der NATS (National Association of Temporary Services) sind. Empfehlungen geben auch die Industrie- und Handelskammern sowie Berufsverbände. Wenn Sie sich bei einer Agentur bewerben, reichen Sie einen Lebenslauf mit Begleitschreiben ein. Sie müssen eventuell einen so genannten Skills-Test machen, in dem z.B. Kenntnisse in Buchführung, EDV und Fremd-sprachen überprüft werden. Sie erhalten danach möglicherweise eine Einladung zum Vorstellungsgespräch. Bei Interesse nimmt die Agentur Sie in ihren Bewerberpool auf und vermittelt Sie an Firmen weiter. Temp-Job-Verpflichtungen können einen Tag oder mehrere Monate dauern. Häufig führen sie zu Vollzeitstellen.

- Kontakt
  Adressen der Agenturen findet man in den Gelben Seiten (Yellow Pages) unter „Employment Agencies/Temporary Agencies/Employ-ment Services: Employee Leasing". Natürlich können Sie auch im Internet entsprechende Agenturen finden. Wir nennen einige im An-hang des Buchs (vgl. S. 247ff).

 Tipp!

Beachten Sie, dass auch für Zeitarbeit ein Visum nötig ist. Die Agen-turen sind gesetzlich verpflichtet, sich eine Arbeitserlaubnis bzw. ein Visum vorlegen zu lassen. In den Gehaltsverhandlungen sollten Sie sich auch nach bezahltem Urlaub und Krankenversicherung erkundigen. Mehr dazu S. 32.

2.2.4 Arbeitsvermittlung für Austausch-, Ferien-, Au-pair- und Praktikantenaufenthalte

Es wird häufig empfohlen, für die Arbeitssuche im Ausland die Vorteile der Austausch-, Ferien- und Praktikantenprogramme zu nutzen. In diesem Zusammenhang möchten wir Ihnen Institutionen vorstellen, die besonders bewährte, vielfältige Austauschangebote machen.

Zentralstelle für Arbeitsvermittlung (ZAV)

Bei der Arbeitsvermittlung fürs Ausland spielt die ZAV, eine Dienststelle der Bundesagentur für Arbeit, eine entscheidende Rolle. Sie vermittelt Bewerber aus akademischen, aber auch handwerklichen und sonstigen Berufen wie z.b. Werkstattmeister, Reiseverkehrskaufleute und Techniker. Auch Programme für Abiturienten und Studierende bietet die ZAV an. Dazu gehören zeitlich befristete Arbeitsverhältnisse sowie Fachpraktika. Der Bereich „Fach- und Führungskräfte International" der ZAV vermittelt Fachkräfte ins Ausland. Zu den wichtigsten Zielländern gehören Kanada, Australien, Neuseeland und China, wo insbesondere Handwerker und Ingenieure gefragt sind.

- **Programme**

  Die ZAV bietet verschiedene Programme an, die sich besonders an Abiturienten, Studierende und junge Berufstätige im Alter von 18 bis 35 Jahren richten. Nachzulesen sind diese Angebote in der Broschüre „Jobs und Praktika im Ausland" oder im Internet in der Rubrik „Internationales": www.arbeitsagentur.de

  Großbritannien
  - Praktikantenprogramm Trident,
  - Live and Work as a Volunteer in Great Britain,
  - Jobprogramm Trident.

  Australien
  - Live and Work as a Volunteer in Australia,
  - Praktikantenprogramm Australian Internships,
  - Praktikantenprogramm Occupational Training Australia,
  - Work Adventures Down Under.

  Neuseeland
  - Praktikantenprogramm Edenz,
  - Praktikantenprogramm Nelson,
  - Live and Work as a Volunteer in New Zealand,
  - Work Adventures New Zealand.

  Kanada
  - Canada-Germany Co-op Program,
  - Praktikantenprogramm Vancouver,
  - Live and Work as a Volunteer in Canada,
  - Studenten-Sommerjob Programm in Kanada.

USA

- Praktikantenprogramm Crotched Mountain,
- Praktikantenprogramm Washington DC,
- Volunteers in Nationalparks der USA,
- EPCOT-Center, Freizeitpark, Florida,
- AIPT Studenten-Sommerjob Programm,
- Work Experience in den USA,
- Camp Counselors USA/Camp USA.

- Service

Die ZAV hilft Ihnen nicht nur bei der konkreten Arbeitsvermittlung ins Ausland, die Experten stehen Ihnen auch mit Rat und Tat zur Seite. Nachwuchskräften wird beispielsweise empfohlen, sich nicht erst am Ende des Studiums um ein Praktikum im Ausland zu bemühen, sondern schon vorher an entsprechenden Programmen teilzunehmen. Sie sollten schon früh Interesse (High-School-Besuch, Urlaubsaufenthalt etc.) zeigen. Gute Sprachkenntnisse, ein überzeugendes Interesse an einer Auslandtätigkeit und gute Fachkenntnisse, z.B. auf technischem Gebiet, im Vertrieb und Marketing, sind die besten Voraussetzungen für Ihren Erfolg!

Und das sollten Sie bedenken!

Arbeitsplätze sind im Ausland vorhanden, aber nur für Leute mit einer qualifizierten Ausbildung und mit Facherfahrungen. Unqualifizierte Bewerber haben keine Chance, eine Arbeitserlaubnis zu bekommen. In den Publikationen der ZAV wird hervorgehoben, dass die Bewerber um eine Auslandstätigkeit neben einer guten fachlichen Qualifikation und ausgezeichneten Sprachkenntnissen in Wort und Schrift auch entsprechende persönliche Eigenschaften vorweisen müssen. Dazu gehören Ausdauer, Improvisationsvermögen, Flexibilität, Teamfähigkeit, Toleranz sowie Offenheit gegenüber anderen Arbeits- und Lebensbedingungen.

Manche Fachkräfte bemühen sich auch auf Eigeninitiative, d.h. ohne Austauschorganisationen, um Arbeit im Ausland. Je höher der Grad der Spezialisierung, z.B. als Kfz-Schlosser für Mercedes-Benz, je einschlägiger die Markterfahrungen, desto besser sind die Aussichten auf eine Stelle bzw. überhaupt auf ein Visum. Darauf weisen die Experten immer wieder hin. Interessenten an einer Auslandstätigkeit wird generell empfohlen, als Alternative zu Austauschprogrammen, den Umweg über eine deutsche Firma mit Niederlassungen in anderen Ländern zu nehmen. Es ist sinnvoll, erst einmal in einem internationalen Unternehmen in Deutschland zu arbeiten, um später die Chance zu erhalten, ins Ausland entsandt zu werden.

Hinweis!

Diese Austauschprogramme erleichtern die Beschaffung einer Einreise-erlaubnis wesentlich, da die ZAV mit ausländischen Arbeitgebern und Partnerorganisationen zusammenarbeitet und bei der Beantragung eines Visums behilflich ist. Normalerweise muss beispielsweise ein ameri-kanischer Arbeitgeber selbst das Visum organisieren. Dies ist ein lang-wieriger Prozess und viele Unternehmen scheuen den bürokratischen Aufwand.

InWEnt (Internationale Weiterbildung und Entwicklung)

InWEnt will mit seinen vielfältigen Programmen deutschen Nachwuchs-, Fach- und Führungskräften ermöglichen, sich im Ausland weiterzuqualifi-zieren und dort berufliche Erfahrungen zu sammeln. InWEnt bietet Fort-bildungsprogramme für Bewerber aus verschiedenen Fachrichtungen an. Allgemeine Voraussetzungen für eine Teilnahme sind – neben guten Fremd-sprachenkenntnissen:

- eine abgeschlossene Berufsausbildung,
- ein abgeschlossenes Grundstudium bzw.
- einige Jahre Berufserfahrung.

- **Programme**

  Das Programmangebot von InWEnt hat beispielsweise für Nordamerika folgende Schwerpunkte:

  - berufspraktische Weiterbildung (Career-Training-Programme),
  - Kombination von Studium und Praktikum (State University von New York mit den Schwerpunkten Marketing und Public Relations),
  - Austauschprogramme für Azubis und junge Berufstätige (u.a. Deutsch-Amerikanisches Austauschprogramm für Auszubildende).

  Darüber hinaus gibt es weltweit Programme, die u.a. auch Aufenthalte in den USA fördern (z.B. Hermann Strenger Stiftung zur Förderung interna-tionaler Berufserfahrung). Zudem finden Sie zahlreiche praxisorientierte Aufenthalte im ASA-Programm (Arbeits- und Studienaufenthalte in Afrika, Lateinamerika, Asien und Südosteuropa).

  Es lohnt sich, die Internetseite genauer zu durchforsten. Folgen Sie bei-spielsweise den Links „InWEnt und die Wirtschaft" und „Stiftungsprogramme", so finden Sie interessante Praktikumsangebote, die InWEnt organisiert. Auch die Online-Datenbank der „Beratungsstelle Weiterbildung im Ausland" ist sehr ergiebig. Für Europa wird die Organisation u.a. im Rahmen der EU-Austauschprogramme für Auszubildende und junge Berufstätige (LEONARDO und SOKRATES) tätig. Alle Angebote können Sie den Links „Mit InWEnt ins Ausland", „Informations- und Servicestellen" und „InWEnt und die Wirtschaft"entnehmen:

www.inwent.de

- **Service**

  Zum Service von InWEnt gehört – ähnlich wie bei der ZAV – die Beratung der Interessenten, die Vermittlung eines Praktikantenvisums, zum Teil auch die Vermittlung von Praktikumsstellen sowie Finanzierungshilfen in Form von Teilstipendien oder Darlehen.

Council on International Educational Exchange (CIEE)

CIEE ist der weltweit größte Anbieter von Austauschprogrammen für Studierende und Hochschulabsolventen. Auch Abiturienten hilft CIEE bei der Organisation von High-School-Aufenthalten im Ausland weiter.

- **Programme**

  Für die USA bietet CIEE folgende Programme an:

  - Work & Travel USA
    Mit dem Work-and-Travel-Programm können deutsche Studierende für maximal vier Monate im Sommer in den Semesterferien im Ausland jobben oder Arbeit suchen, vor allem im Hotel- und Gaststättengewerbe, aber auch im Verkauf und anderen Bereichen.

  - Praktikum und Professional Career Training USA
    Für Graduierte und Berufstätige sind die Programme des Professional Training USA konzipiert. Es gibt insgesamt acht Bereiche, für die eine Praktikumsvermittlung möglich ist, darunter Arts and Culture, Information Media and Communications, Education and Social Sciences, Agriculture, Business and Finance. Humanmedizin ist ausgeschlossen. Bedingung für die Teilnahme an diesem Programm ist übrigens, dass die Praktika in engem Zusammenhang mit den Studienfächern stehen. Die Bewerber müssen nachweisen können, dass sie im Besitz eines Arbeitsvertrags mit einem amerikanischen Unternehmen sind.

– Internship-USA

Mit dem Internship-USA-Programm wird es Studenten ermöglicht, ein bis zu 18-monatiges Praktikum in den USA zu absolvieren.

Weitere Programmangebote des CIEE:

– Work & Travel Kanada

– Work & Travel Australien

– Work & Travel Neuseeland

• **Service**

Zum Service von CIEE gehört außerdem die Unterstützung bei der Beschaffung von Visa. CIEE stellt beispielsweise das DS-2019-Formular aus, mit dem man sich um ein J-1-Visum in den USA bewerben kann. Den Arbeitgeber in den Staaten muss man sich allerdings selbst suchen: CIEE hilft jedoch mit Informationen und Tipps.

• **Kontakt**

Seit Ende 2004 gibt es in Deutschland keine Niederlassung der CIEE mehr. Interessenten an den Programmen werden an TravelWorks verwiesen, mit denen CIEE zusammenarbeitet.

TravelWorks GmbH
Münsterstraße 111
48155 Münster
www.travelworks.de

2.3 Auf eigene Faust: Möglichkeiten der Arbeitssuche von Deutschland aus

Wenn Sie in Eigenregie im Ausland Arbeit suchen möchten, ohne eines der eben beschriebenen Programme in Anspruch zu nehmen, müssen Sie bereit sein, viel Engagement aufzubringen und etwas mehr Zeit zu investieren. Aber lassen Sie sich nicht abschrecken. In diesem Kapitel stellen wir Ihnen verschiedene Möglichkeiten vor, wie Sie bereits von Deutschland aus oder dann vor Ort eine Stelle suchen können und geben Ihnen hilfreiche Tipps, wie Sie am besten dabei vorgehen.

2.3.1 Zeitungen durchstöbern

Eine Möglichkeit besteht darin, Zeitungen, Zeitschriften und Fachmagazine zu nutzen, um zu Ihrem Traumjob zu gelangen. Entweder Sie geben selber eine Annonce auf, z.B. in einer Lokalzeitung der Gegend, in der Sie gerne arbeiten möchten, oder Sie antworten auf ausgeschriebene Stellenanzeigen, wobei die Trefferquote relativ gering ist. Nur maximal 15 Prozent der Arbeitslosen finden eine Stelle über solche Anzeigen. Es gibt auch Untersuchungen, die sogar nur von 5 Prozent ausgehen! Nichtsdestotrotz, ein Versuch schadet nichts. Beachten Sie auch ältere Zeitungen – es könnte sein, dass ähnliche Stellen bei einer Firma noch einmal frei werden. Auch die Zeitschriften der Berufsverbände sollten Sie auf Stellenanzeigen hin durchblättern. Im Verzeichnis der American Society of Association Executives, auf das Sie über das Internet Zugriff haben, sind beispielsweise viele amerikanische Berufsverbände aufgelistet: www.asaecenter.org

Ob es nun klappt oder nicht: Die Lektüre der Stellenanzeigen empfiehlt sich in jedem Fall, um einen Überblick über den Arbeitsmarkt, Gehälter, gefragte Qualifikationen und berufliche Schwerpunkte in Ihrem Wunschland zu erhalten. Konzentrieren Sie sich nicht nur auf die großen überregionalen Zeitungen. Wenn Sie schon genau wissen, in welcher Gegend Sie gerne arbeiten möchten, sollten Sie sich besonders die Stellenanzeigen in den Lokalblättern ansehen. Viele Zeitungen können Sie schon von Deutschland aus im Internet auf Stellenanzeigen hin durchblättern. Besonders nennenswert sind für die Arbeitssuche in den USA: *Wall Street Journal, USA Today* und Lokalzeitungen wie *New York Times, St. Francisco Chronicle, Chicago Tribune und Washington Post.*

Internetadressen von Zeitungen und Zeitschriften in anderen englischsprachigen Ländern finden Sie im Anhang dieses Buches unter „Jobsites".

Tipp!

Sie suchen die Namen spezieller Tageszeitungen? „News Directory" ist eine Topadresse, wenn es um lokale Zeitungen geht. Suchen Sie im Internet unter: www.ecola.com

CV, FT & Co: Gängige Abkürzungen

Abkürzung	Englisch	Deutsch
Agy	Agency	Agentur
am/pm	Morning/afternoon	Vormittag/Nachmittag
appt	Appointment	Verabredung
asap	As soon as possible	So bald wie möglich
asst	Assistant	Assistent
bfts	Benefits	Zuwendungen
bilgl	Bilingual	Zweisprachig
CV	Curriculum Vitae	Lebenslauf
co	Company	Gesellschaft
coll	College	College
dept	Department	Abteilung
driver's lic	Driver's license	Führerschein
Enc/Encl	Enclosures	Anlagen
req'd	Required	Benötigt
EO	Equal Opportunity	Gleichstellung
ex/exc	Excellent	Ausgezeichnet
exp	Experience	Berufserfahrung
exec	Executive	Manager
Fax Res	Résumé per Fax	Lebenslauf per Fax
send res/ltr	Send résumé/letter	Lebenslauf/Brief senden
F/M	Female/Male	Weiblich/männlich
FT/PT	Full-Time/Part-Time	Vollzeit/Teilzeit
3+yrs exp	3 and more years experience	Mehr als drei Jahre Erfahrung
Grad	Graduate	Graduiert
HR	Human Resources	Personalabteilung
40 hrs/wk	40 hours per week	40 Stunden pro Woche
hs/HS	High school	Oberschule
immed	Immediate	Umgehend
inc'g salary	Including salary	Mit Gehalt
IT	Information technology	Informationstechnik
K	Thousand	Tausend
med	Medical	Medizinisch
mfg	Manufacturing	Produzierend
mgr	Manager	Manager
min	Minimum	Minimum

nat'l	National	National
nec	Necessary	Notwendig
no	Number	(An-)Zahl
ofc	Office	Büro
oppty	Opportunity	Gelegenheit
PA	Personal Assistant	Chefsekretär, Persönlicher Assistent
pa	Per annum	Pro Jahr
pd	Paid	Bezahlt
perm	Permanent	Dauerhaft
pref'd	Preferred	Bevorzugt
pt	Part-time	Nebenberuflich
ref	Reference	Referenz
req'ts	Requirements	Erfordernisse
req	Required	Notwendig
sal	Salary	Gehalt
salary neg	Salary negotiable	Gehalt verhandelbar
sec, secty	Secretary	Sekretär
supr	Supervisor	Leitender Angestellter, Kontrolleur
tech	Technician	Techniker
trnee	Trainee	Auszubildender, Praktikant
vac	Vacation	Urlaub
wpm	Words per minute	Wörter pro Minute
WP	Word processing	Textverarbeitung
yr, yrs	Year, years	Jahr, Jahre

Die Sache mit den Blind Ads

Wenn Sie auf Anzeigen antworten wollen, finden Sie selten Namen von Ansprechpartnern. Versuchen Sie auf jeden Fall, telefonisch den Namen des Employment Managers zu erfragen. Manchmal sind die Annoncen bewusst von der Firma als „blind" – d.h. ohne Kontaktperson – aufgegeben, damit der Arbeitgeber nicht allen Bewerbern absagen muss. Rechnen Sie also nicht unbedingt mit einer Antwort. Sie können aber anrufen und sich erkundigen. Blind Ads werden auch aufgegeben, um herauszufinden, welche Gehaltsvorstellungen die Bewerber haben und welche Kandidaten es überhaupt auf dem Arbeitsmarkt gibt.

Nennt die Firma nicht ihren Namen, wird es schwierig, auf die Anzeige zu antworten. Sie sollten sich in einem solchen Fall vergleichbare Stellenanzeigen ansehen, in denen die Unternehmen ihren Namen angegeben haben, um daraus Schlüsse auf das Bewerberprofil zu ziehen. Im Begleitschreiben gehen Sie dann auf die Bedürfnisse der Branche und nicht der Firma ein (vgl. Kapitel 4.1.1). Wenn in der Annonce „asap" („as soon as possible") steht, können Sie Ihre Antwort auch als Fax schicken bzw. mailen. In anderen Fällen ist es besser, den potenziellen Arbeitgeber mit schönem Briefpapier und gutem Druck zu beeindrucken.

2.3.2 Was das World Wide Web bietet

Immer mehr Unternehmen, Arbeitsvermittlungen und Online-Stellenmärkte nutzen das Internet, um offene Stellen zu annoncieren und geeignete Mitarbeiter zu rekrutieren. Die Arbeitgeber sparen so bereits bei der Auswahl ihrer Kandidaten, Personal, Geld und Zeit. Personalverantwortliche durchforsten das Internet regelmäßig nach viel versprechenden E-Mail-Résumés. Wenn Sie also im englischsprachigen Ausland einen Job suchen, nutzen Sie alle Möglichkeiten und verzichten Sie nicht darauf, neben den traditionellen Methoden, wie z.B. Stellenanzeigen in den Printmedien, auch die neuen Technologien in Anspruch zu nehmen.

Das sind nur einige Hinweise, die Sie in diesem Buch zur schönen neuen Welt des Internets finden. Wie Sie sich online auf Stellenanzeigen bewerben können, erklären wir in Kapitel 4.1.3 ausführlich. Damit Sie aber nicht stundenlang orientierungslos im Netz surfen müssen, haben wir Ihnen im Anhang eine kleine Auswahl von interessanten Jobsites aufgelistet. Sie finden hier:

- einige der großen allgemeinen Jobsites,
- branchenspezifische Sites,
- regionale Sites,
- Sites von Zeitungen,
- Sites von Recruiters und Agenturen,

Vergessen Sie nicht, auch „Meta Job Boards" zu nutzen. Diese Jobroboter durchforsten die Angebote diverser Jobsites, Newsgroups und Recruiters für Sie und verschaffen einen schnellen Überblick. Dazu gehört CareerBuilder, eine Site, die 100 andere Jobsites durchforstet und jede Woche mehr als 100.000 Stellenangebote im Netz hinzufügt.

Generell gilt: Verzetteln Sie sich nicht, don't wander around. Je besser Sie Ihre beruflichen Ziele definiert haben, desto effektiver wird Ihre Suche ausfallen.

Die Vorteile der Online-Arbeitssuche

- Pausenlose Stellensuche

  Stellenangebote in den Jobsites sind 24 Stunden am Tag an sieben Tagen in der Woche abzurufen. Sie können also ohne Rücksicht auf Büroöffnungszeiten und ohne die eventuelle Zeitverschiebung zu beachten, Ihre Stellensuche betreiben.

- Gezielte Informationen

  Das Internet hilft Ihnen herauszufinden, wo die Stellen sind, die genau zu Ihrem Profil passen. Sie haben beispielsweise Zugriff auf Jobbörsen von Berufsverbänden und Links zu Personalvermittlungsagenturen. Auch wenn Sie in bestimmten Ländern Jobs suchen, hilft Ihnen das Internet weiter.

- Zugriff auf Firmen-Websites

  Viele Firmen annoncieren Stellenangebote auf ihren eigenen Websites in der entsprechenden Sparte „Jobs"/„Employment". Es lohnt sich daher auch, direkt Homepages von Unternehmen anzuklicken und dort zu checken, ob auf den Firmenservern offene Stellen ausgeschrieben sind.

Tipps für die Suche in Jobsites!

Es gibt zigtausend Stellenmärkte im englischsprachigen Ausland. Wie aber finden Sie die, die für Sie persönlich am interessantesten sind? „From the general to the specific" ist hier die bewährte Regel. Versuchen Sie es zunächst bei den großen allgemeinen Jobsites wie Monster und Yahoo!Hotjobs Sie sind schon seit vielen Jahren erfolgreich auf dem Internetmarkt und werden von vielen Unternehmen erreicht. Besuchen Sie danach die regionalen und branchenspezifischen Sites (wie beispielsweise Medzilla für den Medizin- und Pharmabereich und ExecuNet für die Zielgruppe der Manager). Sie enthalten meistens weniger Stellenangebote als die großen, unter Umständen aber solche, die eher Ihrem Profil (wie Ihrem Berufsfeld und der von Ihnen angestrebten Hierarchieebene) entsprechen. Auch die Jobsites der Zeitungen und Fachzeitschriften sind in diesem Zusammenhang interessant.

3 Networking: Kardinaltugend der Arbeitssuche

Netzwerke aufbauen – das wird von allen Personalberatern als Kardinaltugend genannt. Schlicht und ergreifend heißt das: Sie brauchen Kontakte. Und zwar um einen geeigneten Job zu bekommen und auch, um dann weiter an Ihrer Karriere zu stricken. Sie müssen sich, früher als alle anderen, als möglicher Kandidat für eine Stelle ins Gespräch bringen.

3.1 Alles für ein erfolgreiches Networking

Wenn es also stimmt, dass etwa 70 bis 80 Prozent der Stellen nicht in Anzeigen von Unternehmen und Agenturen veröffentlicht werden, dann müssen Sie versuchen, auf andere Weise in diesen verdeckten Arbeitsmarkt einzudringen. Hidden Job Market kann bedeuten, dass Stellen schon genehmigt, aber noch nicht ausgeschrieben sind oder dass sie intern besetzt werden sollen. In jedem Fall ist es wichtig, möglichst früh davon zu erfahren: Und das geht am besten durch Networking über Bekannte, so genannte Warm Calls.

3.1.1 Ansprechpartner als Türöffner

Networking heißt, dass Sie sich kontinuierlich ein nutzbringendes Beziehungsnetzwerk aufbauen und dies ständig pflegen und erweitern. Mit dem Selbstvermarktungsinstrument „Networking" können Sie Ihre Chancen auf dem Arbeitsmarkt nämlich wesentlich verbessern. Sie müssen allerdings selbst die Initiative ergreifen und dürfen nicht abwarten, bis Ihnen jemand von sich aus eine Stelle anbietet. Natürlich brauchen Sie eine Portion Selbstvertrauen, um die Hilfe anderer in Anspruch zu nehmen. Sie werden aber die Erfahrung machen, dass man Ihnen gern weiterhilft, wenn Sie höflich darum bitten, ohne aufdringlich zu werden. Denken Sie immer daran: Auch hier geht es um Geben und Nehmen. Damit Sie ein gutes Netzwerk aufbauen können, nutzen Sie also auf privater oder beruflicher Ebene alle erdenklichen Beziehungen. Es werden Ihnen bei der Arbeitssuche mehr Leute behilflich sein als Sie denken:

- Familie, Freunde,
- ehemalige Arbeitgeber und Kollegen,
- Kunden,
- Aussteller auf Messen,
- Kommilitonen, Professoren,
- Teilnehmer an Seminaren,

- Bekannte, die z.B. in einer australischen Firma in Deutschland oder schon in den USA arbeiten.

Darüber hinaus gibt es noch Organisationen wie Clubs und Berufsverbände, die Sie nutzen können. Sie treffen dort auf Menschen, mit denen Sie schon etwas verbindet und die sich in Ihrem Bereich auskennen.

Gute Möglichkeit: Online-Networking

Networking funktioniert übrigens auch über das Internet, nämlich in Foren und Chatgroups. Von einigen Experten wird Networking im alten Stil sogar als „out" beschrieben, da immer weniger Mitarbeiter Zeit für unverbindliche Gespräche haben. Nutzen Sie also die neuen Möglichkeiten des Internets und teilen Sie Ihren „Gesprächspartnern" mit, dass Sie gern im Ausland arbeiten möchten, dass Sie Ansprechpartner in Deutschland oder im Land Ihrer Wahl suchen und dankbar für Tipps aller Art sind. Es könnte sein, dass sich auf diesem Wege ein interessanter Kontakt ergibt. Und bitte die „Nettikette" wahren: Newsgroups sind mit Clubs zu vergleichen, in die die Neuen – die „Newbies"– nicht einfach hineinplatzen sollten. Sie müssen Zeit investieren, auch wenn Sie online Kontakte knüpfen wollen und erst einmal eine Weile regelmäßig zuschauen, bevor Sie aktiv mitmachen.

3.1.2 Tipps für Briefe und E-Mails

Ihre Networking-Arbeit hat sich ausgezahlt. Sie haben von einem Bekannten den Namen eines interessanten Ansprechpartners bekommen, der Ihnen bei Ihrer Arbeitssuche weiterhelfen könnte und den Sie jetzt persönlich kontaktieren möchten. Sie haben die Wahl: Sie können entweder einen Brief schreiben oder eine E-Mail schicken. Egal, wofür Sie sich entscheiden, wir geben Ihnen hier ein paar Tipps, damit der erste Eindruck stimmt. Bevor Sie loslegen, machen Sie ein Brainstorming und benutzen Sie dazu die Auflistung unten. Ziel Ihres Briefs bzw. Ihrer E-Mail ist es,

- die richtigen Leute kennen zu lernen,
- Tipps für die Arbeitssuche zu bekommen,
- Backgroundinformationen über Branche, Unternehmen und potenzielle Arbeitgeber zu erhalten,
- von freien Stellen zu erfahren, wenn sie noch nicht in der Zeitung oder im Internet stehen.

Bevor Sie Ihren Networking-Brief oder eine Mail abschicken, müssen Sie dann noch herausfinden, für welche Firmen Sie konkret arbeiten möchten und präzise Fragen vorbereiten, damit der Empfänger Ihnen gezielt weiterhelfen kann. Wenn Sie ihn anrufen wollen, kündigen Sie es schon im Brief an. Eventuell fügen Sie Ihren CV – Abkürzung für Curriculum Vitae bzw. Résumé (Resume), sprich Ihren Lebenslauf – bei (mehr dazu im Kapitel 5). Geben Sie auf jeden Fall an, warum Sie sich an den Ansprechpartner wenden: Sie bitten um Rat, nicht um eine Stelle. Übrigens: Es lohnt sich auch, Recruiters in das Networking mit einzubeziehen, denn sie sind Profis und kennen sich auf dem Arbeitsmarkt so gut aus wie kaum jemand anderer.

Wie sollte es aussehen, das Networking-Schreiben?

Grundregel Nummer Eins lautet: Ein Networking-Brief bzw. eine -Mail sollte einen ungezwungenen – einen „conversational" – Ton aufweisen. Sie könnten beispielsweise schreiben: *„I'm coming for a visit in September to do a little networking. Is there any chance we can meet on September 19 or 20? I'd appreciate it if you could squeeze me in."* Achten Sie darauf, dass Ihr Brief bzw. Ihre E-Mail drei wichtige Schritte enthält:

- Sie stellen sich kurz vor und erklären, von wem Sie den Namen und die Adresse erhalten haben.

- Sie beschreiben Ihren Background und stellen in zwei bis drei Sätzen einige Fragen.

- Sie kündigen an, dass Sie anrufen werden bzw. welche anderen Schritte Sie weiter unternehmen.

 ## Und noch ein Tipp!

„Keep in touch with your networking contacts!", sagt man in den USA. Schreiben Sie also hinterher stets einen Thank-You-Letter. Eine sehr geschätzte Geste, die verbindet. Mehr dazu S. 237.

Anke Schlutz
Holunderweg 153
28111 Bremen
Germany
Phone: +49 (0) 421 987654
E-Mail: a.schlutz@t-online.de

Mr. Thomas Dzimian   January 25, 2006
German-American Chamber of Commerce
40 West 57th Street
New York, NY 10019

Dear Mr. Dzimian:

My name is Anke Schlutz and I am a German student studying at the University of Hamburg. My major is Business Management and my special interests are in international business marketing and finance. I have been studying English since High School and have always been interested in foreign cultures.

I would particularly welcome the opportunity to obtain a summer internship with a German corporation doing business in New York or with an American company with interests in Germany. Any assistance that you and the German-American Chamber of Commerce could offer me would be appreciated.

The enclosed résumé outlines my educational background and work experience. Realizing the limitations of a résumé alone, I would welcome the opportunity to meet with you and discuss the matter further. I will be in New York in March and will be available for a personal interview during that time. I will call next week to discuss when we might get together.

If you wish to contact me in Germany, you can reach me on:

+49 - 421 987654.

Thank you for your consideration. I look forward to hearing from you.

Sincerely,

Anke Schlutz

(*) AE steht für Amerikanisches Englisch, BE für Britisches Englisch

3.1.3 Das Networking–Gespräch

Nutzen Sie darüber hinaus jede Gelegenheit, um sich mit interessanten Kontaktpersonen, die für Ihre Jobsuche wichtig sein könnten, auszutauschen. Führen Sie Networking-Gespräche. Diese sind erst einmal ganz informell und unterscheiden sich damit wesentlich von den Employment-Interviews, den Vorstellungsgesprächen. Hier dürfen Sie ein bisschen plaudern, um beiläufig, ja geradezu wie von selbst Ihre Kompetenz einfließen zu lassen. Bei den Networking-Gesprächen sind Sie der Regisseur und sollten Folgendes im Hinterkopf haben:

- Sie bitten um Informationen, nicht um eine Stelle.
- Sie sind selbst der Interviewer, nicht der Interviewte.
- Sie ergreifen die Initiative – nicht Ihr Gesprächspartner.

Wenn es sich dabei auch nicht um ein direktes Vorstellungsgespräch handelt, sollten Sie trotzdem gut gerüstet sein. Denn je besser Sie in einem Gespräch Ihre Berufsziele auf den Punkt bringen, desto konkreter können Ihnen Ihre Network-Kontakte mit Tipps und Anregungen weiterhelfen. Machen Sie sich also vorher Gedanken darüber, welche Position Sie anstreben und wie Sie Ihre Qualifikation am besten verkaufen können und nutzen Sie hierfür auch Ihre erstellte Selbstpräsentation (vgl. S. 21). Bleiben Sie aber immer kurz und knapp und konzentrieren Sie sich auf das Wesentliche. Niemand darf den Eindruck bekommen, dass Sie ihm seine wertvolle Zeit stehlen. Andererseits müssen Sie Zeit haben und nicht gleich an den konkreten Nutzen denken.

Aber: Selbst wenn sich aus einem Networking-Gespräch keine relevanten Informationen oder neue Kontakte für Sie ergeben sollten, so lohnt es sich trotzdem: Sie trainieren in diesem Marketingprozess der Arbeitssuche, bei Ihren Ansprechpartnern einen möglichst positiven Eindruck zu hinterlassen. Diese Erfahrungen kommen Ihnen später im Vorstellungsgespräch zu Gute, in dem Sie vermitteln müssen, dass genau Sie die Person sind, mit der die Firma zusammenarbeiten sollte. Und wer weiß, vielleicht wird es beim nächsten schon konkreter.

Zu den Auskünften über die Firma, die Sie besonders interessiert, gehören Aspekte wie Jahresbudget, Verkaufsvolumen, Gewinn, Anzahl der Angestellten, Tochterunternehmen, Firmengeschichte, Prognosen zur künftigen Entwicklung und vor allem die entscheidende Frage: Kann der Gesprächspartner Ihnen weitere Kontaktpersonen empfehlen?

Interessante Fragen für Ihr Networking–Gespräch

In Ihren Katalog gehören Aspekte wie:

- Welche Firmen vergrößern sich?
- Wo werden Stellen frei?
- Wo werden neue Niederlassungen eines Unternehmens im In- oder Ausland eröffnet?
- Welches Unternehmen hat gerade Verträge über umfangreiche Projekte abgeschlossen? Werden dafür neue Mitarbeiter gebraucht?
- Welche Arbeitsschwerpunkte sind in der Branche im Trend? Wofür werden Spezialisten gesucht?
- Welche Erfahrungen, Skills und Persönlichkeitsmerkmale sollte man mitbringen, um für die Firmen interessant zu sein?
- Welche Berufswege sind möglich?
- Was sollte man im Lebenslauf betonen?
- Wie heißen die in Frage kommenden Abteilungsleiter (Line-Supervisors), die personalrelevante Entscheidungen fällen?

Hinterlassen Sie einen guten Eindruck

Regel Nummer Eins: Übertreiben Sie nicht. Nehmen Sie nicht zu viel Zeit Ihres Ansprechpartners in Anspruch. Zeigen Sie Einfühlungsvermögen und Sinn für die Situation. Bedrängen Sie ihn nicht mit Fragen, sondern lassen Sie Ihr Gegenüber erzählen, hören Sie gut zu und zeigen Sie Interesse an seiner Person. Wenn man Ihnen weitere Kontaktpersonen empfiehlt, vergessen Sie nicht zu fragen, ob Sie den Namen Ihres Gesprächspartners verwenden dürfen. Nach einem Networking-Gespräch ist es selbstverständlich, Dankschreiben (Thank-you-Letter) zu schicken. Diese kurzen Briefe machen immer einen guten Eindruck. Denn Sie zeigen so, dass Sie höflich sind und man wird sich eher an Sie erinnern.

Und nicht vergessen: Networking bedeutet Austausch, also helfen Sie auch anderen weiter, besonders wenn Sie Informationen haben, die für Ihren Gesprächspartner von Interesse sein könnten.

Tipp!

Tragen Sie immer genügend Visitenkarten bei sich. Amerikaner bei-
spielsweise tauschen sie gerne aus. Ein Kontakt ergibt so den nächsten
und führt eventuell auch zu einem Vorstellungsgespräch. So könnten
Sie z.B. am Rande eines Kongresses fragen: „Would you mind if I gave
you my card? I surely would appreciate a call if you hear of anything."
Eine im Business normale Geste, die sichert, dass Ihr Gegenüber im
Falle eines Falles Ihre Daten hat. Es ist empfehlenswert, auf der Rück-
seite der Visitenkarte, eine englische Version zu drucken mit Jobtitel,
Position, Telefon mit internationaler Vorwahl usw.

Sicherlich ist es nicht einfach, von Deutschland aus ein Netzwerk aufzu-
bauen. Es lohnt sich aber in jedem Fall, alle Anstrengungen dazu zu unternehmen. Denken Sie dran: Wenn in einem Unternehmen kein interner
Bewerber zur Verfügung steht, werden die Mitarbeiter gefragt, ob sie geeignete Kandidaten kennen. Dann wird Ihre Networking-Arbeit Früchte tragen.

3.2 Networking und Arbeitssuche per Telefon

Eine gute Möglichkeit, um mit einem interessanten Networking-Kontakt ins
Gespräch zu kommen und wichtige Informationen über ein Unternehmen zu
erhalten, ist ein Telefonanruf. Gut und erfolgreich zu telefonieren ist nicht
so einfach wie man denkt und will gelernt sein. Besonders in einer fremden
Sprache fällt dies vielen schwer. Aber Sie werden während Ihrer Arbeitssuche des Öfteren zum Hörer greifen müssen. Und damit Sie nicht auf der
Leitung stehen, haben wir dem Thema ein ganzes Kapitel gewidmet, in dem
Sie – neben speziellen Hinweisen auf das Telefonat mit einem Networking-
Partner – auch allgemeine Tipps rund ums Telefonieren sowie deutsch-
englische Formulierungshilfen finden (vgl. Kap. 3.3). Denn es gibt etliche
unterschiedliche Anlässe für ein Telefonat:

- Bitte um ein Informationsgespräch bei dem Unternehmen, bei dem
  man gerne arbeiten möchte.

- Frage nach den Namen zuständiger Personalverantwortlicher in einer
  Firma.

- Bitte um die Zusendung von Unterlagen wie Firmenbroschüren und
  Bewerbungsformulare.

- Anruf bei einem Networking-Kontakt, bevor man einen Lebenslauf abschickt.

- Anruf nach einer Initiativbewerbung, um zu fragen, ob der Brief und Lebenslauf angekommen seien und um sich nach dem zuständigen Ansprechpartner zu erkundigen und zu fragen, ob dieser Zeit für ein kurzes Gespräch habe.

- Anruf vor einem Vorstellungsgespräch, z.B. um den Termin zu bestätigen.

- Anruf nach einem Vorstellungsgespräch, um noch einmal Interesse an der Stelle zu bekunden und den Stand des Bewerbungsverfahrens zu erfragen.

- Häufig kommt es auch vor, dass von Unternehmensseite ein Anruf erwartet wird, wenn z.B. in der Stellenanzeige der Name des Ansprechpartners mit Telefonnummer genannt wird.

3.2.1 Versuchen Sie's mit Cold Calls

Im Gegensatz zu den Warm Calls, den Anrufen auf Nachfrage hin können Sie natürlich auch spontan zum Hörer greifen und Ihr Glück versuchen. (vgl. Kapitel 3.3 „Deutsch-englische Formulierungshilfen fürs Telefonieren"). Beachten Sie dabei folgende Regeln:

- Fassen Sie sich kurz, seien Sie nicht aufdringlich.

- Wecken Sie Interesse an Ihrer eigenen Person.

- Zeigen Sie, dass Sie sich über die Firma informiert haben.

- Wenn Sie um ein Résumé gebeten werden, senden Sie es mit einem Begleitschreiben zu.

- Wenn Sie zu einem Informationsgespräch eingeladen werden, senden Sie einen Dankesbrief

Ganz gleich, ob Sie auf eine Stellenanzeige reagieren oder eine Initiativbewerbung abschicken möchten, einen Telefonanruf können Sie in jedem Fall nutzen, um einen ersten Kontakt zum Personalverantwortlichen herzustellen und sich als kompetent und sympathisch zu präsentieren. Außerdem können Sie während dieser Telefongespräche interessante Zusatzinformationen über das Unternehmen, seine Anforderungen bzw. das betreffende Stellenangebot herausfinden und dies dann in Ihre schriftlichen Bewerbungsunterlagen einbauen oder im Vorstellungsgespräch unterbringen.

Tipp!

Ein persönlicher Kontakt am Telefon ist besser als nur eine E-Mail zu schicken. Ihr Gegenüber wird sich viel eher an Sie erinnern.

Um ein Telefongespräch optimal nutzen zu können, sollten Sie wieder auf Ihre Selbstpräsentation achten, d.h. Ihr Kurzprofil parat haben (vgl. S. 21). Stellen Sie sich vor und beschreiben Sie zum Einstieg kurz und prägnant die Schwerpunkte Ihrer Ausbildung, Ihrer beruflichen Laufbahn und Ihrer Leistungen auf Englisch und belegen Sie sie sehr kurz und stichwortartig mit Beispielen. Sie sollten diese durch Keywords aus Ihrer Branche bzw. Ihrem Berufsfeld ergänzen. Denken Sie auch daran, einige Soft Skills zu erwähnen, denn den Personalentscheider interessiert nicht nur Ihr Fachwissen, sondern auch, ob Sie in das Unternehmen passen würden. Ein Designer könnte zum Beispiel Folgendes am Telefon von sich berichten:

- I am a designer with eight years of extensive management experience.
- I am highly experienced in multimedia design, internet design and print media.
- I designed and fabricated a 500.000 $ multimedia exhibit in the past six months.
- I recruited, trained and supervised 20 staff members.
- I am proactive and possess excellent organising abilities as well as leadership skills.

Je besser diese Selbstpräsentation auf die Bedürfnisse des Unternehmens abgestimmt ist, desto überzeugender wird der Eindruck sein, den Sie beim Personaler hinterlassen. Bereiten Sie die Gespräche gut vor, damit Sie am Telefon „confident" und „straightforward" klingen. Sie müssen natürlich auch Antworten auf Fragen wie die Folgenden parat haben:

- Warum Sie beispielsweise in Amerika, England oder Asien arbeiten wollen,
- warum Sie gerade bei diesem Unternehmen tätig werden wollen,
- was Sie Besonderes zu bieten haben,
- ob Sie flexibel und unabhängig genug sind, um für eine bestimmte Zeit in einem fremden Land zu arbeiten und sich vorstellen können, im Ausland langfristig Fuß zu fassen.

Am besten haben Sie ein Beispiel zur Hand, um plausibel zu erklären, wie Sie sich Ihre Zukunft vorstellen.

Seien Sie nicht überrascht, wenn das Telefongespräch zunächst auf Deutsch beginnt, sofern Ihre Gegenüber Ihre Sprache spricht, und Ihr Gesprächspartner ohne Ankündigung auf Englisch umschwenkt oder vielleicht das Gespräch auf Englisch mit einem Smalltalk beendet. Arbeitgeber testen auf diese Weise gern, wie geläufig Ihnen die Fremdsprache ist oder ob Sie in so einer Situation schnell unsicher werden und nicht das halten können, was Sie vollmundig versprochen haben.

3.2.2 Networking per Telefon

• **Verschaffen Sie sich Unterstützung**

Legen Sie sich eine Liste mit vorbereiteten Fragen neben das Telefon, die Sie Ihren Ansprechpartnern stellen wollen. Sie müssen vorher genau wissen, was Sie sagen bzw. fragen wollen. Es geht darum, einen Termin für ein Informationsgespräch zu vereinbaren – oder zumindest die Namen von weiteren Kontaktpersonen zu erhalten. Weisen Sie gleich am Anfang darauf hin, dass Sie sich nur informieren wollen.

• **Ein ansprechender Einstieg**

Das wichtigste bei einem Telefonat ist, sofort das Interesse Ihres Gesprächspartners zu wecken. So könnten Sie etwa zu Beginn des Anrufs sagen: „XY suggested I call you to see if I might get some advice."

• **Das Gespräch selbst**

  – Erklären Sie zu Beginn, wie Sie die Telefonnummer und den Namen des Ansprechpartners erhalten haben. Stellen Sie sich kurz vor.

  – Beschreiben Sie kurz, welche Berufserfahrungen Sie mitbringen und welche Position Sie anstreben.

  – Fragen Sie, ob Ihr Gesprächspartner Zeit für ein persönliches Treffen hat - oder ob Sie am Telefon Fragen stellen dürfen.

  – Fragen Sie eventuell schon nach Details, z.B. nach Trends in der Branche, Tipps für die Arbeitssuche oder nach Bewerbungsverfahren in dem Unternehmen.

  – Bieten Sie Ihrem Gesprächspartner an, auf Wunsch einen Lebenslauf zuzusenden.

  – Fragen Sie auf jeden Fall nach weiteren Kontaktpersonen und danach, ob Sie den Namen Ihres Gesprächspartners nennen dürfen.

Und noch ein Tipp!

Wir empfehlen Ihnen, insbesondere wenn Sie sich in den USA bewerben – in Großbritannien, aber auch in Australien und Asien ist man weniger forsch – schon in Ihrem Anschreiben zum Lebenslauf anzukündigen, dass Sie bzw. sogar wann Sie anrufen würden. Darauf können Sie sich dann beziehen, wenn Sie mit der Sekretärin sprechen und einfach sagen: „Mr. XYZ is expecting my call." So steigern Sie Ihre Chance, tatsächlich direkt mit dem Personalentscheider verbunden zu werden.

Und zu guter Letzt: Seien Sie höflich, positiv und zuvorkommend. Dazu gehört auch, dass Sie geeignete Zeiten zum Telefonieren wählen.

3.2.3 Telefonieren während der Arbeitssuche: Worauf Sie generell achten sollten

Im Folgenden liefern wir Ihnen eine Übersicht mit einigen allgemeinen Hinweisen, die Ihnen das Telefonieren erleichtern.

• **Gut vorbereitet**

Legen Sie Ihren Lebenslauf und eine Liste von Fragen neben das Telefon, damit Sie gut auf das Gespräch vorbereitet sind.

• **Die beste Telefonzeit**

Am besten rufen Sie zwischen 9 und 10 oder nach 17 Uhr an, da Sie dann die größten Chancen haben, die leitenden Angestellten bzw. „the person in charge", zu erreichen. Zu anderen Zeiten sind sie häufig in Konferenzen und Sitzungen. Wenn Sie zu dieser Zeit kein Glück haben, dann lassen Sie sich von der Person, die das Gespräch entgegennimmt, die beste Zeit geben, in der Sie jemanden erreichen können und rufen dann wieder an. Jeder Gesprächspartner hat hier individuelle Zeiten, wann es ihnen am besten passt. Richten Sie sich danach, und nicht nach Ihren bevorzugten Terminen. Bitten Sie auch nicht darum, dass man Sie zurückruft, das macht keinen guten Eindruck, denn Sie wollen etwas von dem neuen potenziellen Arbeitgeber, nicht umgekehrt. Und Sie geben damit gleich die Initiative aus der Hand.

• **Mit dem richtigen Partner sprechen**

In kleinen Organisationen lassen Sie sich am besten mit dem Manager verbinden, in größeren mit dem entsprechenden Abteilungsleiter; aber

möglichst nicht mit der Personalabteilung, die eher dazu da ist, abzu-
wimmeln, sondern immer mit der Person „who has the power to hire you"
bzw. dem Supervisor. Wenn Sie über die Zentrale telefonieren, vergessen Sie
nicht, sich den Namen des Ansprechpartners, den Titel und die Durchwahl
zu notieren. Vergewissern Sie sich, dass Sie den Namen richtig aussprechen.
Reden Sie Ihren Gesprächspartner stets mit Namen an.

- **Kraftvoll und sympathisch telefonieren**

  Sprechen Sie möglichst ruhig mit kräftiger Stimme. Bringen Sie am
  Telefon Enthusiasmus und Energie rüber. Experten empfehlen zu diesem
  Zweck, während des Gesprächs zu stehen und zu lächeln. Und seien Sie
  nicht zu schüchtern. Statt zu fragen „Is Mr XYZ in?", sagen Sie: „Mr
  XYZ, please." Oder: „Could you put me through to Mr XYZ, please?"

- **Lassen Sie sich nicht abwimmeln**

  Bereiten Sie sich gut auf Fragen und Einwände vor. Denn dann reagieren
  Sie am Telefon schnell genug.

  - Wenn man Ihnen nur sagt „Send a résumé", reagieren Sie mit: „What
    skills are you looking for in such a position?"

  - Wenn Sie hören „I'm too busy to talk", sagen Sie z.B.: „What would
    be the best time to call back?"

  - Auf den Einwand „We are not hiring now", kontern Sie mit: „What
    skills are you looking for when you hire?". Oder: „Is it foreseeable
    when you will be hiring again?"

  - Wenn Sie hören „I don't think I can help you", sagen Sie: „What
    other people inside your company do you suggest I should contact?"

- **Nachfassen, ordnen und Ergebnisse prüfen**

  Sollten Sie nach einem Gespräch feststellen, dass Sie Fragen vergessen
  haben, können Sie durchaus auch eine E-Mail schicken. Darin beziehen
  Sie sich auf das Gespräch und formulieren die Fragen kurz und prägnant,
  ohne auszuschweifen. Nach den Telefonanrufen sollten Sie sich schriftlich
  bedanken – innerhalb von ein bis zwei Tagen. Wenn sich aus einem Anruf
  etwas ergibt, teilen Sie dies Ihrem Gesprächspartner mit. Haben Sie zuvor
  einen Lebenslauf abgeschickt (per Post), so rufen Sie fünf Tage später an
  und vergewissern sich, dass Ihr Schreiben vorliegt. Haben Sie den
  Lebenslauf per E-Mail geschickt, sollten Sie spätestens nach drei Tagen
  anrufen, damit Ihre Bewerbung auch noch gedanklich präsent ist.

3.2.4 Von A–Z: Verschiedene Telefonalphabete

Sie kommen ganz schnell in die Situation, dass Sie einen Namen, eine Berufsbezeichnung oder eine Adresse buchstabieren müssen, damit Ihr Telefonpartner die Gelegenheit hat, alles genau mitzuschreiben, was er an Informationen braucht. Wollen Sie ganz sicher gehen, dass alles so ankommt, wie es richtig ist, so bieten Sie an, die wesentlichen Daten zu mailen. Ansonsten macht es immer einen guten Eindruck, wenn Sie richtig buchstabieren können.

Internationale Telefonalphabete

Es gibt allerdings keine strikte Regelung, was das Telefonalphabet betrifft. So verwendet man in Australien und Asien gerne das internationale Telefonalphabet – ergänzt durch weitere regionale Länder- und Städtenamen wie z.B.: S for Singapore oder S for Sydney. Häufig werden auch spontan Wörter aus der Alltagssprache zum Buchstabieren benutzt:

• A for apple,

• C as in cat,

• E for elephant,

• H as in hotel.

	International		Britisch
A	Alpha	A	Alfred
B	Bravo	B	Benjamin
C	Charlie	C	Charles
D	Delta	D	David
E	Echo	E	Edward
F	Foxtrott	F	Frederick
G	Golf	G	George
H	Hotel	H	Harry
I	India	I	Isaac
J	Juliet	J	Jack
K	Kilo	K	King
L	Lima	L	London

M	Mike	M	Mary
N	November	N	Nellie
O	Oscar	O	Oliver
P	Papa	P	Peter
Q	Quebec	Q	Queen
R	Romeo	R	Robert
S	Sierra	S	Samuel
T	Tango	T	Tommy
U	Uniform	U	Uncle
V	Victor	V	Victor
W	Whisky	W	William
X	X-ray	X	X-ray
Y	Yankee	Y	Yellow
Z	Zulu	Z	Zebra

3.3 Deutsch-englische Formulierungshilfen fürs Telefonieren

Benutzen Sie die nun folgende Sätze, um Ihre Telefonate vorzubereiten. Natürlich müssen Sie sie so sprechen, als wären Sie Ihnen gerade eingefallen. Wirkt alles wie auswendig gelernt, ist Ihr Gespräch schnell kontraprodukiv. Aber mithilfe der Auflistung ist es hervorragend möglich, alle denkbaren Situationen vorher durchzuspielen und für alle Anforderungen gewappnet zu sein.

Sie stellen sich vor.

Hallo, mein Name ist Klaus Schmidt. Könnten Sie mich bitte mit der Durchwahl 2345 verbinden?	Hello, my name is Klaus Schmidt. Can you connect me to extension two three four five, please?
Guten Morgen Mr Robertson, Ich bin Gerd Müller aus Deutschland. Ich bin ein Freund von Steven Tan. Steven hat mir Ihre Telefonnummer gegeben.	Good morning, Mr Robertson, I am Gerd Müller from Germany, I'm a friend of Steven Tan. Steven gave me your telephone number.
Ich bin Andrea Seiler und habe Ihren Namen von der Handelskammer der Europäischen Union in China erhalten.	My name is Andrea Seiler, and I got your name from the European Union Chamber of Commerce in China.

Ich bin Peter Franzen und rufe Sie auf Empfehlung von Sid Herring an.	I'm Peter Franzen. I'm calling on the recommendation of Sid Herring.
Guten Morgen Mrs Griffin, erlauben Sie mir, mich vorzustellen: Mein Name ist Georg Hessler. Ich rufe aus Köln in Deutschland an.	Good morning, Mrs Griffin, allow me to introduce myself: my name is Georg Hessler, I'm calling from Cologne in Germany.
Guten Tag Mr Kelly. Wir kennen uns bisher nicht, aber ich würde Ihnen trotzdem gerne einige Fragen stellen. Ich bin Peter Hansen von Schütze & Partner, Hamburg.	Good afternoon, Mr Kelly, we have not met before, but I would like to ask you a few questions. I am Peter Hansen from Schuetze & Partner, Hamburg.
Hier ist Rainer Kolbe von Schmidt Consulting in München. Könnten Sie mich bitte mit Dr. Peters verbinden? Er hat mich gebeten, ihn anzurufen.	This is Rainer Kolbe calling from Schmidt Consulting in Munich. Could you put me through to Dr. Peters, please? He asked me to get in touch.
Guten Tag, mein Name ist Thomas Niedermeyer. Ich bin der Marketing Direktor von Stolte Marketing in Stuttgart. Man hat mich gebeten, Dr. Thiel um 15 Uhr anzurufen.	Hello, my name is Thomas Niedermeyer and I am the Marketing Director at Stolte Marketing, Stuttgart. I was asked to call Dr. Thiel at three pm.

Sie erklären den Zweck Ihres Anrufs.

Ich hoffe, dass Sie fünf Minuten Zeit haben, um einige Fragen zu Praktikumsmöglichkeiten in der Autoindustrie zu beantworten.	I was hoping that you might be able to spare some minutes to answer a few questions I have about internship opportunities in the automotive industry.
Könnten Sie mir vielleicht bei der Jobsuche in Australien behilflich sein?	I was wondering if you could help me with my job search in Australia.
Ich möchte mich über berufliche Möglichkeiten im Marketingbereich informieren. Ein Treffen mit Ihnen wäre mir eine große Hilfe.	A meeting with you would be very helpful for me regarding research of career opportunities in marketing.
Ich gehe nicht davon aus, dass Sie im Moment eine freie Stelle anzubieten haben. Trotzdem würde ich gern nach Stellenangeboten fragen, die sich im Verlauf dieses Jahres ergeben könnten.	I am not anticipating that you have any job openings right now. However, I would like to inquire about employment opportunities which might come up later this year.
Ich bitte Sie nicht um eine Stelle, ich möchte nur einige allgemeine Fragen zur Jobsuche in Irland stellen.	I am not asking you for work, I would like to ask just a few general questions about my job search in Ireland.

Ich versuche, Personen mit Ihrem beruflichen Hintergrund und Ihrer Erfahrung zu kontaktieren.	I am trying to meet with individuals with your background and experience.
Ich sammle im Augenblick Informationen zur gegenwärtigen Situation im Marketingbereich.	I am gathering information on the current situation in the marketing sector.
Könnten Sie mir eventuell einige Informationen über die Arbeitsmarkttrends in der Tourismusbranche geben?	I was wondering if you could give me some information on labour market trends in the tourist industry.

Sie erklären, warum Sie gerade diesen Gesprächspartner anrufen.

Der Leiter der Britischen Industrie- und Handelskammer in Düsseldorf sagte mir, Sie seien der richtige Ansprechpartner für Fragen, die ich in Bezug auf meine Arbeitssuche im Vereinigten Königreich habe.	The Director of the British Chamber of Industry and Commerce in Dusseldorf said you would be a good person to ask for advice on my job search in the UK.
Ich habe gelesen, dass Sie für Ihre Erfahrungen in der Rechtsberatung anerkannt sind.	I have read that you are recognized for your experience in the field of legal counselling.
Ich bin sicher, Sie wissen eine Menge über Arbeitsmarkttrends in der Biomedizin in Asien.	I am sure you know a lot about labour market trends in biomedical sciences in Asia.
Sie arbeiten schon so lange in dieser Branche. Können Sie mir Ratschläge geben, wie ich am besten eine Stelle in der Autoindustrie finden kann.	You have been in this industry for such a long time. I was wondering if you could give me some advice about the best way of finding a job in the automotive sector.
Mr Smith von Neves Engineering sagte mir, Sie hätten in Research & Development große Fachkenntnis.	Mr Smith from Neves Engineering said you have real expertise in the field of R&D (Research and Development).
Wir haben einen gemeinsamen Bekannten, Mr Clark von Siemens VDO Automotive. Er hat mir vorgeschlagen, Sie zu kontaktieren. Ich suche nach Möglichkeiten, im Bereich Fahrzeugbau zu arbeiten.	We have a mutual acquaintance, Mr Clark from Siemens VDO Automotive. He suggested that I get in touch with you. I'm looking for ideas on getting into the field of automotive engineering.
Nach dem, was ich gelesen und gehört habe, sind Sie Spezialist in der Entwicklung von effizienten Verfahren im Risikomanagement.	Based on what I have read and heard, you are a specialist in developing effective risk management processes.

Sie vereinbaren einen Gesprächstermin.

Es wäre schön, wenn wir uns demnächst treffen könnten.	I was hoping we could come together for a meeting some time soon.
Ich rufe Sie an, um ein kurzes Treffen mit Ihnen zu vereinbaren. Wann würde es Ihnen passen?	The reason why I'm calling is to arrange a short meeting. When would be a convenient time for you?
Ich würde Sie gerne treffen, um mit Ihnen über Arbeitsmöglichkeiten in Südostasien zu sprechen.	I'd like to meet you to discuss employment opportunities in South-East Asia.
Welcher Tag würde Ihnen am besten passen?	Which day would suit you best?
– *Sagen wir Dienstagvormittag um 10 Uhr?*	– Shall we say Tuesday morning 10 am?
– *Geht Freitag nächste Woche bei Ihnen?*	– Does Friday next week suit you?
– *Würde es Ihnen passen, wenn wir uns Anfang nächsten Monats träfen?*	– Would it suit you if we met at the beginning of next month?
– *Was hielten Sie von Montag, den 5., um 10 Uhr morgens?*	– How about Monday, the 5th, at 10 am?
– *Wie wäre es mit halb drei?*	– What about half two? (entspricht half past two)
– *Haben Sie an dem Tag Zeit?*	– Are you free on that day?
– *Könnten wir uns Mittwochnachmittag treffen?*	– Could we meet on Wednesday afternoon?
– *Oder würden Sie übermorgen vorziehen?*	– Or would you prefer the day after tomorrow?
– *Sie haben in der kommenden Woche zu viel zu tun? Dann lassen Sie uns einen anderen Termin vereinbaren.*	– You are too busy next week? Let's fix another date then.
Ich rufe Sie in Kürze wieder an, um zu sehen, ob wir einen Termin für ein Treffen finden.	I will follow up shortly by phone to see if we might find some time to meet.
Wann könnte ich zu einem (Vorstellungs)gespräch vorbeikommen?	When could I come by for an interview?
Ich rufe Ihre Sekretärin an, sobald ich in New York bin, um einen Termin zu vereinbaren.	I'll call your secretary when I am in New York to fix an appointment.

Ich schicke Ihnen eine Mail, um die Details zu bestätigen. Ich freue mich darauf, Sie bald zu sehen.	I'll send you an e-mail to confirm the details. I look forward to seeing you soon.
Ich werde das schriftlich bestätigen. Können Sie mir bitte die volle Post-adresse geben mit dem ZIP-Code (AE) von San Francisco bzw. mit dem Post Code (BE) von Manchester?	I will confirm this in writing. Can I have the zip code of San Francisco/ the post code of Manchester, please?
Ich treffe Sie dann am kommenden Mittwoch um 15 Uhr in Ihrem Büro.	Then I'll see you on Wednesday next week at 3 pm at your office.
Lassen Sie mich kurz in meinen Kalender sehen. Ja, Freitag geht es bei mir. Um wie viel Uhr passt es Ihnen?	Let me just check my diary. Yes, Friday would be fine with me. What time is convenient for you?

Sie fragen nach dem Weg.

- *Wie komme ich mit der Schnell-bahn vom Flughafen zum Haupt-bahnhof?*	- Can I take the express train from the airport to the central station?
- *Sollte ich besser an einer anderen Station aussteigen?*	- Would it be better if I got off at a different station?
- *Kann ich vom Bahnhof zu Fuß gehen?*	- Can I walk from the train station?
- *Wie weit ist es vom Bahnhof zu Ihnen?*	- How far is it from the train station to your place?
- *Könnten Sie mir bitte den Weg kurz beschreiben?*	- Could you briefly describe me how to get there?
- *Gibt es zwischen dem Bahnhof und Ihrem Firmengebäude öffentlichen Nahverkehr?*	- Is there any public transport from the train station to your office building?
- *Wie viel Zeit brauche ich, um vom Bahnhof zu Ihnen zu gelangen?*	- How long would it take to get from the train station to your office building?
- *Ist es sinnvoll, vom Hotel aus zu Fuß zu Ihrem Büro zu gehen?*	- Is it feasible to walk from the hotel to your office?
Ich habe vor, mit dem Auto zu kommen.	I plan to come by car.
- *Gibt es bei Ihnen die Möglichkeit zu parken?*	- Do you offer any on-site parking?'
- *Ist der Verkehr vormittags norma-lerweise sehr dicht?*	- Is the traffic normally very heavy in the morning?

- *Können Sie mir bitte eine Anfahrtskizze mailen?*	- Could you please e-mail me a map showing how to get to your place?
- *Welche Abfahrt von der Autobahn sollte ich am besten nehmen, um direkt zu Ihnen zu gelangen?*	- Which exit is the best to come straight to your place?
- *Wie lange brauche ich vom Flughafen zu Ihnen in die Innenstadt?*	- How long does it take from the airport to reach your place in the city?
- *Wie lange brauche ich mit dem Taxi vom Flughafen zu Ihnen?*	- How long does it take to reach your place from the airport by taxi?

Ich werde bereits am Abend in Chicago eintreffen und im Plaza Hotel an der Seepromenade übernachten.	I will already arrive in Chicago in the evening and stay overnight at the Plaza on the water front.
Vielen Dank für Ihr Angebot, mich vom Flughafen abholen zu lassen! Ich komme mit dem Flug LH 721 um 20:30 Uhr an.	Thank you very much for offering me to pick me up at the airport. I will arrive on flight no. LH 721 at 8:30 pm.

Sie fragen nach offenen Stellen.

Ich rufe an, um zu erfahren, ob sich in der Zwischenzeit neue Stellenangebote ergeben haben.	I am calling to find out if any new job opportunities have come up recently.
Ich suche nach einer Stelle im Einzelhandel als Verkaufs- und Marketingleiter.	I am looking for a position in retail as Sales and Marketing Executive.
Ich suche eine Einstiegsposition im Internet-/Telekommunikationsbereich.	I am seeking an entry-level position in the internet/ telephone industry.
Kann ich vorbeikommen, um mit Ihnen über die Möglichkeit künftiger Stellenangebote zu sprechen?	May I come in to talk to you about the possibility of future job openings?
Ich würde gern kurz mit Ihnen sprechen, um Ihnen zu erklären, was ich zu bieten habe.	I would like to talk with you for a few moments and tell you about what I can offer
Ich wollte fragen, ob es bei der HSBC Hongkong freie Stellen für Senior Analysten gibt.	I was wondering if there are any vacant positions as Senior Analyst at HSBC Hong Kong.

Sie fragen, ob Ihr Gesprächspartner am Telefon gerade Zeit hat.

Hallo, hier ist Peter Müller. Hätten Sie ein paar Minuten Zeit?	Hello, this is Peter Mueller speaking. Do you have a few moments to talk?
Kann ich Ihnen kurz einige Fragen stellen? Ich werde Sie nicht lange aufhalten.	Could I quickly ask you a few questions? I won't keep you long.
Wenn es Ihnen jetzt passt, würde ich Ihnen gerne einige kurze Fragen stellen.	If this is a convenient time, I would like to ask you some brief questions.
Passt es jetzt?	Is it a good time to talk?
Ich hoffe, ich störe Sie nicht.	I hope, I'm not imposing on your time
Ich weiß, wie viel Sie zu tun haben, aber hätten Sie trotzdem einen Augenblick Zeit für mich?	I know how busy you are, but I am wondering if you have a minute to talk.
Es tut mir Leid, wenn ich Sie gestört habe. Kann ich Sie zu einem späteren Termin anrufen, wenn weniger zu tun ist?	Sorry to have troubled you. Can I get in touch with you at a later date when things are not as busy?
Entschuldigen Sie bitte die Störung. Hätten Sie einen Moment Zeit für ein Gespräch?	Sorry to bother you. Do you have a moment to talk?

Sie fragen nach dem zuständigen Ansprechpartner.

Könnten Sie mir bitte den Namen desjenigen geben, der für Ihr Event-Management zuständig ist? Das würde mir wirklich weiterhelfen.	Could you give me the name of the person who is in charge of event management? It really would be most helpful.
Wer wäre bei Ihnen der richtige Ansprechpartner, um über offene Stellen zu sprechen?	Who is the best person to talk about job openings?
Mrs Greene hat mir angeboten, sie diese Woche anzurufen.	Mrs Greene suggested I should call her this week.
Würden Sie mir bitte ihren/seinen genauen Titel angeben?	Could you give me her/his exact title?
Ist Mrs Prince am Freitag, um 15 Uhr im Büro? Falls ja, rufe ich dann wieder an.	Will Mrs Prince be in on Friday at 3 p.m.? If yes, I'll phone again.
Würden Sie mir bitte Ihren Namen geben?	May I get your name, please?

- *Können Sie ihn bitte buchstabieren?*	- Could you spell it for me, please?
- *Ist der erste Buchstabe „H" wie „Hotel"?*	- Is the first letter „H" as in „Hotel"?
Ich würde gern Herrn XY sprechen.	I'd like to speak to Mr XY, please.
Würden Sie mich bitte zu Dr. Wilson durchstellen?	Could you put me through to Dr Wilson, please?
Bitte geben Sie mir seine Durchwahl.	Could you give me his extension, please?

Sie haben jemanden nicht erreicht.

Ich würde Mr Roberts gern eine Nachricht hinterlassen.	I'd like to leave a message for Mr Roberts.
Würden Sie ihr bitte etwas ausrichten?	Could you pass a message on to her, please?
Was ist die beste Zeit, um Mr. Fox zu erreichen? Ich habe es bereits mehrfach versucht, konnte ihn aber im Büro nicht erreichen.	When would be the best time to reach Mr Fox? I've tried several times but I could not reach him in the office.
Wann sollte ich am besten wieder anrufen?	What would be a good time to call back?
Ich möchte nicht aufdringlich erscheinen, aber ich würde Mr Dimbleby gerne im Laufe dieser Woche erreichen.	I really don't want to be a nuisance, but I was hoping to catch Mr. Dimbleby some time this week.
Würden Sie bitte Mrs Brown bitten, mich möglichst bald im Büro zurückzurufen? Meine Nummer ist 12 34 56, die Landesvorwahl für Deutschland ist 0049 und die Ortsvorwahl für Stuttgart ist 711.	Could you ask Mrs Brown to call me back at my office as soon as possible, please? My number is one two three four five six. The country code for Germany is double „oh" four nine, the area code for Stuttgart is seven double one.
Könnten Sie mir bitte seine Handynummer geben?	Can you give me his mobile number, please?
Würden Sie mir bitte ihre E-Mail-Adresse geben? Ist es a.wilson@abc-net.com?	Can you give me her e-mail address, please? Is it „a dot wilson@abc hyphen/dash net dot com"?
Darf ich Ihnen meine Telefonnummer geben? Aus den USA ist es +49 für Deutschland und dann 89-12345.	Can I give you my number, please? From the USA it is forty-nine for Germany, and then it is eight nine one two three four five.

Könnten Sie mich bitte auf meinem Handy zurückrufen unter 0049-175-123450?	Could you please call me back on my mobile on double oh forty-nine one seven five one two three four five oh? (BE „oh", AE „zero")
Würden Sie ihr bitte ausrichten, dass ich angerufen habe? Vielen Dank.	Could you let her know that I called? Thank you very much.
Meine Nummer ist 12 34 77.	My number is one two three four double seven.

Wenn es Probleme mit der Verbindung gibt.

Entschuldigung, das habe ich nicht verstanden, die Verbindung ist ziemlich schlecht. Könnten Sie bitte Ihren letzten Satz wiederholen?	I'm sorry I didn't get this. This is a bad line. Could you repeat your last sentence?
Entschuldigung, ich habe Ihren Namen nicht verstanden. Könnten Sie ihn mir bitte buchstabieren?	I'm sorry I didn't catch your name. Could you spell it for me, please?
Würden Sie das bitte noch mal wiederholen? Ich habe den ersten Teil der Adresse nicht verstanden.	Could you repeat this, please? I didn't get the first part of the address.
Könnten Sie bitte etwas lauter sprechen?	Could you speak up a bit, please? (Could you speak a bit louder, please?)
Entschuldigung, wie war noch mal Ihr Name?	Sorry, what did you say your name was?
Würden Sie bitte ein wenig langsamer sprechen?	Could you speak a bit more slowly, please?
Könnten Sie bitte etwas weniger schnell sprechen?	Could you speak a bit less rapidly, please?
Entschuldigung, ich habe die falsche Nummer gewählt.	I'm sorry, I must have dialed the wrong number.
Ich fürchte, wir sind unterbrochen worden.	I'm afraid, we were cut off.
Es tut mir Leid, es nimmt niemand ab.	I'm sorry there is no answer./ There's no reply.
Tut mir Leid, aber da ist besetzt, möchten Sie warten?	I'm sorry the line is busy, would you like to hold?
Ich fürchte, die Leitung ist besetzt. Möchten Sie später noch mal anrufen?	I'm afraid the line is engaged, would you like to call back later?

Das können Sie einen Personalberater zur Branche bzw. zur Stelle und zum Bewerbungsverfahren fragen.

Welche Fähigkeiten erwarten Sie von einem erfolgreichen Kandidaten?	What skills are you requiring for the successful candidate?
Welches sind die gefragtesten Fähigkeiten in diesem Bereich?	What are the most desired skills in this field?
Welche Ausbildung wird voraus-gesetzt?	What kind of educational background is required?
Wie sind die Aussichten in diesem Bereich?	What are the prospects in this field?
Welche Veränderungen zeichnen sich in dieser Branche ab?	How is this field changing?
Wie sieht in diesem Bereich derzeit der Personalbedarf aus?	What is the current demand like for people in this field?
Welches sind die besten Informations-quellen?	What are the best sources to find out more?
Was würden Sie an meiner Stelle tun?	If you were in my position, what would you do?
Würden Sie mir bitte Ihren Jahres-bericht und andere Firmenbroschüren schicken, die Ihre Aktivitäten beschrei-ben?	Would you send me a copy of your annual report and other brochures describing your activities?
Ich weiß, dass Sie zur Zeit keine offenen Stellen zu besetzen haben, aber ich würde gern mit Ihnen über zukünftige Möglichkeiten sprechen.	I know that you do not have any current openings right now, but I'd like to discuss with you the possibility of any job openings in the future.

Sie sagen etwas zu Ihrer Person.

Ich bin fleißig und zuverlässig.	I am hard working and reliable.
Ich bin teamfähig.	I'm a good team-player.
Ich bin belastbar.	I work well under pressure.
Ich verfüge über eine gute Führungs-kompetenz.	I have strong leadership skills.
Das hört sich an, wie für mich gemacht. Ich verfüge über gute mündliche und schriftliche Kommunikationsfähigkeiten.	That sounds tailor-made for me: I have excellent oral and written communication skills.

Ich habe sehr gute Sprachkenntnisse in Englisch, Spanisch sowie Mandarin.	I have a good command of (I am conversant in) English, Spanish and Mandarin.
Ich lerne schnell, ergreife selbst die Initiative und bin in der Lage, selbstständig zu arbeiten.	I am a quick learner with self-initiative and the ability to work independently.
Ich arbeite detailorientiert und effizient.	I am meticulous and able to perform with efficiency at the same time.
Ich habe eine „Nichts-ist-unmöglich"-Einstellung und kann großes Arbeitsvolumen und enge Terminvorgaben bewältigen.	I have a „can-do" attitude with the ability to manage high work volumes and tight deadlines.
Ich lerne schnell, bin qualitätsbewusst und halte Termine ein.	I am a fast learner, quality conscious and committed to deadlines.
Ich bin motiviert und verfüge über hervorragende Organisations- und Zeitmanagementfähigkeiten.	I am a self-starter with excellent organizational and time management skills.
Ich verfüge über gute analytische Fähigkeiten.	I have good analytical skills.
Ich kann mit Menschen auf allen Hierarchieebenen gut zusammenarbeiten.	I am able to work with people at all levels.
Ich habe gute EDV-Kenntnisse.	I am computer literate.
Ich habe eine gute Problemlösungskompetenz.	I have good problem-solving skills.
Ich kann ausgezeichnet präsentieren und bin ein Querdenker.	I have excellent presentation skills and am willing to think outside the box.

Sie fragen nach weiteren Ansprechpartnern.

Können Sie mir jemanden nennen, den ich anrufen könnte?	Can you think of anyone in particular I might call?
Kennen Sie jemanden, der eventuell ein Stellenangebot für jemanden mit meinem beruflichen Hintergrund hat?	Do you know of anyone who might have an opening for a person with my background?
Könnten Sie mich bitte an den Personalleiter verweisen?	I was hoping you could refer me to the HR manager.
Kennen Sie vielleicht jemanden, der in diesem Bereich arbeitet?	Do you know someone who works in this field?

Ich suche eine Stelle im Marketing-bereich. Können Sie mir Organisationen nennen, die ich kennen sollte?	I am looking for a job in marketing. Can you think of any organizations I should know about?

Sie bedanken sich für das Gespräch.

Vielen Dank, dass Sie zurückgerufen haben.	Thank you for returning my call./ Thank you for calling me back.
Sie waren mir eine große Hilfe, vielen Dank.	You have been very helpful, thank you.
Vielen Dank für Ihre Unterstützung.	Thank you for your assistance.
Haben Sie vielen Dank dafür, dass Sie sich für mich so kurzfristig die Zeit genommen haben.	Thank you for taking the time to speak to me on such short notice.
Für Ihre Hilfe bin ich Ihnen sehr dankbar.	I'm most grateful for your help.
Ihre Überlegungen zu Arbeitsmarkt-trends waren mir ganz besonders hilfreich.	Your thoughts on labour market trends have been particularly helpful.
Ich schätze Ihren Rat sehr.	I appreciate your advice.
Darf ich auf Sie verweisen?	May I use you as a referral?
Vielen Dank für Ihre Zeit und Ihren wertvollen Rat.	Thank you very much for your time and most valuable advice.

Sie hinterlassen eine Nachricht auf Ihrem Anrufbeantworter.

Hallo, ich bin Raoul Meisner. Leider bin ich im Augenblick nicht erreich-bar. Bitte sprechen Sie Ihre Nachricht und Telefonnummer nach dem Piep-ton. Ich rufe Sie dann sobald wie möglich zurück. Danke.	Hello, this is Raoul Meisner. I'm sorry I'm not available at the moment, but please leave a message and phone number after the beep. I'll call you back as soon as possible. Thank you.
Ich bin zurzeit nicht erreichbar. Wenn Sie Ihren Namen und Ihre Telefon-nummer hinterlassen, rufe ich Sie sobald wie möglich zurück.	I'm not available at the moment, but if you leave your name and telephone number, I will get back to you as soon as I can.
Bitte hinterlassen Sie nach dem Piep-ton Ihre Nachricht. Ich werde Sie so bald wie möglich kontaktieren.	Please leave a message after the beep and I will contact you as soon as possible.

Sie hinterlassen eine Nachricht auf dem Anrufbeantworter Ihres Personalberaters.

Guten Tag Mr Ratcliff, hier spricht Peter Meyerling. Ich rufe an wegen der offenen PR-Manager-Stelle. Ich habe Ihnen meinen Lebenslauf vor einigen Tagen geschickt und wollte nachhören, ob Sie ihn erhalten haben und schon Zeit hatten, ihn sich anzusehen. Ich melde mich später noch mal wieder. Für den Fall, dass Sie mich vorher sprechen möchten, erreichen Sie mich unter den Telefonnummern, die ich im Résumé angegeben habe. Vielen Dank und auf Wiederhören.

Hello Mr Ratcliff, this is Peter Meyerling calling regarding the vacant position of Public Relations Manager. I sent you my résumé a couple of days ago and was wondering if you have received it and had already the time to look through. I will call you back again later. Just in case you want to reach me earlier, I am contactable on my numbers given in the résumé. Thanks a lot. Goodbye.

Guten Morgen Mr Brown. Hier ist Christian Hinrichsen. Ich habe heute Morgen, um 11 Uhr, ein Vorstellungsgespräch bei Ihnen. Ich rufe Sie an, um Ihnen mitzuteilen, dass ich mich um etwa 10 Minuten verspäten werde. Auf dem Milton Highway hat es einen großen Verkehrsunfall gegeben und zurzeit stecke ich in einem Stau. Es tut mir Leid und ich möchte mich für die entstandenen Unannehmlichkeiten entschuldigen. Bis gleich.

Good Morning, Mr Brown, this is Christian Hinrichsen calling. I have an interview with you this morning at 11 am. I am just calling to let you know that I might be 10 minutes late as there is a huge traffic accident on Milton Highway and I am currently stuck in traffic. I am very sorry for this and the inconvenience caused. Goodbye.

Guten Tag Mrs Lim. Ich rufe Sie wegen unserer Verabredung am Mittwoch, um 17 Uhr, an. Ich möchte dieses Treffen absagen, da ich in der Zwischenzeit ein passendes Stellenangebot erhalten habe. Ich möchte mich aber für die Zeit, die Sie sich genommen haben, und Ihre bisherige Hilfe bedanken. Einen schönen Tag noch und auf Wiedersehen.

Good afternoon, Mrs Lim. I am calling regarding our appointment for Wednesday 5pm. I would like to cancel this meeting as I have found an adequate job offer in the meantime. I would like to thank you very much for your time and help so far. Have a nice day, goodbye.

Hinweis!

Am Telefon, in E-Mails und in nicht-formellen Briefen werden „Contracted Forms" benutzt, wie zum Beispiel:

- *It's been nice meeting you.*
- *I'll be in touch.*
- *I'm afraid, Fred isn't in today.*

Schriftlich verwenden Sie natürlich die ausgeschriebene Form.

3.4 Kontaktaufnahme vor Ort

Je besser Sie über die Trends, neuen Märkte und neuen Technologien informiert sind, desto leichter finden Sie heraus, welche Unternehmen Jobs anzubieten haben. So empfiehlt es sich, einen ersten Auslandsaufenthalt einzuplanen, um generelle Informationen über den Arbeitsmarkt zu sammeln und persönliche Kontakte zu knüpfen. Es ist allerdings nicht erlaubt, ohne Visum oder nur mit einem Touristenvisum z.B. in die USA zu reisen, mit dem Ziel, dort eine Arbeit aufzunehmen – es sei denn, Sie nehmen an einem „Work & Travel" Programm teil. Dieses Kapitel wendet sich daher

- an Interessenten, die am Rande eines Urlaubsaufenthalts im englischsprachigen Ausland erste Recherchen durchfühen möchten oder

- an Leser, die schon glückliche Besitzer einer Arbeitserlaubnis oder eines Visums sind.

3.4.1 Potenzielle Arbeitnehmer in Augenschein nehmen

Nutzen Sie Besuche bei Freunden oder andere Reisen, um in Referenzbibliotheken, College Placement Centres, Auslandshandelskammern etc. vorbeizuschauen. Denn Ziel des Informationsbesuchs ist es, möglichst viele Details über den Arbeitsmarkt und interessante Firmendaten zu sammeln sowie erste Kontakte zu knüpfen.

Sie können bei dieser Gelegenheit auch direkt bei Firmen vorsprechen, um sich zu informieren. Besonders kleinere Unternehmen schreiben häufig ihre offenen Stellen nicht aus, sodass es sich lohnt, persönlich nach Vakanzen zu fragen. Übrigens: Die Kleinen gelten als innovativ und können oft schneller auf neue Trends reagieren als die Konzerne. Das sollte man im Hinterkopf behalten. In kleineren Firmen können Sie außerdem leichter Kontakte zu den Verantwortlichen herstellen. Geben Sie sich nicht nur als engagiert und motiviert, sondern betonen Sie auch, dass Sie lernfähig und flexibel sind – eine wichtige Qualität insbesondere in kleineren Firmen, wo alle bei allem mit anpacken müssen. So steigern Sie Ihre Chancen, zu einem Gespräch eingeladen zu werden. Zwei Ziele sollten Sie dabei nicht aus den Augen verlieren:

• Finden Sie heraus, welche Probleme Unternehmen haben, um später in Ihren Bewerbungen hervorzuheben, wie Sie zur Lösung mit ihrer Qualifikation beitragen können.

• Versuchen Sie vor allem, möglichst viele Namen potenzieller Ansprechpartner (Referrals) zu erhalten.

Tipp!

Sollten Sie während Ihres Informationsaufenthalts außerhalb der EU wirklich interessierte potenzielle Arbeitgeber finden, müssen Sie, zurück in Deutschland, die nötigen Schritte zur Beschaffung eines Visums einleiten. Und da Informationsaufenthalte teuer sind, sollten Sie möglichst viele Recherchen schon in Deutschland durchführen. Denken Sie auch an die Möglichkeiten, die Ihnen das Internet und die kommerziellen Onlinedienste bieten. (Entsprechende Internetadressen im Anhang.)

Erfolgreich persönliche Kontakte herstellen

• Kontaktieren Sie im Besonderen Firmen aus Wachstumsindustrien. Lesen Sie z.B. Zeitungsberichte über expandierende Firmen, die im Fall USA etwa im *Wall Street Journal* oder im *Occupational Outlook Quarterly* bzw. im Internet zu finden sind. Diese Lektüre gibt Ihnen wichtige Hintergrundinformationen und lässt Sie auch bei Telefonaten oder Vorstellungsgesprächen souveräner auftreten. Mit der Zeit verschaffen Sie sich so einen Wissensfundus, der Sie zum kompetenten Gesprächspartner macht. Halten Sie sich also generell mit Zeitungsartikeln auf dem Laufenden, wie in den USA z.B. *Business Week, Forbes, Fortune, Inc. Magazine.*

• „Being polite but persistant" lautet die Devise. Wichtig ist es, schon an der Rezeption oder der Sekretärin gegenüber einen guten Eindruck zu machen, in der Hoffnung, dass diese Sie mit den entscheidenden Personen verbinden. Sie sollten möglichst nicht ohne Vorankündigung in einer Firma vorbeigehen, vereinbaren Sie besser vorher einen Termin. Es empfiehlt sich aber, zunächst einen Lebenslauf mit entsprechendem Begleitschreiben an die Firma zu schicken und danach telefonisch einen Gesprächstermin zu vereinbaren.

3.4.2 Informationsgespräche führen

Sofern Sie die Chance haben nach einem Cold Call, einem spontanen Anruf bei einem Unternehmen, über Vorsprechen bei der Sekretärin oder beim Empfang sofort zur richtigen Person vorgelassen zu werden, wird sich das Gespräch sicher konkret auf das Unternehmen beziehen. Je mehr Sie jetzt über seine Position und Politik wissen, desto günstiger für Sie. So können Sie am meisten aus dieser besonderen Gelegenheit herausholen. Hier sind wieder die Angaben aus Ihrer Selbstpräsentation (vgl. S. 21) gefragt und die Ergebnisse Ihrer Unternehmensrecherche (vgl. S. 184).

Die Mühe lohnt sich, denn die amerikanischen Experten sagen: „If you will not find the employer, he won't find you!" Folgende Fakten sollten Sie sich also beschaffen, damit Sie gut vorbereitet in ein Informationsgespräch gehen. Sie müssen etwas wissen über:

- Unternehmensgeschichte,
- Corporate Identity,
- Filialen,
- Produkte/Dienstleistungen,
- Konkurrenten,
- Größe,
- Umsätze,
- Planung für die nächsten Jahre.

Um an diese Daten heranzukommen, sollten Sie nicht nur Nachschlagewerke wälzen, sondern auch auf folgende Informationsquellen zurückgreifen:

- Homepages der Unternehmen,
- alte und neue Stellenanzeigen in Zeitungen,
- Jobbörsen,
- Unternehmensbroschüren/Geschäftsberichte,
- Fach-/Berufsverbände,
- Zeitschriftenartikel.

Auch die Informationsbroschüren der Auslands-/Industrie- und Handelskammern sind interessant. (vgl. Adressen im Anhang ab S. 247).

Und: Vergessen Sie nicht, sich am Ende des Gesprächs Namen und Titel des Gesprächspartners aufzuschreiben und sich zu bedanken.

Übrigens!

Scheuen Sie sich nicht, im Ausland in eine Bibliothek zu gehen und dort einen Bibliothekar um Hilfe zu bitten:

- *I am researching career opportunities in ...*
- *Can you recommend any business directories that will provide names and addresses of specific companies in the ... area?*

Wir sind beispielsweise während der Recherchen für dieses Buch sehr freundlich und kompetent unterstützt worden, und zwar unter anderem:

- *New York Public Library*
  Mid Manhattan Branch
  455, Fifth Avenue, 40th Street
  New York, USA

- *University of Canterbury*
  UC Careers & Employment
  Private Bag 4800
  Christchurch 8020, New Zealand

Fünf Regeln für ein perfektes Auftreten

- Achten Sie auch auf ein gepflegtes Äußeres: passende Kleidung und adrette Erscheinung. Seien Sie kritisch mit sich und werfen Sie einen prüfenden Blick in den Spiegel. Lassen Sie sich beraten und zwar von jemandem, der was davon versteht.
- Seien Sie zu allen Mitarbeitern freundlich und nie aufdringlich.
- Fassen Sie sich kurz. Informationsgespräche sollten nicht länger als 20 Minuten dauern. Beginnen Sie mit Smalltalk, damit schaffen Sie eine angenehmere Atmosphäre und kommen Sie dann zügig zu Ihrem Anliegen.
- Stellen Sie keine simplen Fragen, sondern zeigen Sie mit fundiertem Interesse, dass Sie Ihre Hausaufgaben gemacht und sich vor Ihrem Besuch gut über die Firma informiert haben.
- Business Cards, Visitenkarten, nicht vergessen! Sie enthalten neben Namen und Titeln den Beruf, Adresse, E-Mail-Adresse und Handynummer, sofern Sie darüber wirklich zu erreichen sind.

3.4.3 Beispielhaft! Die wichtigsten Fragen fürs Informations- gespräch

Mit diesen Fragen sind Sie gewappnet. Sollten Sie sich auf Englisch hier nicht auf sicherem Parkett fühlen, versuchen Sie's mit einem Rollenspiel. Auf diese Weise können Sie eine Art Generalprobe machen, Ihre Schwächen erkennen und entsprechende Gegenmaßnahmen einleiten.

- What's the market like for people with my level of experience?
- What are the skills and the background needed to be successful in this company/industry?
- What are some of the jobs that are available in this industry?
- Is it a growing industry?
- How did you get started in your profession?
- What projects have you been working on that interest you?
- What skills do you make use of?
- I would like to get an insider's view of what the engineering industry is like. What problems/challenges do you face?
- Could you describe a typical day?
- Is the company planning any future expansion?
- Is the company downsizing?
- What are its prospects?
- What problems are to overcome in this area?
- How would you describe the company culture here?
- What is the company's business philosophy?
- How has business been lately?
- Can you give me a general idea of the salary range for this type of job?
- How could I improve my CV?
- Who else should/could I contact?
- Could you refer me to anyone else in your field?
- May I stay in touch with you?
- Do you mind if I take a few notes?
- Is it okay if I take this name down?

Prospecting – gewinnen Sie durch das Gespräch Profil

In den achtziger Jahren und zu Beginn der neunziger waren Informations-interviews gang und gäbe. Sie galten als eine gute Methode, einen Überblick über den Arbeitsmarkt zu erhalten, Kontakte zu knüpfen, für Vorstellungs-gespräche zu trainieren und konkrete Chancen auszuloten. Das trifft auch immer noch zu. Seit aber die Konzerne ganze Hierarchieebenen wegrationa-lisiert haben, nehmen sich immer weniger Arbeitgeber die Zeit für Interes-senten, die sich unverbindlich über die Firma bzw. Branche informieren möchten. Inzwischen hört man von einigen Beratern, dass diese Gespräche selten geworden seien. Leider. Eine andere Art der Kontaktaufnahme wird nun relevant: „Prospecting" ist das neue Stichwort. Sie wenden sich auf gut Glück per Telefon/Mail direkt an eine Firma mit dem Hinweis, dass Sie eine Stelle suchen und gern einen Gesprächstermin hätten. Sie müssen ganz schnell zur Sache kommen und einen Aspekt finden, der Ihr Gegenüber aufhorchen lässt. Bei Bedarf wird der Arbeitgeber Sie dann vielleicht berücksichtigen. Prospecting verlangt viel Kreativität und Geschick, im richtigen Moment genau das Richtige zu sagen.

3.4.4 An alles gedacht? Eine Checkliste zum Networking

- ❑ Haben Sie eine Liste von Ansprechpartnern zusammengestellt?
- ❑ Konnten Sie, was die Firmen auf Ihrer Networking-Liste angeht, alle Fakten ausreichend recherchieren?
- ❑ Haben Sie in Ihrem Networking-Brief kurz und knapp auf Ihren Background hingewiesen?
- ❑ Wissen Sie, welche Fragen Sie Ihrem Gesprächspartner am Telefon oder im persönlichen Gespräch stellen wollen?
- ❑ Haben Sie eine überzeugende Selbstdarstellung in zwei, drei Sätzen am Telefon parat?
- ❑ Haben Sie betont, dass es Ihnen (im Networking-Gespräch) um Informationen geht und nicht um eine Stelle?
- ❑ Haben Sie im Networking-Interview auf Kleidung und Auftreten ge-achtet?
- ❑ Haben Sie immer Visitenkarten dabei?
- ❑ Haben Sie im Gespräch nach weiteren Ansprechpartnern (Referrals) gefragt?
- ❑ Haben Sie sich nach dem Networking-Gespräch Notizen gemacht?
- ❑ Haben Sie einen Dankesbrief geschrieben?

4 Jetzt geht es los: Das Bewerbungsanschreiben

Das Begleitschreiben (Cover Letter in den USA und Covering Letter im Vereinigten Königreich genannt) ist das erste, was der Arbeitgeber von Ihnen liest. Von der Qualität dieses Schreibens hängt ab, ob er sich den Lebenslauf überhaupt noch ansieht. Leider gibt es keinen Modellbrief, der auf alle Bewerbungen passt. Ihr Schreiben muss also unbedingt einen persönlichen, unverwechselbaren Charakter haben. „Tailor your letters" sagt man und meint es wörtlich: Ihre Briefe müssen maßgeschneidert sein. Und dazu müssen Sie eine Menge beachten.

4.1 Verschiedene Bewerbungsarten erfordern verschiedene Anschreiben

Beim Bewerbungsverfahren gibt es fünf verschiedene Versionen eines Anschreibens, über deren Besonderheiten Sie im Folgenden einiges erfahren werden:

- Ad-Letter (Antwort auf eine Stellenanzeige in einer Zeitung),
- Unsolicited Cover Letter (Initiativbewerbung),
- E-Mail-Cover-Letter (Antwort auf eine Online-Annonce),
- Broadcast Letter (Kombination aus Anschreiben und Lebenslauf),
- Bewerbungsanschreiben an einen Recruiter.

Egal, welche Version Sie benötigen, eines ist bei allen gleich: Im Begleitschreiben müssen Sie den entscheidenden Bezug zur angestrebten Stelle bzw. zum Arbeitgeber herstellen. Das bietet Ihnen die Möglichkeit, dem potenziellen Arbeitgeber Ihr Interesse an der Firma einerseits sowie Ihre grundsätzliche Eignung andererseits deutlich zu machen. Dabei muss das Anschreiben kurz und prägnant sein, denn der Personalverantwortliche nimmt sich in der Regel nicht mehr als eine Minute, um das Anschreiben zu lesen. In Ihrem Begleitschreiben können Sie zeigen, dass Sie sich über die Firma bzw. die ausgeschriebene Position informiert haben. Sie weisen auf zwei bis drei Schwerpunkte Ihres Lebenslaufs hin. Sie belegen, dass Sie mit Ihrem Können die Anforderungen des Unternehmens erfüllen. Der Begleitbrief trägt wesentlich dazu bei, Ihre Qualifikationen und Berufserfahrungen zu verkaufen.

Der Cover Letter bietet Ihnen auch die Möglichkeit, negative Punkte in positive umzuwandeln, z.B.: „Zwar habe ich nicht viel Berufserfahrung, aber ich habe Praktika im Ausland absolviert und vielfältige andere Aktivitäten vorzuweisen wie ..."

Der Ton des Begleitschreibens sollte unbedingt positiv und verbindlich sein. Sie stellen sich dar als jemanden, der begeisterungsfähig, verantwortungsbewusst und teamfähig ist. Erwähnen Sie auch einige Ihrer Soft Skills.

Auf die richtige Form kommt es an

Im Folgenden möchten wir Ihnen die richtige Form eines Bewerbungsanschreibens vorstellen. Auf die wichtigsten Unterschiede zu englischen und US-amerikanischen Briefen werden wir Sie dabei immer wieder hinweisen und auf den Seiten 86, 87 nochmals in der Übersicht alles zusammenfassen.

- Ihre Absenderadresse

  Sie kann als Briefkopf oben in der Mitte bzw. rechts oder links stehen. Ihr Name erscheint entweder über Ihrer Adresse oder am Briefende unter Ihrer Unterschrift gedruckt. Denken Sie auch an Ihre Telefonnummer (mit der Vorwahl vom Ausland aus), an Ihre E-Mail-Adresse und Ihre Website, wenn sie für den Arbeitgeber interessant ist. Vergessen Sie nicht, auch das Land anzugeben. Sie können nicht voraussetzen, dass der potenzielle Arbeitgeber weiß, wo auf der Welt Posemuckel liegt.

- Die Empfängeradresse

  Sie sollte linksbündig erscheinen. Bitte recherchieren Sie die Fakten sorgfältig (auch eventuelle Titel) und achten Sie darauf, dass Ihnen keine Fehler passieren. Zur Empfängeradresse gehören:

    - Name, Vorname,
    - Titel,
    - Abteilung,
    - Firma,
    - Straße, Adresse, Staat,
    - ZIP Code/Post Code.

Beispielhaft!

Fred Griffin, PhD	Ms Joan Harris
Recruiting Coordinator	Personnel Manager
ABC Consulting	ABC Recruitment
264 Western St.	94 Hastings Road
New York, NY 1234	Bexhill-on-Sea
USA	East Sussex TN11 5AB
	Great Britain

- **Datum**

  Bitte beachten Sie, dass das Datum in Großbritannien bzw. in den USA unterschiedlich geschrieben wird. In der amerikanischen Schreibweise wird der Tag nach dem Monat genannt: December 12, 2005, in der englischen Form beginnt das Datum mit dem Tag: 12 December 2005.

- **Anrede**

  Wichtig ist, dass Sie den richtigen Ansprechpartner herausfinden, z.B.: Dear Dr. Fox oder: Dear Ms. Peters (statt Mrs. oder Miss). In Amerika wird an das Ende der Anrede ein Doppelpunkt gesetzt, in England ein Komma oder aber überhaupt kein Zeichen. Wenn es Ihnen nicht gelingt, einen Ansprechpartner in der Firma auszumachen, bleibt als Anrede nur eine allgemeine Form:

  - Dear Sir or Madam,
  - Dear Employer,
  - Dear Hiring Manager,
  - Dear Personnel Manager,
  - Dear Human Resources Manager.

  Einige Fachleute empfehlen stattdessen einfach auch: Good Morning. Wenn Sie sich damit anfreunden können, ist das sicher eine gute Entscheidung. Übrigens: Das erste Wort im Hauptteil Ihres Briefs wird immer groß geschrieben.

- **Betreffzeile**

  Hier wird die Quelle der Stellenanzeige erwähnt, und zwar mit der Referenznummer, dem Erscheinungsort und –datum, der Stellenbezeichnung, z.B.

  Art Director, The Guardian, 12 March 2004, Ref. ABC/1234.

  Diese Quelle können Sie aber auch zu Beginn im Haupttext Ihres Briefs nennen.

- **Briefschluss**

  Briefanfang und -schluss müssen zusammenpassen. Haben Sie förmlich begonnen, sollten Sie auch so schließen:

  - Yours faithfully (wenn Sie den Brief mit „Dear Sir or Madam" begonnen haben).
  - Sincerely oder Sincerely yours oder Best regards (wenn Sie den Adressaten mit Namen ansprechen).

- Unterschrift

Zwei bis drei Zeilen unter der Grußformel wird der Brief per Hand unterschrieben und darunter der Vor- und Nachname ausgedruckt, damit der Name deutlich lesbar ist.

- Anlagen:

Auf Anlagen wird mit „Enc(s)" hingewiesen.

4.1.1 Ad Letter oder die Antwort auf eine Stellenanzeige

Sie sind in einer Zeitung, Fachzeitschrift oder im Internet auf eine Stellenanzeige gestoßen, die Ihren Wünschen entspricht und deren Anforderungen Sie gerecht werden können. Schreiben Sie von Deutschland aus, warum Sie im Ausland arbeiten möchten und begründen Sie, warum Sie sich gerade bei dieser Firma bewerben und meinen, der geeignete Kandidat für die ausgeschriebene Stelle zu sein. Erwähnen Sie gegebenenfalls jetzt schon, welches Visum Sie beantragen werden, damit der Adressat spürt, dass Sie mit allen Formalitäten vertraut sind. Und handeln Sie zügig: Die Antwort sollten Sie, wenn irgend möglich, spätestens eine Woche nach Erscheinen der Anzeige abschicken.

Das Begleitschreiben sollte auf jeden Fall an eine bestimmte Person adressiert sein, darüber haben wir im vorherigen Abschnitt schon gesprochen. Diese finden Sie eventuell über die Telefonzentrale bzw. Abteilung heraus – oder Sie recherchieren im Internet auf der Unternehmenswebsite, wer die Personalverantwortlichen sind. Vielleicht ist der Name auch schon in der Anzeige angegeben. Müssen Sie den Namen recherchieren, so sollten Sie ihn noch mal durch einen Anruf überprüfen; es könnte sein, dass schon jemand anderes für die Besetzung der Stelle zuständig ist.

Gerne wird in der Stellenanzeige nur eine P.O. Box genannt, wahrscheinlich weil die Firma sich unnötige Anrufe der Bewerber ersparen – oder eventuell auch einfach nur herausfinden möchte, welche Arbeitskräfte es auf dem Markt gibt. Mit solchen „Blind Ads" müssen Sie auch rechnen.

Oft wird im englischsprachigen Raum in der Anzeige nach Gehaltsvorstellungen gefragt. Darüber sollten Sie jedoch üblicherweise im Anschreiben noch nichts schreiben. Wenn Sie wollen, geben Sie am besten lediglich eine Gehaltsspanne an, z.B.: *„My salary requirements are in the £ 30,000 to £ 35,000 range, with appropriate benefits."* Allerdings sollte man überlegen, ob eine solche Angabe tatsächlich schon angebracht ist. Mehr dazu S. 232.

Der Text des Ad Letters

Ähnlich wie in Deutschland ist auch das englische Antwortschreiben auf eine Stellenanzeige in sinnvolle Passagen gegliedert, um dem Leser eine bessere Übersichtlichkeit zu ermöglichen.

- **1. Abschnitt**

  Sie bringen Ihr Interesse an der Firma bzw. der Position zum Ausdruck und weisen auf die Quelle der Anzeige hin, wenn Sie diese nicht schon in der Betreffzeile zitiert haben:

  - *I read your advertisement in the Daily Telegraph on Thursday, 18 March 2006 and felt I had to write.*
  - *Your advertisement for a District Sales Manager in Wall Street Journal matches my qualifications exactly.*
  - *I was particularly interested in your advertisement because I have been in sales and marketing for the past 2 years.*

- **2. Abschnitt**

Beschreiben Sie in ein oder zwei kurzen Sätzen Ihren Hintergrund, all das, was an Einzelheiten Ihrer Karriere für den potenziellen Arbeitgeber von Nutzen sein könnte. Beziehen Sie sich dabei auf das Anforderungsprofil der Anzeige. Schreiben Sie nie zu allgemeine Sätze, etwa nur „I'm hard working", sondern nennen Sie konkrete Leistungen und Erfahrungen, z.B.:

  - *My five years experience as an Assistant Director of Security with Brentwoods qualify me for the position of Director of Security you advertise in The Times.*
  - *I am most interested in this position and confident that my professional achievements make me an excellent candidate for the position of SAP Software Engineer you advertised.*
  - *My expertise in strategic sales and marketing campaigns provides the skills you require for the advertised position.*

Achten Sie darauf, ob bestimmte Anforderungen in der Anzeige vorausgesetzt werden („*must have ...*"; „*you will have ...*") oder erwünscht sind („*we would appreciate ...*"; „*... would be preferred*").

(Vgl. Kapitel 4.4 zu deutsch-englischen Formulierungshilfen.)

- 3. Abschnitt

Bitten Sie um ein Interview. Ergreifen Sie die Initiative, indem Sie eine Zeitspanne nennen und ankündigen, dass Sie sich deshalb gerne nochmals mündlich melden würden.

- *I will call you next week.*
- *I look forward to discussing our mutual interests further. May I call you for an interview in the next few days?*

Aber Vorsicht! Während im amerikanischen Begleitschreiben am Ende meistens Termine für Anrufe angekündigt werden, ist man im britischen Bewerbungsanschreiben vorsichtiger und schreibt höchstenfalls: *„I would welcome the opportunity to discuss this post further with you."*

 Tipp!

Das Begleitschreiben wie auch der Lebenslauf müssen sprachlich perfekt sein. Lassen Sie Ihre Texte von einem kompetenten Muttersprachler korrigieren, der auch etwas von der Sache versteht.

4.1.2 Unsolicited Letter oder die Spontanität hat Vorrang

Initiativbewerbungen sind besonders für die Arbeitssuche aus größerer Entfernung geeignet. Ziel ist es,

- ι zu erreichen, dass Ihr Lebenslauf Interesse weckt und
- ι eine Einladung zu einem Vorstellungsgespräch bzw. zu einem Informationsgespräch zu erhalten, obwohl vielleicht aktuell keine Stelle zu besetzen ist.

Auch in diesem Fall kommt es auf die gründliche Recherche an. Sie müssen die Bedürfnisse der Firma mit Ihrer Bewerbung treffen.

Und wieder Recherchearbeit

Da Sie sich nicht auf eine konkrete Stellenanzeige bewerben können, müssen Sie sich eigenständig auf die Suche nach Ihrem Traumjob machen. Und nur wenn Sie den entscheidenden Wissensvorsprung haben, können Sie gewinnen. Je mehr Informationen Sie über die angeschriebenen Firmen haben, desto besser. Sie finden diese im Falle USA beispielsweise in:

- Fachzeitschriften (*Business Week, Forbes, Fortune*)
- Lokalpresse
- National Newspapers (*Wall Street Journal, USA Today, Barron's*)
- Businesslexika (*Thomas Register of American Manufacturer, Moody's Complete Corporate Index*) (vgl. Kapitel 7.2–7.7; alles unter Informationsquellen).

Da Sie sich nicht auf eine konkrete Anzeige beziehen können und die Anforderungen des Unternehmens nicht kennen, müssen Sie für Ihre Initiativbewerbung gut recherchieren, um herauszufinden, was die Firma wirklich braucht, d.h. Sie müssen wissen, welche Trends es generell in der Branche gibt, welche Ziele das Unternehmen verfolgt, wo die Schwerpunkte in den vorhergegangenen Jahren lagen, ob eventuell Filialen eingerichtet werden, wo ein Bedarf an Mitarbeitern entstehen könnte. Tages- und Wirtschaftszeitungen, Unternehmensbroschüren, Jahresberichte und Bilanzen sowie das Internet mit Firmenwebsites, Chatgroups helfen in diesem Zusammenhang weiter. Auf Unternehmenswebsites finden Sie eine Fülle von Informationen: nicht nur die Firmengeschichte, die Schwerpunkte der Produkte/Dienstleistungen, sondern auch die Namen der Personalverantwortlichen, Telefonnummern, E-Mail-Adressen, Stellenangebote und vieles mehr.

Erst nach gründlicher Recherche sind Sie in der Lage, einen Brief zu schreiben, der auf die Bedürfnisse des Arbeitgebers abgestimmt ist und beim Employer Interesse weckt. (Denken Sie daran: Die gründliche Vorbereitung lohnt sich auf jeden Fall, denn die gesammelten Informationen sind auch im Vorstellungsgespräch von Nutzen.) Sie zeigen in Ihrem Brief, dass Sie das Unternehmen kennen und dass Ihre Qualifikationen, Berufserfahrungen und Soft Skills gezielt zu seinem Erfolg beitragen können. Auch hier müssen Sie Ihre Begeisterungsfähigkeit zum Ausdruck bringen.

Haupttext des Unsolicited Cover Letter

Die hier zusammengestellte Aufteilung hat sich bewährt und bietet genug Raum für individuelle Besonderheiten.

- **1. Abschnitt**

  Nennen Sie den Grund für Ihre Initiativbewerbung. Sie können Bezug nehmen auf eine Kontaktperson („*a prior contact*") oder einen Zeitungsartikel. Oder Sie knüpfen an ein Telefongespräch an. Mit den ersten Sätzen muss es Ihnen schon gelingen, das Interesse des Lesers zu wecken. Dann haben Brief und Lebenslauf mehr Chancen.

- *A good friend of mine, James Howard, mentioned to me that you were looking for ...*
- *I'm writing at the suggestion of ...*
- *I read with great interest about your success in the field of ...*

Sie können sich auch gleich zu Beginn des Briefs auf Ihren Lebenslauf beziehen und hervorheben, inwiefern Sie attraktiv für den Arbeitgeber wären. Sie benötigen dafür eine „catchy phrase" oder einen interessanten Aufhänger:

- *If you are concerned about customer service, take a few minutes to read my résumé.*
- *As you will see from my résumé, I have been in the hi-tech industry for the last ten years.*
- *Highlights of my attached CV include my positions at Roche Pharmaceuticals and Pfizer USA.*

- **2. Abschnitt**

Sie geben an, warum Sie an der Firma oder der Position interessiert sind und beschreiben, welchen Beitrag Sie mit Ihren Skills und Ihrer Berufserfahrung zum Erfolg des Unternehmens leisten könnten. Sie weisen auf zwei bis drei relevante Punkte im Lebenslauf hin, die sonst vielleicht unbeachtet blieben. Sie haben auch die Möglichkeit, hier zusätzliche Aspekte, die nicht im Lebenslauf auftauchen, aber für die Stelle relevant sind, zu erwähnen.

- I can offer you several years of experience in ...
- My experience in ... should be of interest to you in your bank.
- In my current capacity as Senior Process Engineer for Infineon I reduced production costs by up to 25 percent.

Nennen Sie hier auch konkrete in Ihrer bisherigen beruflichen Laufbahn erbrachte Leistungen (z.B. Kostenersparnis und Umsatzsteigerung in Dollar, Zunahme an Kunden in Prozent), die sich auch auf das Unternehmen übertragen ließen, bei dem Sie sich bewerben. Auch die Erwähnung bekannter Firmen, mit denen Sie zu tun hatten, könnte in diesem Zusammenhang interessant sein. Aus Ihrem Brief muss deutlich werden, dass Sie motiviert und begeisterungsfähig sind. Denken Sie also auch daran, Schlüsselqualifikationen zu erwähnen (vgl. auch S. 135, 139).

- **3. Abschnitt**

    Sie heben noch einmal das Interesse an dem Unternehmen hervor und ergreifen die Initiative, indem Sie ein Follow-up ankündigen. Beschreiben Sie, was Sie als nächstes tun werden:

    - *I'll call on Tuesday morning to see when we can meet.*
    - *I will be in New York in March and would like the opportunity to speak with you. I will call you next week to arrange an appointment.*
    - *I will call you next week to see if we can meet in the near future.*

    An dieser Stelle dürfen Sie allerdings nicht zu forsch sein. Während es in den USA durchaus üblich ist, dass ein Bewerber schon seinen Anruf im Anschreiben ankündigt, geht man in Australien und Asien viel vorsichtiger an die Sache heran. Hier wäre es geschickter, zunächst einige Tage, nachdem Sie Ihren Brief abgeschickt haben, nachzufragen, ob er angekommen ist, und ob generell Interesse an einem Treffen besteht. Die Entscheidung über einen Gesprächstermin trifft immer der potenzielle Arbeitgeber, nicht der Bewerber.

    Vergessen Sie nicht, darauf hinzuweisen, wie der Arbeitgeber Sie am besten erreichen kann. Und auch nicht, sich für die Zeit und Aufmerksamkeit des Ansprechpartners zu bedanken:

    - *I thank you for your time and consideration.*
    - *Thank you for your assistance.*

- **Briefschluss**

    Als Grußformel am Schluss des Unsolicited Letters empfiehlt sich das förmliche *„Sincerely yours"*. Sie tippen Ihren Namen und unterschreiben den Brief. *„Enclosures"* (Anlagen) sollten Sie erwähnen, insofern Sie Ihren Lebenslauf beifügen.

 Tipps!

- **Vergessen Sie nicht die kleinen Unternehmen**

    Sie sollten auf jeden Fall auch kleinere und mittlere Firmen im Rahmen Ihrer spontanen Bewerbungsaktionen anschreiben, da sie erfahrungsgemäß häufiger einstellen als große Unternehmen. Am besten ist, Sie rufen in der Firma an und lassen sich den Namen des Personalverantwortlichen geben und buchstabieren:

- *I'm writing to ... and I would like the spelling of his/her name.*

- *I have some information to submit. Would you please give me the ... manager's name and extension?*

Dies wird Sie in den Bewerbungsschreiben und Vorstellungsrunden aus der Gruppe der Bewerber hervorheben. Sie fallen positiv auf.

• Vorsicht bei Massmailings

Bei Massmailings dürfen Sie nicht mit einer schriftlichen Antwort rechnen. Sie können aber selbst hinterher anrufen, sich erkundigen und damit weiteren Kontakt herstellen. Am Telefon sagen Sie z.B.:

- *I sent you my résumé last week. I am sure that you are very busy, but it would be very helpful if I could set up an appointment.*

- *Can we talk about job opportunities at your company? By phone, at your convenience?*

• Keep in touch!

Bleiben Sie am Ball! Sie könnten z.B. in der Firma anrufen, um zu fragen, ob der Gesprächspartner weitere Informationen benötigt oder ob Sie zusätzliche Unterlagen einreichen sollen. Heben Sie sich zu diesem Zweck eine Kopie von Begleitschreiben und Lebenslauf auf, damit Sie darauf Bezug nehmen können. So zeigen Sie ein ständiges Interesse an dem Unternehmen. Sie ergreifen die Initiative. Am Telefon geben Sie sich optimistisch. Aber rufen Sie auf keinen Fall zu häufig an – nutzen Sie auch E-Mail und Fax.

• Ganz wichtig! Die Form

Ihr Brief sollte nicht länger als eine Seite sein und nicht mehr als drei bis vier Abschnitte aufweisen. (Aus Gründen des Layouts erscheinen sie in unserem Buch länger.) Die Sätze sollten nicht mehr als zehn bis zwölf Wörter umfassen. „Be brief and powerful" ist hier die Devise. Lassen Sie genügend breite Seitenränder. Auch auf das Material und die Druckqualität kommt es an:

- gutes Papier, weiß oder hellbeige,

- Ausdruck mit Laserdrucker, damit es keine Schmierereien gibt.

An alles gedacht? Eine Checkliste zum Unsolicited Letter

❑ Haben Sie den Brief an eine bestimmte Person adressiert?

❑ Haben Sie die genaue Adresse und den Titel des Ansprechpartners gecheckt?

❑ Haben Sie begründet, warum Sie schreiben?

❑ Haben Sie das Interesse des Lesers mit einem „attention-grabber" geweckt?

❑ Sind Sie so genau wie möglich auf die Anforderungen des Arbeitgebers eingegangen?

❑ Haben Sie ausschließlich relevante Berufserfahrungen erwähnt?

❑ Haben Sie zwei bis drei Pluspunkte aus dem Resume zitiert?

❑ Haben Sie genügend Aktionswörter eingebaut?

❑ Haben Sie Energie und Begeisterung für die Firma bzw. die Stelle gezeigt?

❑ Haben Sie darauf verzichtet, Ihre Gehaltsvorstellungen anzugeben?

❑ Ist der Brief kurz genug (eine Seite, wenn der Lebenslauf integriert ist, zwei bis drei Seiten) und gut und logisch gegliedert?

❑ Haben Sie darauf geachtet, dass im Anschreiben nicht der ganze Lebenslauf wiederholt wird?

❑ Haben Sie gutes Papier und einen guten Drucker benutzt?

❑ Haben Sie ausreichend Rand gelassen?

❑ Haben Sie Ihre Adresse, E-Mail-Adresse und eine Telefonnummer, unter der Sie zu erreichen sind, angegeben?

❑ Haben Sie auf jeder Seite Ihre Adresse angegeben, falls Ihr Brief zwei Seiten umfasst – und „page 1 of 2", bzw. „page 2 of 2" angegeben?

❑ Haben Sie Ihren Brief von einem Muttersprachler korrigieren lassen?

❑ Haben Sie ein gutes Rechtschreibprogramm genutzt? Wählen Sie auf der Menuleiste Ihres PCs unter „Extras" das Register „Sprache" aus und entscheiden Sie sich für eine dort angegebene englische Version.

4.1.3 E-Mail Cover Letter oder alles online

Die Meinungen der Experten über elektronische Begleitschreiben gehen auseinander. Es gibt einerseits Unternehmer, die betonen, dass sie sich niemals die Zeit nehmen würden, die Anschreiben zu Online-Lebensläufen zu lesen, andererseits versichern einige Karriere- und Personalberater, dass man über gut formulierte E-Mail Cover Notes die Pluspunkte des Bewerbers deutlich vor Augen geführt bekommen kann. Ganz gleich, ob Sie per E-Mail auf eine Stellenanzeige antworten oder unaufgefordert eine Bewerbung an ein Unternehmen schicken, fassen Sie sich kurz. „Less is more" ist das Motto. Alles Wichtige sollte der Personaler schon auf dem ersten Screen lesen können.

Auf die richtige Reihenfolge kommt es an

- Adresse

  Da Ihr Name, Ihre E-Mail-Adresse und das Datum sowieso oben in der Mail enthalten sind, ist es üblich, die Postadresse (mit Telefonnummer) nach der Unterschrift ans Ende der Mail zu setzen.

- Subject Line

  Beziehen Sie sich in Ihrer Online-Bewerbung auf eine Stellenanzeige, so vergessen Sie nicht, in der Subject Line die Quelle bzw. die Stellenbezeichnung zu zitieren:

    – BS Mechanical Engineer/5 yrs exp,

    – Referral from Raoul Newson – Accountant Manager,

    – Art Director, The Guardian, 12 March 2006, Ref. ABC/1234.

- Ansprechpartner

  Und richten Sie die Mail an den zuständigen Ansprechpartner. Wenn Sie eine Initiativbewerbung verfassen möchten, versuchen Sie, den Namen des zuständigen Mitarbeiters auf der Website des Unternehmens oder aus relevanten Firmenverzeichnissen herauszufinden.

 Tipp!

Es wird allgemein empfohlen, das Begleitschreiben nicht gesondert zu schicken, sondern in die E-Mail mit dem Résumé zu integrieren. Attachments werden wegen der Virengefahr und möglicher Konvertierungsprobleme nicht gern gesehen. Der Lebenslauf folgt in der E-Mail also direkt auf das Anschreiben. Ein weiterer Vorteil ist, dass die Arbeitgeber Ihren

Lebenslauf sofort lesen können, ohne eine gesonderte Datei herunter zu laden und zu öffnen.

Aber: In Australien und Asien ist es nicht üblich, den Lebenslauf in die E-Mail zu integrieren. Oftmals haben verschiedene Computersysteme unterschiedliche Auflösungen, so dass u.U. die E-Mail sehr unübersichtlich wird. Auch bei einem Word-Dokument kann dies vorkommen. Einige Experten empfehlen deshalb, eine pdf-Datei anzulegen. Wenn Sie sich nicht sicher sind, welches Format erwünscht ist, rufen Sie in der Firma an und fragen Sie beispielsweise: „How would you like me to send the resume? In the body of the e-mail? Or as an attachment?"

Der Text eines E-Mail Cover Letters

Wie im klassischen so betonen Sie auch im elektronischen Bewerbungsschreiben einige Ihrer Stärken, die für den potenziellen Arbeitgeber interessant sein könnten. Bei jeder einzelnen Bewerbung sollten Sie entsprechend den jeweiligen Bedürfnissen des Unternehmens Ihren Problemlösungswert formulieren. Gleichen Sie Ihre Keywords mit denen der Stellenanzeige ab. Auch wenn es sehr leicht scheint, sich online zu bewerben, seien Sie genauso sorgfältig wie bei einer klassischen Bewerbung: Vergessen Sie nicht, neben Ihrem beruflichen Know-how auch Soft Skills anzugeben. Operieren Sie mit Begriffen wie *„Teamleader", „Strong Communication Skills"* und *„Proven Organizational Skills"*. Auch online muss Ihre Begeisterung für die Stelle und für das Unternehmen rüberkommen. Sie wollen sich aus der Bewerbergruppe positiv abheben und begründen, inwiefern Sie genau der Richtige sind. Je besser Sie die Branche und das Unternehmen zuvor recherchiert haben, desto größer sind Ihre Chancen auf Erfolg.

Um Ihnen zu zeigen, wie der Haupttext eines E-Mail Cover Letters, der dem Lebenslauf vorsteht, aussehen könnte, hier ein Beispiel:

„I found your posting for a Customer Service Manager (#12345) on the Internet at Career.com and would appreciate your serious consideration of my qualifications. I have more than ten years of operations management experience that included budget analysis and tracking ($ 13 million), expense control, staffing, and customer service. I have succeeded in significantly controlling costs and maximizing productivity in all my jobs. I could also bring to this position my team spirit, ability to manage multiple priorities with time-sensitive deadlines, and strong communication skills. Pasted below is the text version of my resume and attached is the MS Word 2000 document as your advertisement requested. I look forward to hearing from you soon."

4.1.4 Broadcast Letter oder alles in einem

Ein Broadcast Letter – oder auch Targeted Resume Letter genannt – ist eine Kombination aus Anschreiben und Lebenslauf. Diese Form des Briefs wird allgemein empfohlen, wenn Arbeitssuchende sich an Recruiters wenden oder zunächst einmal Kontakt zu verschiedenen ausgewählten Firmen aufnehmen und das Interesse des Personalverantwortlichen wecken möchten, ohne gleich einen ausführlichen Lebenslauf zu schicken. Ist das Interesse geweckt, wird der Personaler um einen Lebenslauf bitten. Der potenzielle Arbeitgeber sieht schon beim ersten Überfliegen des Broadcast Letters, was der Bewerber zu bieten hat. Die wichtigsten Stationen und Erfolge der beruflichen Entwicklung werden auf einer Seite kurz und prägnant hervorgehoben, natürlich wird der Bewerber den Bezug zur angestrebten Position herstellen.

4.1.5 Cover letter an einen Recruiter oder der Weg über Dritte

Ähnlich verhält es sich mit dem Cover Letter an einen Recruiter. Bevor Sie sich an Personalvermittler wenden (Executive Recruiters, Executive Search Consultants), müssen Sie herausfinden, wer in Ihrer Branche bzw. Ihrem Berufsfeld vermittelt. Blättern Sie im „Directory of Executive Recruiters" nach oder recherchieren Sie im Internet. Es ist in jedem Fall interessant zu wissen, ob ein Recruiter Mitglied eines Verbands ist. Fragen Sie nach, welche Dienstleistungen man Ihnen anbietet: Geht man auf Ihre individuellen Bedürfnisse ein, macht man Sie beispielsweise fit für Vorstellungsgespräche?

Auch wenn Sie sich an Personalberatungen wenden, sind ein guter Cover Letter und ein überzeugender Lebenslauf wichtig, in dem Sie deutlich machen, welche Skills und Erfahrungen Sie den Klienten zu bieten haben. Geben Sie sich genauso viel Mühe einem Recruiter gegenüber wie einem Personalverantwortlichen in einem Unternehmen. Ihren Brief könnten Sie z.B. mit den folgenden Sätzen einleiten:

> – *I am sending you my CV, because you specialize in representing clients in the ... field.*

> – *Your recruiting firm is recognized as one of the most successful companies in Florida.*

> – *If any of your client companies is looking for a Senior Project Engineer, you may want to review my résumé.*

Sie können auch den Recruiter zunächst per Telefon kontaktieren und sich dann im Brief auf das Gespräch beziehen. Übrigens: Häufig wird von Ihnen erwartet, dass Sie Ihre Gehaltsvorstellungen nennen. Bedenken Sie, dass die Recruiters in erster Linie für die Unternehmen arbeiten und verhalten Sie sich taktisch geschickt.

Von Fettnäpfen und Stolperfallen: Unterschiede zwischen amerikanischen und britischen Anschreiben

Natürlich haben Sie schon davon gehört, dass sich die Gepflogenheiten in England von denen in Amerika unterscheiden. Aber fühlen Sie sicher in dieser Frage? Im Folgenden finden Sie die wichtigsten Besonderheiten, auf die Sie unbedingt achten müssen.

Der britische Brief

• Datum

Wie im Deutschen steht zu Beginn der Tag, gefolgt vom Monat und Jahr, z.B. 12 January, 2005 (ausgesprochen: „The twelfth of January" ...). Das „th" für die Ordnungszahl wird im Brief nicht ergänzt. Das Datum erscheint zwei Leerzeilen unter Ihrem Absender. Es enthält keine Ortsangabe.

• Anrede

Der Punkt hinter Mr. und Mrs. wird in der modernen englischen Korrespondenz weggelassen. Statt Miss (Fräulein) schreibt man jetzt Ms, das übrigens für verheiratete und unverheiratete Frauen passt. Auch das Komma nach der Anrede kann entfallen. Folgt auf die Anrede kein Komma, lässt man es auch hinter „Sincerely" am Briefende weg.

• Betreffzeile

Die Betreffzeile steht im englischen Brief zwischen der Anrede und dem Haupttext. Eine Einleitung mit RE für Betreff ist nicht nötig. Sie gilt als überholt. Die Zeile kann beispielsweise so aussehen: Ref. AB123 Application for Position of Electrical Engineer

Der eigentliche Bewerbungstext beginnt zwei Zeilen unter der Betreffzeile. Das erste Wort wird groß geschrieben.

• Anlagen

Im englischen Brief werden die Anlagen mit „Enc" eingeleitet, bei verschiedenen Anlagen mit „Encs" (ohne Punkt).

Der amerikanische Brief

- **Datum**

  Das Datum wird in der Reihenfolge Monat, Tag, Jahr geschrieben:
  January 12, 2006 oder 01/12/2006. Zwischen dem Tag und der Jahres-
  angabe steht ein Komma. Schreiben Sie das Datum in einem Cover Letter
  auf jeden Fall aus.

- **Anrede**

  Im amerikanischen Businessbrief folgt auf die Anrede ein Doppelpunkt:

    – Dear Mr. Harris:

    – Dear Dr. Peters:

  Hinter Mr und Ms steht ein Punkt. Mr. bzw. Ms. kann wegfallen, wenn ein
  Titel vor dem Namen steht. Eine Leerzeile unter der Anrede beginnen Sie
  mit dem Haupttext des Briefs, das erste Wort wird groß geschrieben.

- **Adresse des Empfängers**

  Denken Sie daran, die Adresse sorgfältig zu checken. Bildungsabschlüsse
  werden nach dem Namen genannt: Fred Griffin, PhD

- **Betreffzeile**

  Im amerikanischen Brief steht die Betreffzeile zwischen der Adresse des
  Unternehmens und der Anrede. Sie enthält in einem Ad Letter beispielsweise die Referenznummer der Anzeige und die Bezeichnung der Stelle.

- **Briefschluss**

    – Yours truly/Truly yours,

      Diese Grußformel verwenden Sie, wenn Sie den Brief mit Dear Madam
      or Sir begonnen haben. Natürlich sollten Sie versuchen, den Namen
      des Ansprechpartners herauszufinden.

    – Sincerely (yours),

      Wenn Sie den Adressaten mit Namen anreden, schließen Sie den Brief
      mit Sincerely oder Sincerely yours (formeller Stil).

    – Best regards,
      Dieser Briefschluss ist weniger formell. Er eignet sich für E-Mails.

4.2 Beispielhaft! Musterbriefe

Axel Wirtz
Kantstraße 235
58256 Ennepetal
Germany
Phone: +49 (0) 2333 1234
E-mail: A.Wirtz@europanet.de

March 11, 2005

Mr. James Patterson
ABC Publishing
542 Nerston Freeway
Dallas, TX 75245

Dear Mr. Patterson:

I am writing to you regarding any employment opportunities that ABC Publishing may have for an experienced Project Manager.

I am presently working as a project manager at Nordstern Insurance in Cologne, Germany. I completed my studies in Business Administration in 2002 at the University of Trier. I am fluent in English and have practical experience in marketing, sales and accounting.

I consider myself to be energetic, highly motivated and a team-player. Enclosed please find my résumé.

I will be in Dallas next week and look forward to contacting you to arrange an appointment to introduce myself.

If you wish, you can reach me at 214-985-5587.

Sincerely,

Axel Wirtz

Encl.

* AE bedeutet American English, BE bedeutet British English

Johannes B. Zilfinger
Münchner Freiheit,
880352 München, Germany
Phone/Fax: +49 (0) 89 12 34 56 78/9
E-mail: meyer.jonathan@yahoo.com

10 January 2006

Greater Manchester Exhibition Centre
Attn: Mr Brian Lang
Lower Mosley Street
Manchester M2 3GX
Great Britain

Dear Mr. Lang,

You may recall our pleasant conversation last June at the „Transport Logistic" in Munich. We were introduced by Mr. Krüger, Managing Director „Messe Munich". During our chat I informed you about my wish to move to Manchester, either to get involved in the fair and exhibition business or general logistics projects in which I have extensive professional experience locally and throughout Europe.

I finished my contract with Messe Munich at the end of December and will be in Manchester in two weeks, from January 21 to 31, 2006. I have set up some business meetings and interviews with prospective employers and recruitment companies.

It would be extremely helpful for me if you could meet me beforehand as you have been in Manchester for such a long time and have a lot of first-hand information and extensive industry knowledge about the region.

I would very much appreciate your valuable advice and would be grateful if we could get together for a short meeting. Please be so kind and let me know what would be a suitable time for you, I am relatively flexible. I look forward to your positive reply.

Yours sincerely,

Johannes B. Zilfinger

Anton Meyer
Tiergartenstrasse 30
10335 Berlin
Germany
Phone: +49 (0) 3022-224444
Fax: +49 (0) 3033-335555
E-mail: anthony.meyer@berlinsolutions.de

January 15, 2006

Michel Page International
Attn: Mr. Mark Cooper
The Chrysler Building, 28th Floor,
405 Lexington Avenue,
New York NY 10174

Dear Mr. Cooper:

With reference to our pleasant phone conversation earlier today, please allow me to send you my updated résumé and give you some more detailed background information on my HR experience.

As I outlined to you on the phone I am planning to leave my current employer in Berlin within the next 6 months. As Senior HR Executive in three different companies I gained a lot of HR experience within the last 8 years, but I would like to broaden my horizon by working more on a global and regional international level, preferably moving to the US or South America.

These are my main achievements in the HR business:

- Actively contributed to the strategic planning processes as a business partner to the companies' units.

- Implemented new recruiting and selection systems that ensured the hiring of better-qualified candidates, decreased training time, and reduced turnover.

- Designed and implemented a five-step new-employee orientation process that facilitated the integration of new employees into the company, departments, and functions.

- Coordinated focus groups to provide an opportunity for employee participation in achieving the corporate mission.
- Reduced overhead by 20 percent through utilization of temporary employees in three regions.
- Saved $250,000 annually by redesigning self-funded health plan to strengthen cost-containment features.
- Designed organizational development strategies to spearhead change, focusing on improving productivity and staff development.

Let me also shortly summarize my educational background in HR:

- MBA in Human Resource Management of Boston University with 8 years' relevant working experience (of which a minimum of 4 years were in a managerial capacity)
- Conversant with prevailing HR practices, legislation and trends
- Able to plan and direct training and development programs
- Experience in administering performance management systems
- Excellent interpersonal skills, with the ability to work effectively across cultures and geographies.

As I am very fluent in English, German and Spanish and used to international business travel, I have no doubt that I am the right candidate for one of your international senior HR executive positions. Please let me know at your earliest convenience if there is a chance to meet soon to discuss my plans in more detail.

Kind regards,

Anton Meyer

Angela Parker
Greenwich Avenue 25
Melbourne VIC 2514
Australia
Phone: +61 (0) 3 99 88 77 66
Fax: +61 (0) 3 22 11 44 55
E-mail: angela.parker@telstra.com.au

January 5, 2006

Nike Hong Kong Pte Ltd.
Human Resources
Attn: Ms. Mary Lim
300 Tampines Ave 5
Hong Kong

„To bring inspiration and innovation to every athlete* in the world"

Bill Bowerman – Co-Founder, Nike
*If you have a body, you are an athlete.

Dear Ms. Lim,

Nike's slogan inspires me every time I read or hear it and has finally made me write to you. As Marketing and Sales Manager for a renowned Sports and Marketing Agency in Melbourne I would like to move to Direct Sales and work for a world's leading sports designer. My career advancement in my current post is limited; therefore, I would like to move on after 5 years. Nike would mean an excellent and meaningful career step for me.

My overall goal in my sports career is concise: being responsible for driving the business by establishing and optimising strategic partnerships and playing a tactical role in recognizing and developing new business opportunities that will maximise sales and profitability; furthermore being entrusted to drive the entire in-country sales planning process.

With regard to my current and previous assignments (for more details and sales figures please have a look at my attached résumé) I would briefly like to point out my sales strengths for you to consider:

- Manage strategic key accounts and prepare timely accurate sales forecasts and realise mutually profitable growth
- Achieve maximum sales volume and market coverage and develop effective customer relationships at all levels within assigned customers
- Promote product and brand awareness throughout the region
- Identify new regional markets and business opportunities; promotion and branding
- Lead a sales team
- Adapt and embrace different cultures and business practices locally in order to enhance corporate strategy through effective communication
- Grow the company's current portfolio
- Web promotion and pre-sales presentation

I think I have always been so successful in the sports business because of my active participation and keen interest in sports in combination with my enthusiasm, energy, and high level of motivation.

If you have any vacant position which would match my profile I would be happy to come for an interview and speak to you in more detail and introduce myself in person.

I look forward to hearing from you soon.

Yours sincerely,

Angela Parker

Oliver Koehler

Bessemer Weg 222, 91555 Erlangen, Germany

Phone: +49 (0) 913 175483   Fax: +49 (0) 913 175484

E-Mail: oliverkoehler@yahoo.com

February 15, 2006

Mr. John Wilkinson
Recruiting Coordinator
Information Link Systems, Inc.
324, Allen Avenue
Austin, TX 12345

Dear Mr. Wilkinson:

Your advertisement in today's Tribune for a software engineer caught my attention. After five years experience in a similar position in Germany, I am confident that I can make a direct and immediate contribution to your organization.

I have enclosed my resume which details my qualifications and my expertise in information systems management. I am accustomed to organizing and supervising complex projects and work well in teams. I currently manage a division-wide micro-computer development project involving hardware engineering, systems and product level software development and market planning.

I would very much like to meet with you to discuss the vacancy.

I am genuinely interested in working for Information Link Systems.

Thank you for your time and consideration. I look forward to talking to you.

Sincerely yours,

Oliver Koehler

Encl.

Marlies Schlau

15 Norton Avenue Sydney NSW 2011 Australia
Phone/Fax: +61 (0) 2123 5566 Mobile: +61 (0) 181 96918429
E-mail: mschlau@yahoo.com

June 15, 2006

Down Under Marketing Pty Ltd.
Att.: Mrs. Jane Brighton/HR Manager
151-155 Pitt Street
Sydney NSW 2000

Dear Mrs. Brighton,

Re: Your online advertisement for the position National Sales and Marketing Manager

I found the a.m. job advertisement on the www.mycareer.com.au web site and I would like to apply for this vacant position.

Let me introduce myself in a few words: My name is Marlies Schlau, I am 32 years old and I am of German nationality. I arrived in Australia in 1996 and am a permanent resident of Australia. Before coming to Australia I graduated in Business Administration, specialising in Marketing, Logistics, E-Commerce and Computer Science in Frankfurt, Germany. The main emphasis of my studies was on marketing, consumer goods and market research, structuring of business processes and the development of information systems.

I joined my current employer in Sydney in 06/2000 and am assigned as National Marketing Manager on a 3-year contract. I am responsible for the implementation of a new marketing project which will be finalised at the end of June 2003. Therefore I am currently looking for a new challenging position in an international organisation on a long-term basis. In this new position I would like to use and implement my marketing and project skills which I have acquired within the last couple of years. Concerning the short description given by you on the Internet I believe that my experiences and background would ideally match this new role and I would be very interested in bringing my skills to work for you and giving my input to develop the described marketing projects in your company.

Please find attached my résumé. I would be available for an interview at your convenience. I hope you will regard my application favourably.

I look forward to hearing from you soon.

Yours sincerely,

Marlies Schlau

4.3 Für alle, die den Bogen kriegen: Bewerbungsformulare

Wenn man in größeren Firmen in Personalbüros vorspricht, erhält man häufig Personalbewerbungsbögen mit der Bitte, sie dort direkt auszufüllen. Können Sie die Formulare mit nach Hause nehmen, so sollten Sie Ihre Antworten noch von einem Muttersprachler korrigieren oder von einem Berufsberater begutachten lassen.

Achten Sie darauf, dass Sie nichts übersehen und fehlerfrei und deutlich schreiben. Wenn Ihre Schrift nicht gut lesbar ist, benutzen Sie Großbuchstaben. Schreiben Sie sorgfältig, aber lassen Sie sich nicht zu viel Zeit, für den Fall, dass diese gemessen wird. Bei Fragen, die auf Sie nicht zutreffen, schreiben Sie nur: „N.A." (Not Applicable) oder Sie machen einen Strich: „–". Fragen, die Sie aus gesetzlichen Gründen nicht beantworten müssen, betreffen: Geschlecht, Familienstand, Religion, Rasse, Alter. Sollte trotzdem danach gefragt werden, lassen Sie besser keine Lücken. Bei kniffligen (tricky) Fragen können Sie schreiben: „Will discuss during interview."

Lücken, die es auszufüllen gilt

- **Position required**

  Darunter müssen Sie die genaue Jobbezeichnung angeben, wenn eine freie Stelle vorhanden ist. Oder aber Sie nennen den Bereich, in dem Sie arbeiten möchten.

- **Health information**

  Schreiben Sie einfach: Health excellent, falls Sie von keiner Krankheit wissen. Auf keinen Fall jedoch dürfen Sie lügen, dies wäre Grund für eine spätere Entlassung.

- **Education**

  Auf dem Formular ist üblicherweise wenig Platz. Versuchen Sie, ausschließlich die wesentlichen Informationen unterzubringen, auch berufsbezogene Kurse, die für Ihre Bewerbung interessant sein könnten.

- **Job Title**

  Wenn Sie Ihre bisherigen Positionen nicht genau übersetzen können, umschreiben Sie diese, z.B. „Head of Department", gefolgt von der Bezeichnung der Abteilung.

- **Work Experience**

  Haben Sie noch nicht viele Stellen gehabt, geben Sie auch Tätigkeiten für Voluntary Organizations, Job-related Trainings und Hobbys an. Können

Sie dagegen viele Stellen nachweisen, fassen Sie diese zusammen, z.B. „a variety of ... jobs in ...“

- Hobbys

   Auch Recreational Activities genannt. Erwähnen Sie nur diejenigen, die interessant für die Stelle sein könnten (z.B. Aktivitäten in Sportvereinen, die als ein Indiz für Teamfähigkeit gelten können).

- Future Plans

   Schreiben Sie z.B., dass Sie sich weiterbilden und mehr Verantwortung übernehmen möchten.

- Salary

   Zum Gehalt machen Sie keine genauen Angaben, Sie können „open“ oder „salary negotiable“ schreiben. Oder Sie nennen eine Gehaltsspanne wie beispielsweise 7 bis 10 Dollar pro Stunde oder 35.000 bis 40.000 Dollar pro Jahr. Wenn Sie aber das bisherige Gehalt angeben sollen, notieren Sie das salary package, inklusive Zulagen und Prämien.

Weitere Hinweise zum Fragebogen

- Vermeiden Sie Lücken auf dem Bewerbungsbogen. Füllen Sie z.B. Zeiten der Arbeitslosigkeit mit anderen Tätigkeiten wie Phasen der Kindererziehung, Teilzeitjobs, Zusatzausbildungen.

- Es ist wichtig, dass Sie gut auf einen Personalfragebogen vorbereitet sind, damit Sie nicht wesentliche Teile Ihrer Laufbahn vergessen. Am besten stellen Sie zu Hause eine Liste mit Stellen und Daten zusammen, so dass Sie nur nachzusehen brauchen.

- Experten empfehlen auch, dem Bewerbungsformular einen Lebenslauf beizufügen (see attached resume). Achten Sie darauf, dass die Angaben auf dem Personalbogen mit den Daten auf Ihrem Lebenslauf übereinstimmen.

- Wenn Sie gebeten werden, ein Onlineformular am PC auszufüllen, schreiben Sie Ihre Daten zunächst offline ins Formular, dann haben Sie mehr Zeit, sich Ihre Antworten zu überlegen und Ihre Pluspunkte gekonnt hervorzuheben.

- Haben Sie Onlineformulare in einer Resumedatenbank ausgefüllt, so vergessen Sie nicht, Ihr Passwort zu notieren, für den Fall, dass Sie Ihre Daten später aktualisieren oder Ihren Lebenslauf aus der Datenbank nehmen wollen.

Beispielhaft: Job Application Form

Date of Application	Position applied for
Referred by	Date you are available

Full Name (Last, First)

Address: Building/Number/Street

City	State/ZIP
Home Telephone	Business Telephone

Are you a United States Citizen?

If not, do you have an alien registration card?

Education

	Name/ Address of School	Dates	Major	Degree/ Diploma
High School				
College/University				
Special Training				

Employment History

Name and Address of Employer	Dates Employed	Type of Work	Reason for Leaving

References

Name	Business/Organization	Address/Telephone

Relationship to you (Teacher, Supervisor, Friend, etc.)

Special Skills

(Foreign languages/knowledge of computers/sports/awards)

Beispielhaft: Online Résumé Form

- *First Name*
- *Last Name*
- *Address*
- *City of Residence*
- *State of Residence*
- *Country of Residence*
- *Telephone Number*
- *Email Address*
- *Current Job Title*
- *US citizen or authorized to work in the US*
- *Level of Education*
- *Years of Experience*
- *Field of Expertise and Companies, Titles, Dates of Employment*
- *Title of Desired Job*
- *Skills for Desired Job*
- *Job Location Desired*

Paste Body of Resume/Paste ASCII text version

(Your text needs to fit in the box below from left to right, or it will exceed the web browser's display and may not format correctly.)

Submit my resume

4.4 Deutsch-englische Formulierungshilfen für das Bewerbungsanschreiben

Antwort auf eine Stellenanzeige – Einleitung

Ihre Anzeige in der Zeitschrift Hydropower *vom 5. Mai hat mich angesprochen.*	Your advertisement in the May 5th issue of *Hydropower* caught my eye.
Mit Bezug auf Ihre im Middle East Business *erschienene Anzeige, in der Sie einen Maschinenbauingenieur suchen, sende ich Ihnen meinen Lebenslauf.*	I am submitting my résumé [US]/C.V. [GB] in response to your ad in *Middle East Business* for a Mechanical Engineer.
Ihr Stellenangebot für einen Business-Development-Manager, das in der heutigen Ausgabe des Far Eastern Review *erschienen ist, habe ich mit großem Interesse gelesen.*	I noticed your advertisement for a Business Development Manager in today's edition of the *Far Eastern Review* with a great deal of interest.
Ihre Stellenanzeige, in der Sie einen Pharmavertreter suchen, interessiert mich sehr.	I was intrigued by your advertisement for a sales representative for pharmaceuticals.
Die von Ihnen in der letzten Sonnabendausgabe des Sydney Morning Herald *angebotene Stelle als Buchhalter interessiert mich sehr.*	I am very interested in the position of Accountant, as advertised in the *Sydney Morning Herald* last Saturday.
Ich bewerbe mich hiermit um die Stelle als Sekretärin in Ihrem Unternehmen, die Sie in der heutigen Ausgabe der Eastbourne News *ausgeschrieben haben.*	I am writing to apply for the position of Secretary in your company, advertised in today's *Eastbourne News*.
Anbei erhalten Sie meine Bewerbung für die im Guardian *ausgeschriebene Stelle des Marketing-Managers.*	Please find enclosed my application for the position of Marketing Manager as advertised in the *Guardian*.
Ich möchte mich um die Stelle des Pharmareferenten bewerben, die zurzeit auf Ihrer Website angeboten wird.	I would like to apply for the position of Pharmaceutical Sales Representative currently advertised on your Web site.
Für die oben angegebene Stelle bin ich in besonderem Maße qualifiziert.	I am particularly qualified for the above mentioned position.
Auf Ihre Stellenausschreibung bei www.JobWeb.com hin möchte ich mich hiermit bei Ihnen bewerben und sende Ihnen im Anhang meinen Lebenslauf.	In response to your job posting on www.jobweb.com, I have attached my resume for your consideration.

Als Betriebsleiter mit vier Jahren Berufserfahrung im Bereich Logistik bin ich in besonderer Weise für die von Ihnen ausgeschriebene Stelle qualifiziert.	As an Operations Manager with four years of experience in the field of logistics, I am particularly qualified for the position you have available.
(Betr.)Leiter der Marketingabteilung, Wall Street Journal, *15. Februar 2006*	(Re:) Marketing Manager, *Wall Street Journal*, February 15, 2006
Betr.: Referenzzeichen: 1234	Re: Reference No. 1234
Mit großem Interesse habe ich Ihre Anzeige in der Sunday Times *vom 29.01.2006 gelesen. Hiermit möchte ich mich um die ausgeschriebene Stelle des Technischen Direktors bewerben.*	I am responding to your advertisement in the *Sunday Times* of 29 January 2006 for the position of Technical Director.

Das Begleitschreiben bei einer Initiativbewerbung – Einleitung

Ich bin sehr daran interessiert, mich mit Ihnen über eine mögliche Anstellung als Group-Financial-Controller bei der Barclay's Bank zu unterhalten.	I am very interested in talking with you about employment as a Group Financial Controller at Barclay's Bank.
Ich bin sehr an der Stelle des Maschinenbauingenieurs bei Invensys Process Systems interessiert.	I am very interested in a position as mechanical engineer with Invensys Process Systems.
Ich suche zurzeit nach einer Praktikumsmöglichkeit in der Immobilienbranche.	I am currently looking for an internship in the real estate business.
Ich möchte anfragen, ob Sie offene Stellen im Bereich Logistik haben.	I am writing to ask you if you have any vacancies in the logistics field.
Falls Sie gerade einen Personalleiter/ Personalmanager suchen sollten, wird mein beigefügter Lebenslauf für Sie von Interesse sein.	If you are currently looking for an HR Manager/Personnel Manager, my enclosed resume should be of interest to you.
Ich suche eine Anstellung im Gaststättengewerbe und füge Ihnen daher zur Information meinen Lebenslauf bei.	I am seeking a position in the hospitality industry and have enclosed my résumé for your consideration.
Ich möchte anfragen, ob Sie Werkstudenten der Fachrichtung Maschinenbau beschäftigen.	I am writing to you regarding any employment opportunities you may have for students of Mechanical Engineering.

Ich habe mit Interesse gelesen, dass Ihr Unternehmen beabsichtigt, in East Sussex neue Geschäfte zu eröffnen. Ich vermute daher, dass Sie Sekretärinnen für die Geschäftsführung benötigen.	I was interested to read that your company is planning to open new stores in East Sussex. Therefore I assume that you will be in need of executive secretaries.
Ich werde im kommenden Herbst meinen BSc in Computerwesen ablegen und möchte fragen, ob Sie Stellen für Berufseinsteiger anbieten.	I will be completing a BSc Degree in Computer Sciences next autumn, and am writing to enquire if you would have any entry-level openings.
Sie suchen einen erfahrenen Personalleiter mit weitreichenden Kenntnissen in der Personalbeschaffung und -ausbildung?	Are you looking for an experienced Human Resources Manager with extensive knowledge in both staffing and training?
Ich war zehn Jahre lang im Medienbereich (Printmedien und Fernsehen) beschäftigt und suche nun nach einer Möglichkeit, in London zu arbeiten und interkulturelle Erfahrungen zu sammeln.	After ten years in the mass media (print media and television), I am looking for an opportunity to work in London and gain cross-cultural experience.
Hammond Consultant Inc. genießt in Fachkreisen den Ruf einer führenden Personalberatungsagentur (für den Bankensektor).	Hammond Consulting Inc. is well known to professionals as a leading HR consultancy firm (for the banking sector).
Dieses Schreiben bezieht sich auf unser gestriges Telefongespräch.	This letter is in response to our telephone conversation yesterday.
Benötigen Sie einen Senior IT-Analysten mit fünf Jahren Branchenerfahrung?	Do you have a need for a Senior IT Analyst with five years related experience?
Nach fast zehn Jahren erfolgreicher Arbeit als Leiter der Sparte Informationssysteme bei Siemens, Deutschland, suche ich nach neuen Herausforderungen in den USA.	After having contributed to the success of Siemens in Germany, as Director of Information Systems for almost 10 years, I am looking for new challenges in the USA.
Ich befinde mich im letzten Semester des Bachelor-Studiengangs in Betriebswirtschaft an der Universität München. Im Anschluss daran möchte ich ein Praktikum in Großbritannien machen.	As I enter my final semester at Munich University pursuing a Bachelor's degree in Business Administration, I am seeking internship opportunities in the UK.
Ich gratuliere zu dem vor kurzem geschlossenen Vertrag zwischen Hird's Consulting, UK und Petersen, Deutschland.	Congratulations on the contract recently signed between Hird's Consulting, UK and Petersen, Germany.

Mit großem Interesse habe ich im Wirtschaftsteil der Frankfurter Allgemeinen Zeitung gelesen, dass Ihre Firma plant, auf dem australischen Markt Fuß zu fassen.	It is with great interest that I read in the Business section of the Frankfurter Allgemeine Zeitung that your company is planning to target the Australian market.
Der Erfolg Ihres Unternehmens innerhalb der letzten Jahre hat mich sehr beeindruckt.	I have been much impressed with the success of your company in recent years.
Erlauben Sie mir, mich kurz vorzustellen: Ich arbeite seit fünf Jahren bei Karstadt und möchte mich gern im Bereich Qualitätssicherung weiterentwickeln.	Please allow me to introduce myself: I have been with Karstadt for 5 years now and I would like to move on to another position in the quality-assurance field.
Ralph Brown, Ihr Personalmanager, erwähnte gestern während unseres Telefongesprächs, dass Ihr Unternehmen beabsichtigt, sich international stärker aufzustellen/zu expandieren.	Ralph Brown, your Human Resource Manager, mentioned in a telephone conversation yesterday that your company is planning to expand internationally.
Wie gestern telefonisch besprochen, erhalten Sie hiermit meinen Lebenslauf.	As you suggested during our telephone conversation yesterday, I am sending you my CV.
Ich habe mich in den letzten Monaten mit Ihrem Unternehmen auseinandergesetzt und bin von seinem Wachstum in der Getränkeindustrie beeindruckt.	I have been researching your company over the last few months, and I am very impressed with its growth in the beverage sector.
Ihren vor kurzem im Economist erschienenen Artikel habe ich mit großem Interesse gelesen.	Your recent article in The Economist was of great interest to me.
Ihre ausgezeichnete Reputation im IT-Bereich motiviert mich, an diesem Erfolg mitwirken zu wollen.	Your excellent reputation in the IT operations field makes me eager to contribute to your success.

Der Networking-Brief – Einleitung

Ich habe Ihren Namen von meinem langjährigen Tennispartner Frank Hudson.	Frank Hudson mentioned your name the other day. We have been tennis partners for 10 years.
Ich schreibe Ihnen auf Empfehlung von Lesley Gough.	I am writing to you at the suggestion of Lesley Gough.
Ich schreibe Ihnen als Mitglied der International Health Care Group, einem internationalen Verband für Gesundheitsfürsorge, in Brüssel.	I am writing to you as a fellow member of the International Healthcare Group based in Brussels.

Er schlug mir vor, Sie um Unterstützung zu bitten.	He suggested that I contact you for some assistance.
Sie erinnern sich vielleicht, dass Alan Whitfield uns auf der letzten Frankfurter Buchmesse miteinander bekannt machte.	You may recall that we were introduced by Alan Whitfield at the last Frankfurt Book Fair .
Steven Tan, ein enger Freund von mir, empfahl mir, Sie zu kontaktieren.	Steven Tan, a close friend of mine, thought it would be a good idea to contact you.
Patrick Schwartz, ein ehemaliger Mitschüler, regte mich an, Sie anzurufen.	Patrick Schwartz, a former classmate, suggested that I give you a call.
Ihren Namen habe ich von Dr. Bruce Summerville, Senior Vice President, erhalten. Er hat mich dazu angehalten, mich an Sie zu wenden. Er meinte, Sie könnten mir bei meiner Stellensuche behilflich sein.	Your name was given to me by Dr. Bruce Summerville, Senior Vice President. He encouraged me to contact you. He felt you could be of help to me in my job search.
Vielleicht erinnern Sie sich noch daran, dass wir uns letztes Jahr kurz auf der Internationalen Handelskonferenz für den asiatisch-pazifischen Raum begegnet sind.	You may recall that we met briefly last year at the International Trade Convention Asia-Pacific.
Möglicherweise können Sie sich noch an mich aus dem CPD-Seminar an der Universität Glasgow im Oktober 2005 erinnern.	You may remember me from the Continuing Professional Development (CPD) seminar at the University of Glasgow in October 2005.
Bei meinen Recherchen auf www.michaelpage.com bin ich im Zusammenhang mit offenen Stellen im Bereich Banken und Finanzdienstleistungen auf Ihren Namen gestoßen.	While examining the Michael Page Web site www.michaelpage.com your name caught my eye regarding employment opportunities in banking and financial services.
Wie Sie in unserem Telefongespräch vorgeschlagen haben, lege ich eine Kopie meines Lebenslaufs bei.	As you suggested in our telephone conversation, I am enclosing a copy of my résumé for your review.
Ich hatte die Gelegenheit, letzten Monat im Internationalen Ausstellungszentrum Singapur Ihren Vortrag über „Besseres Zeitmanagement bei steigenden Anforderungen" zu hören.	I had the pleasure of hearing you talk about „Better Time Management for Increased Demands" last month at the Singapore International Exhibition Centre.
Ihren Artikel in der Financial Times über Trends auf dem Arbeitsmarkt in der EU fand ich äußerst informativ.	I was excited to read your article on labour market trends in the EU in the Financial Times.

Es hat mich gefreut, Sie letzte Woche auf der Jobmesse in New York kennenzulernen.	I enjoyed meeting you at the Career Fair in New York last week.
Vor kurzem habe ich mit John Lewis aus Ihrer Firma gesprochen. Er hat mir vorgeschlagen, Sie wegen Sommerjobs in Kanada und den USA zu kontaktieren.	I was recently speaking with John Lewis from your company. He suggested that I contact you regarding summer jobs in Canada and the USA.
Letzte Woche habe ich mit Jane Wilson gesprochen. Sie bot mir an, meinen Lebenslauf an Sie weiterzuleiten.	I spoke to Jane Wilson last week. She offered to pass my résumé on to you.
Ich suche eine Praktikumsstelle in den USA und wäre Ihnen dankbar, wenn Sie mir Informationen liefern könnten, wie ich mit möglichen Arbeitgebern in Kontakt treten kann.	I am looking for an internship in the USA and would appreciate any assistance on how to get in contact with potential employers.
Ihr Name wurde auf der Fachmesse ITB Berlin in Zusammenhang mit neuen Märkten in Kambodscha und Laos mehrfach erwähnt.	Your name has come up several times during the ITB Berlin Trade Show in connection with new markets in Cambodia and Laos.
Ihre Lektorin, Mary Warburton, und ich haben vor einigen Jahren bei Hastings Publishers zusammengearbeitet. Mary hat mich angeregt, mich bei Ihnen um die Stelle des Verkaufsleiters zu bewerben, die Sie letzte Woche im Guardian ausgeschrieben haben.	Your editor, Mary Warburton, and I worked together at Hastings Publishers a few years ago. Mary encouraged me to contact you regarding the position of Sales Manager you advertised in the Guardian last week.
Stella Dimbleby, Berufsberaterin bei Manpower Hongkong, riet mir, Sie anzurufen.	Stella Dimbleby, career advisor at Manpower Hong Kong, suggested I call you.
Wie ich bereits gestern am Telefon erwähnte, bin ich Ihnen sehr verbunden für Ihr Angebot, mich dem Personalverantwortlichen von Pfizer (Pazifik-Asien) vorzustellen.	As I told you on the phone yesterday, I am very grateful for your offer to introduce me to the HR manager of Pfizer Asia-Pacific.
Jim Peterson, Berufsberater bei der Industrie- und Handelskammer London, erwähnte, dass Sie derzeit einen erfahrenen Controller suchen.	Jim Peterson, career advisor at the London Chamber of Commerce and Industry, mentioned that you are presently looking for an experienced financial controller.

Rachel Murray, eine gemeinsame Bekannte, hat mich an Sie verwiesen.	Rachel Murray, a mutual acquaintance, referred me to you.
Ich erwarte nicht, dass Sie mir eine Stelle anbieten können, würde mich jedoch über Ihre Ratschläge für meine Stellensuche freuen.	I do not expect that you can offer me a job, but I would appreciate your advice regarding my job search.
Auch wenn es in Ihrem Unternehmen im Moment keine passende offene Stelle für mich gibt, wäre ich Ihnen sehr verbunden, wenn Sie mich informieren würden, wenn innerhalb der nächsten sechs Monate eine Stelle frei wird.	It is unlikely that you are aware of an appropriate job opening at the moment. However, in the event that a vacancy comes up within the next six months, I would appreciate it if you would give me a call.
Können Sie mir die Informationen bitte per SMS senden?	Can you SMS me the information, please?/Can you text me the information, please?

Begleitschreiben an Personalagenturen

Ich weiß, dass Ihre Firma auf die Vermittlung von Personal für den Bereich Grafikdesign spezialisiert ist, und ich würde gern etwas über aktuelle Stellenangebote erfahren. Vor kurzem habe ich erfahren, dass Fuji Xerox demnächst wieder expandieren möchte. Ist das richtig?	I understand that your firm specialises in placing personnel in the graphic-design sector and I am writing to inquire about career opportunities in this field. Recently I heard that Fuji Xerox plans to expand in the near future. Is this true?
Falls einer Ihrer Firmenkunden einen erfahrenen Projektleiter suchen sollte, könnte mein Lebenslauf von Interesse sein.	If one of your client companies is looking for a Senior Project Manager, you may wish to review my résumé.
Sollten Sie von offenen Stellen im Bereich Konsumgüter erfahren, wäre ich Ihnen sehr verbunden, wenn Sie mich kurz anriefen.	If any opportunities in the consumer-goods field come to your attention, I would be grateful if you would give me a call.
Seien Sie bitte so freundlich, meinen Namen in Ihrer Datenbank für Arbeitssuchende aufzunehmen.	Please be so kind as to include my name in your job-search database.
Ihre Vermittlungsagentur ist als eine der erfolgreichsten Agenturen für Führungskräfte in Australien bekannt. Das ist der Grund, weshalb ich mich an Sie wende.	Your executive recruiting firm is recognized as one of the most successful companies in Australia. That is why I am writing to you.

Es hat mich gefreut, mich mit Ihnen über Arbeitsmöglichkeiten in Florida zu unterhalten.	I enjoyed speaking with you about possible job openings in Florida.
Wenn Sie von geeigneten offenen Stellen im Bereich Software-Entwicklung erfahren, lassen Sie es mich bitte wissen.	If any appropriate job openings in the software-engineering sector come to your attention, please let me know.

Hinweis auf Lebenslauf

Anbei erhalten Sie meinen Lebenslauf	I have attached a copy of my CV [GB]/résumé [US] for your consideration.
Im beigefügten Lebenslauf finden Sie Informationen zu meinen Erfahrungen in den Bereichen Verkauf und Marketing.	Attached is my CV containing information regarding my experience in sales and marketing.
Auf Ihre Stellenanzeige bei www.monster.com hin schicke ich Ihnen meinen Lebenslauf.	Please consider my CV in response to the job posting on www.monster.com
Wie Sie meinem Lebenslauf entnehmen können, bin ich für die Stelle des Investmentbankers besonders qualifiziert.	As you can see from my CV, I am particularly qualified for the position of investment banker.
In meinem Lebenslauf finden Sie eine kurze Zusammenfassung meiner schulischen und beruflichen Leistungen.	My CV will provide you with a brief outline of my credentials/achievements.
Einige meiner Qualifikationen habe ich im Lebenslauf hervorgehoben.	I have highlighted some of my qualifications in my CV.
Zu den wichtigsten Stationen in meinem Lebenslauf gehören zweifelsohne meine Stellen bei Roche Pharma und Pfizer in den USA.	Highlights of my attached CV include my positions at Roche Pharmaceuticals and Pfizer USA.
Ich habe meinen Lebenslauf als Anlage beigefügt. Er vermittelt einen Überblick über meine Qualifikationen und wichtigsten Stärken, die für die ausgeschriebene Stelle von Bedeutung sind.	I have attached my résumé outlining my qualifications and my most important strengths which are relevant for the advertised position.
Im beigefügten Lebenslauf sind meine Qualifikationen und beruflichen Erfolge zusammengefasst.	The accompanying résumé summarizes my qualifications and achievements.

Ich bin davon überzeugt, dass meine Fähigkeiten und meine Erfahrung Ihren Erwartungen entsprechen werden.	I am confident that I have the skills and the experience you are asking for.
Wie Sie meinem Lebenslauf entnehmen können, verfüge ich über beachtliche Erfahrung im Bereich Personalwesen.	As you will see from my CV, I have considerable experience in Human Resources.
Weitere Details zu meinen akademischen Leistungen entnehmen Sie bitte meinem Lebenslauf.	Further details on my academic accomplishments are included in my CV.
Im beigefügten Lebenslauf sind meine Ausbildung und meine Berufserfahrung zusammengefasst. Falls Sie noch Fragen haben, zögern Sie bitte nicht, mich zu kontaktieren.	The attached CV summarizes my educational background and work experience. If you have any questions please feel free to contact me.
Wie aus meinem Lebenslauf hervorgeht, habe ich einen BA in Betriebs- und Volkswirtschaft.	As my CV shows, I have a B.A. in Business Administration and Economics.
Wie im beigefügten Lebenslauf dargelegt, war ich zehn Jahre lang als freier Mitarbeiter in der Werbung und während der letzten fünf Jahren für verschiedene mittelgroße Unternehmen tätig.	As indicated in the enclosed résumé, I have worked in advertising for 10 years, first as a freelancer and subsequently as an employee of various medium-sized organisations over the last five years.

Stellen- respektive Bewerberprofil

Meine Qualifikationen erfüllen die Anforderungen Ihres Unternehmens.	I possess the necessary qualifications your company requires.
Zu meinen Erfolgen kann ich ... zählen.	My accomplishments include ...
Ich bin überzeugt, dass meine Berufserfahrung Ihren Anforderungen genau entspricht.	I am confident that my professional experience matches your needs perfectly.
Aufgrund meiner im Folgenden beschriebenen Berufserfahrung bin ich für diese Stelle besonders qualifiziert.	The following background qualifies me for consideration.
Für die Stelle des Direktors im Bereich Informationstechnologie bei Microsoft bringe ich alle Qualifikationen mit.	I am qualified for the position of Director of Information Technology at Microsoft Corporation.

Meine Ausbildung sowie meine Berufserfahrung entsprechen genau Ihren Anforderungen.	My experience and educational background perfectly match your needs/ are a good match.
Mir scheint, meine bisherigen beruflichen Erfolge machen mich zu einem geeigneten Kandidaten für die Stelle des SAP-Software-Technikers, die Sie ausgeschrieben haben.	My professional achievements make me an excellent candidate for the position of SAP Software Engineer you advertised.
Ich bin sicher, dass ich über die Berufserfahrung und die Fähigkeiten verfüge, die Sie suchen.	I am confident that I have the experience and skills you are looking for.
Ich bin überzeugt, dass ich bestens für die auf Ihrer Website ausgeschriebene Stelle geeignet bin.	I am confident that I am well qualified for the position you advertised on your Web site.
Ihr Anforderungsprofil passt ausgezeichnet auf mich.	Your requirements seem to be an excellent match with my personal profile.
Diese Stelle scheint mir wie auf den Leib geschneidert zu sein.	This position appears to be a perfect match for my qualifications.
Ich kann Ihre Anforderungen vollständig erfüllen.	I seem to be perfectly suited to your needs.

Hinweis auf Bildungsabschluss

Im Herbst 2006 werde ich an der Universität Oxford den BSc-Abschluss in Architektur ablegen.	In autumn 2006, I will be graduating with a BSc. in Architecture from Oxford.
Ich habe einen Ph. D. in Bauwesen der Universität Grenoble.	I have a Ph.D. degree in Civil Engineering from the University of Grenoble.
Ich habe einen Ph. D. in Mathematik des Worcester Polytechnic Institute.	I hold a Ph.D. in Mathematical Sciences from the Worcester Polytechnic Institute.
Ich bin Diplomingenieur der Universität Hamburg-Harburg mit dem M.S.-Abschluss in Maschinenbau.	I am a graduate of the University of Hamburg-Harburg with an M.S. degree in Mechanical Engineering.
Ich habe 2005 den Master-Abschluss in Bauwesen am MIT erworben.	I earned a Master's degree in Civil Engineering from MIT in 2005.
Ich verfüge über den B.S.-Abschluss in Psychologie der Universität Heidelberg.	I have a B.S. degree in Psychology from Heidelberg University.

Zu meinen Qualifikationen gehören	Among my qualifications is a
– *B.A.–Abschluss in Englischer Literatur der Universität Bochum, [Deutschland],*	– B.A. degree in English Literature from the University of Bochum, Germany,
– *MBA in Marketing der Business School Lausanne (BSC), Schweiz,*	– MBA in Marketing from BSC (Business School Lausanne), Switzerland,
– *Doktorgrad der Chemie der Universität Cambridge, England,*	– Ph.D. in Chemistry from the University of Cambridge, UK
– *MBA mit Schwerpunkt Marketing der Universität Mannheim, Deutschland.*	– MBA (major in Marketing from the University of Mannheim, Germany.

Hinweis auf Berufserfahrung

Ich arbeite seit drei Jahren bei einem Hauptzulieferer der Automobilindustrie.	I have been working in the automotive industry for a key supplier for three years.
Während der beiden letzten Jahre war ich Geschäftsführer eines bedeutenden Produktionsbetriebs.	I have been working as a managing director of a major manufacturing company during the last two years.
Seit 2002 arbeite ich bei international anerkannten Firmen in Deutschland und Großbritannien im Bereich Webdesign.	I have been working in the Web design business since 2002 with internationally recognized companies in Germany and the UK.
Seit 2003 bin ich Kreativdirektor für die BMW-Lifestyle-Linie.	I have been employed as a Creative Director for the BMW Lifestyle Collection since 2003.
Ich verfüge über 15 Jahre Erfahrung in diesem Bereich.	I possess over 15 years of experience in this field.
Ich arbeite seit über zehn Jahren für diese Organisation.	I have been with this organization for over ten years.
Die letzten zehn Jahre habe ich für drei verschiedene weltweit tätige Modefirmen im Bereich des Qualitätsmanagements gearbeitet.	I have spent the past ten years in the quality assurance field, working for three different global fashion companies.
Ich verfüge über weitgefächerte Erfahrungen in den Bereichen …	I have broad experience in the following areas: …
Ich war verantwortlich für …	I have been responsible for …
Zu meinen Hauptqualifikationen gehören …	Key qualifications include …

Bitte beachten Sie meine folgenden Qualifikationen ...	Consider the following qualifications: ...
Meine Berufserfahrung umfasst ...	My experience includes:...
Ich verfüge über ein ausgezeichnetes Leistungsprofil für diese Stelle.	I have some excellent credentials for this position.
Besonders hervorheben möchte ich meine folgenden Fähigkeiten: ...	Highlights of my qualifications are: ...
Ich habe mehr als fünf Jahre Erfahrung im Bereich Qualitätsmanagement sowie zehn Jahre in der Forschung aufzuweisen.	I have over five years' experience in quality assurance and ten years of research experience.
Eine kurze Zusammenfassung meiner Qualifikationen ...	A brief summary of my qualifications: ...
Wie Sie meinem Lebenslauf entnehmen können, entsprechen meine Erfahrungen im Bereich Messen und Ausstellungen genau dem Verantwortungsbereich der Stelle.	As you can see from my CV, my experience in fairs and exhibitions is well suited to the responsibilities of the position.
Während der letzten zehn Jahre war ich als Projektmanager für drei verschiedene Consulting-Unternehmen tätig.	I have been a project manager for three consulting firms during the past ten years.
Zurzeit bin ich verantwortlich für ...	I am presently responsible for: ...
Als Personalchef habe ich ...	As a Human Resources Manager I have ...
Zu meinen Aufgaben zählte das Management/die Leitung von ...	In this role I have managed ... /led ...
Ich habe drei Jahre Managementerfahrung.	I offer three years of management experience.
Meine Erfahrung im Bereich Software-Entwicklung ist beachtlich.	My experience in the field of software development is considerable.
In den letzten drei Jahren habe ich bei Dell, einem führenden Anbieter von Produkten mit weltweitem Kundendienst, gearbeitet und dort am Aufbau der neuen Internet-Infrastruktur mitgewirkt.	In the past three years I have worked for Dell, a leading provider of products and customer services worldwide, helping to set up their new Internet infrastructure.
In meiner derzeitigen Position als leitender Prozessingenieur bei Infineon gelang es mir, die Stückkosten um bis zu 25 Prozent zu senken.	In my current capacity as Senior Process Engineer for Infineon, I have reduced unit production costs by as much as 25 percent.

Ich bin sehr erfahren im Bereich Logistik, insbesondere im Supply Chain Management.	I am highly experienced in the field of logistics, in particular the management of supply chains.
Ich verfüge über hervorragende Computerkenntnisse in MS Word, Excel, Access und PowerPoint. Darüber hinaus habe ich Erfahrung mit den Betriebssystemen Microsoft XP, Mac OS X, Linux, Novell EOS, u. v. m.	I have strong computer skills in MS Word, Excel, PowerPoint and Access, and I have experience with the operating systems: Microsoft XP, Mac OS X, Linux, Novell EOS, and others.
Marketing und Public Relations sind seit 2002 Schwerpunkte meiner beruflichen Entwicklung.	Marketing and public relations have been the main focus of my career since 2002.
Ich verfüge über fundierte Kenntnisse auf dem Gebiet integrierter Sicherheitslösungen.	I have extensive experience in the field of integrated security solutions.
Ich bin überzeugt, mit meinen Erfahrungen einen bedeutenden Beitrag für Ihr Team leisten zu können.	I am confident that with my experience I can make a significant contribution to your team

Hinweis auf Achievements/Accomplishments

Zu meinen Erfolgen zählen:	Among some of my accomplishments are:
– *eine 25-prozentige Senkung der Produktionskosten*	– a 25–percent reduction in production costs
– *Erwerb einer Lebensmittelfirma für 30 Millionen US-Dollar*	– $30 million acquisition of a food company
– *56-prozentige Verringerung von Kundenreklamationen*	– a 56-percent reduction in customer complaints
– *30-prozentige Gewinnsteigerung*	– a 30-percent increase in profits
– *15-prozentige Umsatzsteigerung innerhalb der letzten drei Jahre*	– a 15-percent increase in sales volume during the last three years
– *60-prozentige Produktionssteigerung*	– increase in production of 60 percent
– *10-prozentiger Personalabbau.*	– reduction in staff of 10 percent.
Ich war Leiter eines 80-köpfigen Teams.	I have managed a staff of 80.
Ich habe die Kundenzufriedenheit um 25 Prozent verbessert.	I have increased customer satisfaction by 25 percent.

Höhepunkte meiner Karriere sind:	Highlights of my career include:
– Erhöhung des Marktanteils um 25 Punkte	– increase of market share by 25 points
– Entwicklung von 20 neuen Produkten	– development of 20 new products
– Verbesserung der Produktivität um 15 Prozent.	– improvement of production efficiency by 15 percent.
Beachten Sie bitte auch einige der erreichten Ergebnisse: Im letzten Geschäftsjahr habe ich 150.000 US-Dollar an Produktionskosten und dazu noch 90.000 US-Dollar an Lohnkosten eingespart.	Please consider some of the results: In the last financial year. I have saved US $150,000 in production costs and US $90,000 in payroll costs.
Meine Leistungen sind im beigefügten Lebenslauf aufgeführt.	My accomplishments are outlined in the enclosed résumé.

Hinweis auf Soft Skills

Ich verfüge über die für diese Stelle erforderliche außergewöhnlich gute Sozialkompetenz.	I have the outstanding interpersonal skills required for this position.
Ich verfüge über gute schriftliche und mündliche Kommunikationsfähigkeiten.	I have excellent oral and written communication skills.
Ich bin sehr belastbar.	I have the ability to working well under pressure.
Ich verfüge über eine hohe Eigenmotivation und arbeite vorausschauend.	I am self-motivated and proactive.
Mit meinem persönlichen Einsatz und meinen guten Führungsqualitäten bin ich in der Lage, einen wertvollen Beitrag zu leisten.	With my drive and leadership skills, I can make a valuable contribution.
Ich bin:	I am:
– ein Teamleader.	– a team leader.
– ein sehr guter Zuhörer.	– an excellent listener.
– fähig, Teams zu motivieren.	– able to motivate teams.
– als teamfähig bekannt	– known for being a team-player.
– stets auf die Sicherung der Produktqualität bedacht.	– dedicated to insuring product quality.

– *bekannt für meine Kreativität und mein Engagement.*	– recognized for creativity and enthusiasm.
– *ergebnisorientiert.*	– result-oriented.
– *erfolgsorientiert.*	– dedicated to ongoing success.
– *leistungsorientiert*	– performance-oriented.
– *aufgabenorientiert.*	– task-oriented.
– *zielorientiert/zielstrebig.*	– goal-oriented.
– *in der Lage, Kunden zu motivieren.*	– proficient at motivating clients.
– *diszipliniert und detailorientiert.*	– disciplined and detail-oriented.
– *mit der Arbeit am Computer vertraut.*	– computer literate.
– *bekannt für meine Networking-Fähigkeiten.*	– known for networking skills.
– *fähig, komplexe Probleme zu lösen.*	– able to solve complex problems.
– *fließend in Englisch, Deutsch und Französisch.*	– fluent in English, German, and French.
– *engagiert.*	– dedicated.
– *ein höchst erfolgreicher Design-Ingenieur.*	– a highly accomplished design engineer.
– *entscheidungsfreudig.*	– not afraid of making decisions.
– *ehrgeizig.*	– ambitious.
– *verantwortungsfreudig.*	– ready to take responsibility.
– *redegewandt.*	– articulate.
– *anpassungsfähig.*	– adaptable.
– *flexibel.*	– flexible.
Ich kann:	I am able to:
– *Qualitätsstandards aufrechterhalten.*	– maintain quality standards.
– *unter Zeitdruck arbeiten.*	– work under pressure.
– *mit hoher Arbeitsbelastung umgehen.*	– cope with a heavy work load.
Ich verfüge über:	I possess:
– *hervorragende analytische Fähigkeiten.*	– excellent analytical skills.
– *ausgezeichnetes Verhandlungsgeschick.*	– excellent negotiation skills.

– ungewöhnlich gute zwischen-
menschliche Fähigkeiten/Sozial-
kompetenz.

– outstanding interpersonal skills.

– die Fähigkeit, Probleme zu lösen.

– strong problem-solving skills.

– eine sehr gute Entscheidungsfähigkeit.

– excellent decision-making skills.

– fundierte EDV-Kenntnisse.

– strong computer skills.

– hervorragende mündliche Kommu-
nikationsfähigkeiten.

– excellent verbal communication
skills.

– Unternehmergeist.

– entrepreneurial spirit.

– ein überzeugendes Arbeitsethos.

– a strong work ethic.

– bewährtes Talent in Vertragsverhandlungen.

– proven talent in negotiating contracts.

– einen guten Ruf als fairer Team-
player/Kollege/Abteilungsleiter.

– reputation as a co-operative team
player/colleague/executive manager.

– solide Führungsqualitäten.

– strong leadership skills.

– außergewöhnlich gute Forschungs-
fähigkeiten.

– outstanding research skills.

– großes Organisationstalent.

– strong organizational skills.

– die nachgewiesene Fähigkeit, enge
Zeitvorgaben einzuhalten.

– proven ability to meet tight deadlines.

Bitte um ein Gespräch

Ich freue mich darauf, mich so bald
wie möglich mit Ihnen zusammen-
zusetzen, um mich persönlich bei
Ihnen vorzustellen und Ihnen meine
Führungsqualitäten im Einzelnen
beschreiben zu können.

I am looking forward to meeting with
you as soon as possible. That will give
me the chance to introduce myself
and present my leadership skills in
more detail.

Ich würde gerne mit Ihnen darüber
sprechen, wie ich zum Erfolg Ihres
Unternehmens beitragen kann.

I would like to discuss how I can contribute to your company's success.

Ich wäre Ihnen dankbar, wenn Sie mir
die Gelegenheit zu einem persönlichen
Gespräch geben würden.

I would be grateful if you would
contact me for a personal interview.

Sollten Sie an meiner Bewerbung
interessiert sein, würde ich Sie gerne
persönlich treffen.

Should you be interested in my
application, I would be pleased to
meet with you personally.

Ich bin an der Stelle sehr interessiert. Könnten wir einen Termin vereinbaren und uns genauer über meine Qualifikationen unterhalten?	I am most interested in the position. Can we meet to discuss my qualifications in more detail?
Ich würde mich über ein persönliches Gespräch über meine Qualifikationen, die ich als Personalchef für Shell einbringen könnte, sehr freuen.	I would welcome a personal interview to discuss the qualifications I can bring to Shell in the capacity of HR Manager.
Bei Interesse rufen Sie mich bitte in Deutschland unter der Rufnummer +49 (0) 4098 765432 (privat) oder +49 (0) 179 1234576 (Handy) an.	Should you be interested, please call me at +49-4098765432 (home) or +49-179-1234567 (mobile) in Germany.
Könnten wir uns kommende Woche zu einem persönlichen Gespräch treffen?	Can we meet for a personal interview some time next week?
Ich freue mich auf unser Treffen.	I am looking forward to meeting you in person.
Ich würde mich freuen, wenn Sie mir die Gelegenheit gäben, mit Ihnen über meine beruflichen Möglichkeiten bei Osram, München, zu sprechen.	I would appreciate the opportunity to discuss career opportunities with Osram Munich.
Ich bin sehr an der Stelle interessiert und würde mich freuen, wenn wir uns in der kommenden Woche zusammensetzen könnten.	I am genuinely interested in the position and would welcome the opportunity to speak to you next week.
Ich freue mich auf unser Gespräch.	I am looking forward to our conversation.
Ich würde mich freuen, bei Epcos Private Limited anzufangen.	I would enjoy the opportunity to join Epcos Pte Ltd.
Bitte rufen Sie mich an, wenn Sie weitere Informationen von mir benötigen.	Please feel free to call if you need further information.
Ich hoffe, während meines Aufenthalts in Detroit die Gelegenheit zu haben, Sie zu treffen und mit Ihnen zu besprechen, wie ich einen wesentlichen Beitrag für Fuji Xerox leisten könnte.	I hope to have the opportunity to meet with you when I am in Detroit, and to discuss how I can make a real contribution to Fuji Xerox.

Terminabsprache

Ich melde mich in der kommenden Woche telefonisch bei Ihnen, um zu klären, ob wir uns in Kürze zusammensetzen können.	I will call next week to see if we can meet in the near future.

Ich rufe Sie am Freitag an, um einen Termin mit Ihnen zu vereinbaren.	I will follow up with a phone call on Friday to schedule a meeting.
Ich rufe Sie am kommenden Montag um 10 Uhr an.	I will give you a call next Monday at 10 a.m.
Ich würde mich freuen, bald von Ihnen zu hören.	I look forward to hearing from you soon.
Ich werde Sie nächste Woche kontaktieren, um einen geeigneten Termin zu vereinbaren.	I will contact you next week to arrange a convenient time.
Ich kann mich nach Ihnen richten.	I will be available at your convenience.
Sie können mich direkt in den USA unter der Rufnummer +1 (0) 8018 885555 anrufen.	You can call me directly in the USA at +1-801-888-5555.
Sie können mich jederzeit zu Hause anrufen.	You may call me at any time at home.
Würde Ihnen Mittwoch, der 5. Januar, passen?	Would Wednesday, January 5th, be convenient for you?
Sie können in der nächsten Woche mit meinem Anruf rechnen.	Please expect my phone call next week.
Sollten Sie weitere Informationen benötigen, rufen Sie mich bitte unter der Rufnummer +49 (0) 234 12345 an oder senden mir eine E-Mail an hansengk@yahoo.de.	Should you need further information, please contact me at +49-234-12345 or via e-mail at hansengk@yahoo.de.
Sie erreichen mich per E-Mail oder unter der unten angegebenen Nummer.	I can be reached via e-mail or at the phone number shown below.
Ich werde Ende März in Edmonton sein. Ich rufe Sie an, sobald ich dort bin, um mit Ihnen zu besprechen, ob wir uns in dieser Zeit treffen können.	I will be in Edmonton at the end of March and will call you to see if we can arrange a meeting then.
Ich werde mich im Juni bei Ihnen melden.	I will be in touch with you in June.
Für ein Vorstellungsgespräch stehe ich jederzeit zur Verfügung.	I am available for an interview at any time.
Sie können mir auch eine Nachricht auf meinem Anrufbeantworter hinterlassen.	You can also leave a message on my answering machine (AM) at home.
Ich freue mich darauf, bald mit Ihnen zu sprechen.	I look forward to speaking with you shortly.

Falls Sie noch Fragen haben sollten, können Sie mich im Büro unter der Rufnummer +49 (0) 711 552345 67 oder außerhalb der Bürozeiten auf meinem Handy unter der Nummer +49 (0) 171 5252 erreichen.	If you have any questions, I can be reached at my office number, +49-711-55234567, or after office hours, at my mobile number +49-171-5252.
Ich rufe Sie in der kommenden Woche an, um	I will call you next week to
– *das Stellenprofil mit Ihnen zu besprechen.*	- discuss the position with you.
– *einen Termin zu vereinbaren.*	- to schedule an appointment.
– *den Termin zu bestätigen.*	– to confirm the appointment.
– *einen für Sie günstigen Termin für ein Treffen zu vereinbaren.*	– to set up a meeting that would fit in with your schedule.

Hinweis auf einen positiven Beitrag

Mit meiner Erfahrung und meiner Begeisterungsfähigkeit und Energie kann ich ausgezeichnete Ergebnisse für Ihre Organisation erbringen.	My experience as well as my enthusiasm and energy will provide excellent results for your organization.
All dies ermöglicht es mir, einen bedeutenden Beitrag für die Herring Ltd. zu leisten.	All this will enable me to make a significant contribution to Herring Ltd.
Ich glaube, dass ich für Ihr Team eine wertvolle Ergänzung wäre.	I believe that I could be a valuable addition to your team.
Ich kann zu Ihrem derzeitigen und zukünftigen Erfolg beitragen.	I can contribute to your ongoing and continued success.
Meine vielseitige Erfahrung wird sich für Ihre Organisation auszahlen.	My extensive experience will be an asset to your organisation.
Ich kann Ihnen dabei helfen, Ihre Ziele zu erreichen.	I can help you to meet your goals.
Ich kann, meines Erachtens, wesentlich zum Erfolg Ihrer Organisation beitragen.	I feel that I can make a strong contribution to the success of your organisation.

Danke für das Interesse

Ich danke Ihnen, dass Sie sich die Zeit genommen haben, meinen Lebenslauf durchzusehen.	Thank you for taking the time to review my résumé.

Vielen Dank für Ihr (wohlwollendes) Interesse.	Thank you for your (kind) consideration.
Vielen Dank für das Interesse, das Sie mir entgegengebracht haben.	Thank you for the consideration you have given me.
Vielen Dank, dass Sie sich Zeit für mich genommen haben.	Thank you for your time.
Vielen Dank für Ihre Unterstützung.	Thank you for your assistance.
Vielen Dank im Voraus für Ihr Interesse. Sollten Sie weitere Informationen benötigen, rufen Sie mich bitte an.	Thank you in advance for your consideration. Should you require additional information, please give me a call.
Vielen Dank für Ihre Antwort.	Thank you for your reply.
Danke für Ihr Interesse. Ich würde mich freuen, bald von Ihnen zu hören.	Thank you for your consideration, and I look forward to hearing from you soon.
Ich würde mich freuen, von Ihnen zu hören.	I would appreciate hearing from you.
Haben Sie vielen Dank für das sehr informative Gespräch Anfang der Woche. Ich stehe jederzeit für ein weiteres Gespräch/eine Konferenzschaltung zur Verfügung.	Thank you very much for the very informative discussion earlier this week. I am always available for a second meeting/conference call.

5 Curriculum Vitae/Résumé: Und nun der Lebenslauf

Das Herzstück der Bewerbung ist der Lebenslauf. Auf das, was hier zusammengefasst ist, kommt es entscheidend an. Form und Inhalt sollten sich also aufs Feinste ergänzen. Sehen Sie Ihre Vita als persönliches Porträt an.

5.1 Alles auf einen Blick: Allgemeines zum Lebenslauf

Ihr Résumé bietet dem möglichen Arbeitgeber die Chance, sich vorab ein differenziertes Bild davon zu verschaffen, welches Potenzial Sie mitbringen. Er sucht jemanden, der in der Lage ist, die in seinem Unternehmen anstehenden Herausforderungen zu bewältigen. Deshalb muss in Ihrem Résumé alles aufgeführt werden, was Sie an Pluspunkten zu bieten haben. Er sollte auf einen Blick daraus ableiten können, was Sie mit Ihrem Know-how für seine Firma leisten könnten. Die Reaktion des Arbeitgebers auf Ihren Lebenslauf muss sein: „Das ist genau der, den ich brauche." Um das zu erreichen, benötigen Sie zunächst alle wichtigen Daten (Zeitangaben, Abschlüsse, Arbeitgeber, Arbeitsschwerpunkte, Interessen, etc.) Ihrer beruflichen Laufbahn, die Sie ja bereits im Rahmen Ihrer Selbstanalyse zusammengestellt haben (vgl. auch S. 17).

 Tipp!

Bewerben Sie sich auf mehrere Stellen gleichzeitig, so schreiben Sie unterschiedliche Lebensläufe, die Sie möglichst genau auf die in der Anzeige gewünschten Fähigkeiten und Erfahrungen zuschneiden. Das Bewerbungsprofil muss dem Anforderungsprofil entsprechen.

Regeln für den Lebenslauf

Ob Sie nun einen Lebenslauf für die USA (Résumé) oder Großbritannien (Curriculum Vitae, CV) schreiben, es gelten folgende Grundsätze: Der Lebenslauf muss sich auf das Wesentliche beziehen, d.h.

- kurz sein (ein bis zwei Seiten),
- kompakt sein (z.B. ohne Schachtelsätze),
- konkret auf die Bedürfnisse des Arbeitgebers eingehen,
- Leistungen und Qualifikationen durch Beispiele hervorheben.

Denn: Die Profis in den Personalbüros wenden zirka 30 Sekunden Zeit auf, um einen Lebenslauf zu überfliegen. Beschränken Sie sich also!

Das Ziel: Einladung statt Absage

Résumés werden vom Arbeitgeber häufig dazu genutzt, die Bewerber im Vorfeld auszusieben. Manchmal haben sie also den gegenteiligen Effekt, den Sie erreichen wollen. Deshalb ist es keine effektive Methode der Arbeitssuche, unaufgefordert möglichst viele Lebensläufe zu verschicken. Ihre Aufgabe muss ja gerade darin bestehen zu erreichen, dass Ihr Lebenslauf nicht aussortiert wird, sondern Ihnen eine Einladung zu einem Vorstellungsgespräch verschafft.

Es ist u.U. empfehlenswert, den Arbeitgeber zunächst anzurufen und einen ersten Kontakt herzustellen. Während eines Auslandsaufenthalts können Sie natürlich auch in die Firma gehen und erst dann, wenn Sie einen Gesprächstermin haben, den Lebenslauf abschicken. Dies lässt sich nicht immer realisieren, z.B. wenn nur eine PO Box in der Annonce angegeben ist. Aber schöpfen Sie alle Möglichkeiten aus, damit Sie konkret werden können. Nutzt das nichts und sollten Sie von dem angeschriebenen Unternehmen keine Antwort bekommen, können Sie nach einiger Zeit auch einen zweiten Lebenslauf losschicken. Weisen Sie in dem Begleitschreiben darauf hin, dass Sie damit das Eintreffen Ihres Résumés/CV in der Firma sicherstellen wollen: „Thank you for considering my résumé. In case you need another, here is an extra copy." Vielleicht motiviert das Ihr Gegenüber, eine Reaktion zu zeigen.

 Tipp!

Viele Unternehmen lassen sich die Résumés online zusenden (vgl. Kapitel 5.2.3). Beachten Sie die Besonderheiten!

5.2 Auf den richtigen Typ setzen: Form und Inhalt verschiedener Résumés

Lebenslauf ist nicht gleich Lebenslauf. Man unterscheidet zwischen folgenden Arten von Résumés:

- **Chronological Format oder Chronological Résumé**

  Die Standardvariante, bei der die aktuelle Stelle als erste aufgeführt wird. Diese Résumés sind für Bewerber geeignet, die schon mehrere Jahre Berufserfahrung und interessante Posten hatten. Wenn der letzte Job für die aktuelle Stellenanzeige nicht relevant ist oder wenn man häufig den Arbeitgeber gewechselt hat, ist diese Form eher ungünstig (vgl. S. 151).

- **Skills bzw. Functional Résumé**

  Im Mittelpunkt stehen die Qualifikationen und Fähigkeiten, gegliedert nach funktionalen Oberbegriffen oder Arbeitsbereichen (etwa drei bis fünf Begriffe) wie:

  – Purchasing,
  – Office Management,
  – Design.

  Genaue Zeiträume spielen hier keine Rolle. Sie werden nicht angegeben. Skills Résumés sind zu empfehlen, wenn man Lücken in der Laufbahn oder wenig Berufserfahrung hat oder wenn man Berufsrückkehrer ist. Auch für Bewerber, deren Skills interessanter sind als ihre Berufserfahrung, eignet sich der funktionale Lebenslauf. Allerdings sind diese Résumés in der Darstellung manchmal weniger übersichtlich als die chronologischen Versionen (vgl. S 150).

- **Chrono-functional (Combination) Résumé**

  Umfasst sowohl die Daten zur Work History als auch Skills und Accomplishments. Dieser Lebenslauf vereint zwar die Vorteile des chronologischen und funktionalen, ist aber schwieriger zu lesen. Er bietet sich an, wenn der Bewerber in der Sparte der ausgeschriebenen Stelle langjährige Berufserfahrungen sowie herausragende Leistungen mitbringt.

 Bitte beachten Sie!

Hier werden zunächst die Besonderheiten des amerikanischen Lebenslaufs erläutert, die beispielsweise auch auf Kanada und Australien anwendbar sind. Was in Großbritannien gefordert ist, lesen Sie auf Seite 147 nach.

5.2.1 Chronological Résumé

Der Chronological Résumé ist Standard (Muster vgl. S. 154) und ist folgendermaßen untergliedert:

- **Absender**

  Name und Adresse (in Deutschland bzw. Amerika) stehen oben links oder oben in der Mitte, der Name in Großbuchstaben, fett geschrieben.

Kürzen Sie in der Adresse nichts ab. Und vergessen Sie die Telefonnummern (mit Vorwahl von Amerika aus: 01149) nicht. Da viele Arbeitgeber nicht per Brief antworten, sondern eher das Fax benutzen, nennen Sie auch Ihre Faxnummer. Sie sollten auf jeden Fall Ihre E-Mail-Adresse angeben, da Online-Bewerbungen in den USA üblich sind. Wenn Sie während Ihres Aufenthalts in Amerika eine Adresse haben (z.B. Hotel, Bekannte, etc.), sollten Sie diese aufführen, damit man Sie so leichter kontaktieren kann. Einige Experten empfehlen, Mr., Mrs., Ms. vor den Namen zu setzen, damit der amerikanische Arbeitgeber erkennen kann, ob Sie männlich oder weiblich sind.

• Berufsziel (Job Objective, Employment Objective, Position Desired)

Job Objectives sind in amerikanischen Lebensläufen zwar durchaus üblich, man kann aber auch darauf verzichten. Objectives werden besonders in funktionalen oder Skills Résumés empfohlen. Bezieht man sich auf eine Stellenanzeige, kann man einfach als Ziel den Jobtitel angeben. Die Berufsziele findet man oben im Lebenslauf oder auch im Begleitschreiben. Sie erläutern, was für eine Position Sie anstreben und was Sie der Firma bringen würden. Die Objectives sollten kurz und präzise in etwa zehn bis zwölf Wörtern aufgeführt werden. Der Arbeitgeber erwartet auf eine spezifische Stellenausschreibung auch eine spezifische Beschreibung Ihrer beruflichen Ziele, z.B.:

- Auto Mechanic for Mercedes cars.

- A challenging opportunity as senior programmer utilizing hands-on expertise in IDMS applications development.

- Position as a sales representative in the field of medical sales.

- Seeking a position using my extensive knowledge and successful experience in project management.

- To obtain a long-term position where I can apply my marketing and sales management experience.

- Pursuing a career position in personnel development which requires a motivated and dedicated person.

- A challenging position as a computer programmer or analyst, requiring skills in business, accounting and supervision of others.

Aber Vorsicht: Einige Experten warnen davor, das Ziel zu genau zu formulieren, da Sie damit eventuell Ihre Chancen verringern könnten. Der Nachteil dieser Angaben besteht darin, dass Sie Ihre Vorstellungen beschreiben – und möglicherweise nicht primär das, was dem Arbeitgeber konkret nutzt. Sie müssen eine Gratwanderung wagen und sich möglichst präzise in Ihren Ansprechpartner einfühlen. Ihr Job Objective muss für Sie persönlich richtig sein, aber auch durchaus realistisch, was die Situation auf dem Arbeitsmarkt betrifft. Sie sollten sich also regelmäßig über Entwicklung und Trends des Arbeitsmarkts informieren (in Fachzeitungen und -zeitschriften, Nachschlagewerken, über Vermittlungsagenturen und Arbeitsämter). Bewerber mit langjährigen Berufserfahrungen ziehen es häufig vor, das Job Objective durch ein Skills Statement zu ersetzen, in dem die Skills, die für den Arbeitgeber interessant sein könnten, aufgelistet werden (vgl. S. 135).

• Career Summary

Im Anschluss an das Berufsziel können Sie zusätzlich in zwei bis drei Sätzen unter der Überschrift „Career Summary" (auch Résumé Capsule genannt) Ihren beruflichen Hintergrund und das, was Sie der Firma bringen würden, beschreiben.

– Für einen Salesmanager beispielsweise:

10 years' experience in sales and marketing, including advertising, distribution and sales analysis. Proven team leader and problem solver with highly developed organizational, communications and planning skills.

– Für einen Designer:

Master designer with fifteen years of extensive management experience. Definite abilities in leadership, organisation, and team building. Experienced in interactive multimedia development.

– Für einen Ingenieur:

Experienced engineer with a background in electrotechnology. Demonstrated success in project management, leadership and customer service. Proficient in Windows, Excel, the Internet, and Aurum Sales Track.

Diese Angaben sind freiwillig. Sie empfehlen sich besonders für Kandidaten mit viel Berufserfahrung und haben den Vorteil, dass der Arbeitgeber schon zu Beginn des Résumés die Pluspunkte Ihres beruflichen Werdegangs kennen lernt und zum Weiterlesen motiviert wird.

- **Zur Person**

Was diesen Punkt angeht, so weist der amerikanische Lebenslauf etliche Besonderheiten auf. Einige Daten werden in den USA im Lebenslauf nicht erwähnt. Das Gesetz verbietet in den USA im Einstellungsverfahren eine Diskriminierung nach der Hautfarbe und der persönlichen Situation (Junggeselle, verheiratet mit Kind, allein erziehend etc.).

Geburtsdatum, Geburtsort, Religionszugehörigkeit, Familienstand fehlen. Auch Ihr Gewicht und Ihre Körpergröße nennen Sie nicht, es sei denn, dies wird erwartet (z.B. wenn Sie sich auf eine Stellenanzeige als Bodybuilder oder Model bewerben).

Einem amerikanischen Lebenslauf liegt kein Foto bei.

Sind Sie schon im Besitz eines Visums, sollten Sie es unter Personal Details angeben.

(Bitte beachten Sie: Auf die Unterschiede zum britischen Lebenslauf weisen wir auf Seite 147 hin.)

- **Berufsausbildung/-erfahrung**

Die Berufserfahrung (Qualification/Experience) zählt in einem amerikanischen Bewerbungsverfahren mehr als Examina und Titel. Sie ist der wichtigste Abschnitt des Lebenslaufs. Es kommt darauf an, eine logische Verbindung zwischen der ausgeschriebenen Stelle und Ihren beruflichen Erfahrungen herzustellen. Unter Experience wird Berufstätigkeit, aber auch Engagement in ehrenamtlicher Tätigkeit verstanden:

- Employment History/Professional Experience,
- Volunteer Experience/Other Experience.

Folgende Daten sind unbedingt anzugeben:

- Arbeitgeber mit Adresse des Unternehmens. Bitte beachten Sie, dass die Namen der Firmen stets ausgeschrieben werden (Initialen in Klammern). Es empfiehlt sich, die Namen der Firmen zu übersetzen. Zur Firmenadresse nennen Sie nur die Stadt und den Staat, ohne Straße und Telefonnummer: „Deutsche Ingenieurberatungsgesellschaft, (Consulting Engineers), Dortmund, Germany.

- Stellenbezeichnung. Ihre Stellenbezeichnung umschreiben Sie, wenn es im Amerikanischen keine Entsprechung gibt. Halten Sie sie allgemein, nicht zu spezifisch, um Ihre Chancen nicht zu verringern, z.B.:

- Salesman,
- Customer Service Representative,
- Assistant Vice President.

– Verantwortungsbereich. Zum Verantwortungsbereich wird nicht jede Einzelheit aufgezählt, sondern beispielsweise:

- die Größe der Abteilung, die Sie leiteten,
- die Höhe des Budgets,
- speziell für die Bewerbung interessante Details.

Wiederholen Sie nicht die Details, sondern variieren Sie die erwähnten Leistungen im Beruf. Man unterscheidet zwischen dem Verantwortungsbereich einerseits und Accomplishments und Duties andererseits:

Responsible for supervision:

- trained new employees,
- supervised six-person sales staff.

– Beschäftigung von ... bis ... Wenn Sie schon länger berufstätig sind, nennen Sie die letzten drei bis vier Jobs der zurückliegenden zehn Jahre.

Genaue Daten werden nur im chronologischen Lebenslauf mit Monaten und/oder nur Jahreszahlen aufgeführt, dies aber einheitlich. Die Daten können Sie in einem amerikanischen Résumé folgendermaßen schreiben:

– January 1, 2000 to December 31, 2004, oder:

1/1/00 to 12/31/04,

– January 2000 to December 2004, oder:

2000 to 2004.

Sie können Lücken in der Berufstätigkeit auch übergehen, müssen aber darauf vorbereitet sein, dass man Sie in Interviews daraufhin anspricht.

• Accomplishments

Einen hohen Stellenwert in einem amerikanischen Lebenslauf haben die Resultate Ihrer bisherigen Berufstätigkeit, die „Accomplishments". Diese beschreiben mit Aktionsverben und Zahlen möglichst konkret, was Sie erreicht, d.h. verkauft, organisiert, verbessert haben. Nennen Sie vor allem Beispiele, die in Hinblick auf das Anforderungsprofil der ausgeschriebenen Stelle interessant sind. Die Firma, bei der Sie sich bewerben, ist an den konkreten Ergebnissen Ihrer bisherigen Tätigkeiten interessiert. Ihre Berufserfahrung muss möglichst interessant klingen. Es kommt darauf an zu zeigen, wie Sie in den bisherigen Stellen erfolgreich waren. Fragen Sie sich z.B.:

- Haben Sie Probleme des Unternehmens gelöst?
- Kosten reduziert?
- Umsätze erhöht?
- Zusätzliche Aufträge akquiriert?
- Die vorgegebenen Ziele erreicht oder übertroffen?
- Die Arbeitsbedingungen verbessert?

Tipp!

Vermeiden Sie daher Allgemeinplätze und nichts sagende Floskeln: Statt „Exercised great responsibility" schreiben Sie besser „Supervised 100 skilled technicians". Häufige Fehler in Lebensläufen sind ungenaue Angaben. Damit riskieren Sie, nicht in die engere Wahl zu kommen. Listen Sie deshalb zunächst einmal alle Daten auf und streichen Sie dann alles, was für den angestrebten Posten nicht unbedingt nützlich ist.

Weitere Beispiele für erwähnenswerte Leistungen sind:

- Saved $ 100,000 over 6 months.
- Increased sales 41 percent over prior years.
- Managed the accounts of 100 customers.
- Proposed and tracked annual $ 300,000 departmental budget.
- Trained 100 new employees in customer service.
- Supervised the opening of a new store.
- Trained 30 full-time employees.
- Collected $ 20,000 in donations.
- Designed new products, resulting in first-year net profit of $ 50,000.

Diese Anmerkungen werden bevorzugt mit Spiegelstrichen oder dicken Punkten (Bullets) aufgelistet. Fassen Sie sich auch hier kurz: Pro Abschnitt nicht mehr als fünf Zeilen. Verzichten Sie auf Wörter wie „I",

„a/an". Sie sollten auf keinen Fall zu viel über die Vergangenheit schreiben. Es muss Ihnen gelingen, in Ihrem Résumé den Bezug zur ausgeschriebenen Stelle herzustellen, d.h. Ihre Erfahrungen an den künftigen Aufgaben des neuen Arbeitgebers zu orientieren.

• Schulausbildung

Im amerikanischen Lebenslauf werden die Schul-/Hochschulabschlüsse in der Sparte „Education/Professional Training" mit Daten angegeben (Date of Graduation). Die einzelnen Ausbildungsetappen werden aufgelistet mit:

- Namen der Schule, Adressen (Stadt, Land),
- Dauer des Schulbesuchs,
- Zeit und Art des Abschlusses,
- Titel (mit Übersetzung oder amerikanischer Entsprechung!),
- GPA, Durchschnittsnote (freiwillig),
- Haupt- und Nebenfächern.

Es ist sinnvoll, die deutschen Examina zu beschreiben, damit ausländische Arbeitgeber sie besser einschätzen können. Es gibt beispielsweise in den USA keine dem deutschen Hauptschul- und Realschulabschluss äquivalenten Abschlüsse. Dem Abitur entspricht das High School Diploma. Die Abschlüsse der Colleges kann man in Abkürzungen angeben, z.B. B.A., B.Sc., M.B.A. Sie können mit dem Ausbildungsort oder dem Abschluss beginnen, je nachdem, was Ihnen attraktiver erscheint, z.B.:

- B.S. in Economics, 1995, University of Colorado, Colorado Springs, CO
- Ohio, State University, Master of Civil Engineering, Columbus, Ohio
- Diplom Ingenieur (equivalent to M.S. Engineering), Technical University of Hanover, Germany, 1995.

Berufsbezogene Abschlüsse werden ebenfalls aufgeführt, z.B. „Certified Public Accountant, Berlin, Germany, 1995". Eine abgeschlossene Lehre, falls interessant für die Bewerbung, sollten Sie mit „Diploma" angeben, es gibt keine genaue Entsprechung für die deutsche Lehrlingsausbildung in Amerika. Wenn Sie nur wenige Berufserfahrungen haben, können Sie den Abschnitt zu Education vor den Abschnitt Experience platzieren.

Gute Noten zählen und es ist wichtig, ausgezeichnete deutsche Prüfungsergebnisse zu erwähnen. Dies gilt auch für Kandidaten, die gerade erst die Universität verlassen haben. Zählen Sie aber nicht zu viele Schulen auf. Haben Sie Abitur, so beginnen Sie mit der High School. Haben Sie mehrere Schulen besucht, so wird die letzte erwähnt. Wer ohne Abschluss von einer Schule abgegangen ist, erwähnt „Class of ...(Jahr)".

• **Kurse, Praktika, Ferien- und Nebenjobs etc.**

Praktika, die für die Bewerbung wichtig sein könnten, sowie Ferienjobs werden übrigens auch unter „Work Experience" oder „Special Educational Experience" aufgeführt. Vergessen Sie nicht, unter „Education" in einer Sparte „Professional Training"/„Special Training" auch Kurse zu erwähnen, die für den Arbeitgeber interessant sein könnten:

- Institute for Business Training
  - one-year training program in Business Management,
  - graduated July 1997,
  - Courses included:
    Office Management,
    Word Processing,
    Accounting.

- Seminar in Management Accounting, Industrial and Managerial Economics oder Business Communications:
  - Desktop publishing
    6-month training program,
    Meyer Computer Zentrum,
    Hamburg, 1996.

Haben Sie wenig Berufserfahrung vorzuweisen, dann können Sie unter „Experience" auch ehrenamtliche sowie Teilzeitarbeit nennen. Die Zugehörigkeit zu Vereinen, für die Sie sich engagiert haben, ist in diesem Zusammenhang ebenfalls interessant, z.B.:

- Elected Captain of a football team.
- Received Musical Award for piano.
- Worked for several restaurants part-time during college.

Tipp: Mehr Aktion!

Die richtigen Aktionswörter steigern die Attraktivität eines Lebenslaufs. Sie spielen eine große Rolle nicht nur in amerikanischen Résumés. Sie sollten in der Sparte Berufserfahrungen ausgiebig davon Gebrauch machen. Eine Liste dieser Aktionswörter haben wir Ihnen in Kap. 5.4 zusammengestellt.

• Additional Information/Miscellaneous

– Hobbys, Interessen

Personal Interests werden in einem amerikanischen Lebenslauf nicht
erwähnt, es sei denn, man hätte ganz hervorragende Leistungen vollbracht, interessante Preise gewonnen etc. Einige Berater empfehlen allerdings, auch Freizeitaktivitäten zu erwähnen, da sie zum „Aufwärmen"
bei Vorstellungsgesprächen dienen können. Die Hobbys sollten unten
auf dem Lebenslauf erscheinen, als letzte Rubrik. In einer Zeile können
Sie zwei bis drei (z. b. Sport, Fitnesstraining) aufzählen, die dem Arbeitgeber eventuell interessant erscheinen werden. Fassen Sie sich dabei
kurz, damit der Lebenslauf gut zu lesen ist. Bewerber mit vielen Berufserfahrungen geben statt Hobbys besser Weiterbildungsaktivitäten an.

– Verbandsarbeit

Sie sollten auf jeden Fall auch Mitgliedschaften in beruflich relevanten
oder übergreifend wichtigen Verbänden nennen (auch unter der Überschrift „Professional Affiliations"), besonders wenn diese für den angestrebten Job eine Rolle spielen. Sie beweisen damit Interesse an Ihrem
Berufszweig und an Ihrer Karriere, z.b. German Association for Water,
Wastewater and Waste (DWA), member 1985 to present.

– Ehrenamtliche Tätigkeiten

Auch ehrenamtliche Tätigkeiten in gemeinnützigen Institutionen, finden
Beachtung. Auslandsreisen (d.h. interkulturelle Erfahrungen) können Sie
ebenfalls in dieser Sparte aufführen, jedoch keine Aktivitäten in poli-
tischen Parteien. In jedem Fall sollte nur das erwähnt werden, was job-
bezogen ist.

– Ehrungen und Preise

Auch diese gehören in einen amerikanischen Lebenslauf. Dies gilt vor
allem für jüngere Bewerber, die noch nicht viel Berufserfahrung vorweisen können. Sie zeigen, dass Sie besondere Leistungen vollbracht haben,
und legen dem Arbeitgeber nahe, dass Sie zum Erfolg der Firma beitragen würden, z.B. „Denoted as outstanding student by faculty".

– Publikationen

Sie können in akademischen Berufen auch Ihre Veröffentlichungen er-
wähnen, wenn diese für den potenziellen Arbeitgeber interessant sind.
Am Ende des Résumés schreiben Sie dann unter „Publications": Titel,
Datum, Zeitschrift, z.B. „*The Global Market*". 2004. The Economist.

Hinweis!

Wenn Sie nicht sicher sind, welche Ihrer Fähigkeiten und Qualifikationen Sie für Ihren Lebenslauf zitieren sollen, empfiehlt es sich, beispielsweise im „Dictionary of Occupational Titles" die Berufsbeschreibungen durchzusehen und die dort als wichtig genannten Aspekte entsprechend Ihrer persönlichen Berufserfahrung in Ihrem Résumé einzubauen.

http://stats.bls.gov/oco/home.htm

• Special Skills

Darunter fallen Fertigkeiten und Kenntnisse, die in den Sparten Ausbildung/Berufserfahrung nicht genannt worden sind wie Fremdsprachen. Auch Computer Skills sind sehr gefragt (Computer Literacy),

- Fluent in English,
- Read Russian,
- Understand French,
- Experience with Windows XP,
- Knowledgable in Power Point.

• Referenzen

Einem amerikanischen Lebenslauf werden keine Arbeitszeugnisse beigefügt. Stattdessen nennt man Referenzen (References). Sie können z.B. schreiben: *„References are available upon request."* Oder: *„Excellent business and personal references are available."* Dies ist aber nicht unbedingt nötig, da die Arbeitgeber sowieso nachfragen werden, wenn sie Referenzen sehen möchten, und Sie sie auch zum Vorstellungsgespräch mitnehmen sollten. Wenn Sie genügend Referenzen haben, listen Sie diese auch auf einem gesonderten Blatt unter „List of References" auf. Dazu gehören Daten wie:

- Organization,
- Address,
- City, State, ZIP,
- Job Title of Person,
- Working/Personal Relationship,
- Telephone Nr. & Area Code,
- E-Mail.

Sie sollten wissen, dass Arbeitgeber und Personalberater Ihre Qualitäten ausschließlich in einem telefonischen „Reference Check" erfragen. Nur selten verlangen sie Einsicht in schriftliche Referenzen, da diese häufig sehr allgemein gefasst sind. Personalberater dagegen lassen sich gerne während des Interviews Referenzen zeigen und wollen sie auch kopieren, damit sie später im Einzelfall griffbereit vorliegen.

 ## Tipp: Keine Lücken im Résumé!

Auf keinen Fall sollte es in Ihrem chronologischen Lebenslauf Lücken geben. Gab es Lebensphasen, in denen Sie keine Arbeit hatten, so erwähnen Sie an solchen Stellen Kurse oder andere Aktivitäten. In einem funktionalen Lebenslauf hingegen benötigen Sie keine genauen Zeitangaben. Diese Form empfiehlt sich auch, wenn Bewerber relativ jung oder alt sind und dies von Nachteil sein könnte, sowie für Berufsrückkehrer. Statt des Alters steht hier die Leistung im Vordergrund.

Was nicht in einen amerikanischen Lebenslauf gehört

Achten Sie auf Political Correctness. Da die Gesetze gegen Diskriminierung sehr streng sind, sind bestimmte Angaben in einem amerikanischen Lebenslauf grundsätzlich zu unterlassen. Dazu gehören:
- Alter/Geburtsdatum,
- Geschlecht,
- Familienstand,
- Namen und Alter der Kinder,
- Religionszugehörigkeit,
- Rasse.

Außerdem wird auf Folgendes verzichtet:
- Beruf der Ehefrau oder des Ehemannes,
- Gesundheitszustand,
- Gehaltsvorstellungen,
- Foto,
- Referenzen oder Arbeitszeugnisse
- und nicht zuletzt die Überschrift: Résumé.

Bitte beachten Sie:
Der amerikanische/englische Lebenslauf enthält keine Datumsangabe und wird nicht unterschrieben.

5.2.2 Skills oder Functional Résumé

Ein Skills Résumé unterscheidet sich vom chronologischen in der Darstellung der Schwerpunkte (Muster, vgl. S. 150). Bewerber gliedern ihre Berufserfahrungen nach einzelnen Skills. Mögliche Oberbegriffe sind z. B.:

- Management Experience,
- Communication Experience,
- Technical Experience,
- Sales Experience,
- Financial Experience,
- Customer Experience,
- Leadership Experience,
- Computer Experience,
- Teaching Experience.

Darunter werden dann die Berufserfahrungen und die Leistungen aufgelistet, zirka vier bis fünf Punkte zu einem Bereich, z.b. Management Experience:

- supervised ...,
- planned ...,
- directed ...,
- trained ... .

Diese Anordnung eignet sich dazu, Lücken im Arbeitsleben oder geringere Berufserfahrungen zu überspielen. Führen Sie zirka vier bis fünf Abschnitte zu verschiedenen Skills auf, die interessant in Bezug auf das Ziel (Job Target) der ausgeschriebenen Stelle sein könnten. Ihre aktuelle Stelle wird im Anschluss an diese Abschnitte aufgeführt, mit Arbeitgeber, Daten und Stellenbezeichnung. Ähnlich wie beim chronologischen Lebenslauf sollten Sie auch hier Wiederholungen bei den einzelnen Tätigkeitsbereichen vermeiden und möglichst verschiedene Aktivitäten und Leistungen auflisten. Sollten Sie auf eine lange Berufstätigkeit zurückblicken, fassen Sie verschiedene Stellen zusammen, z.B.: „1980-1990: A variety of positions". Allerdings empfehlen einige Experten, auch im Skills Résumé Daten anzugeben, beispielsweise: „Cashier, Central Bank, Boston, 1991-1993". Sie können – anders als beim chronologischen Lebenslauf – im funktionalen Lebenslauf nicht auf ein Career Objective verzichten, indem Sie die gewünschte Position und den Tätigkeits- und Verantwortungsbereich beschreiben (in zwei bis drei Sätzen oder vier bis fünf Punkten, oben nach dem Namen/der Adresse). Diesem ordnen Sie dann die verschiedenen Fähigkeiten und Fertigkeiten unter. Die Skills Section kann auch bezeichnet werden als:

- Summary of Qualifications,
- Area of Accomplishments,
- Skills and Abilities.

In diesem Absatz beschreiben Sie Ihre Qualifikationen – möglichst in Hinblick auf das Bewerberprofil – und erläutern diese mit konkreten (Zahlen-) Beispielen. Dabei die wichtigsten Punkte als Erstes nennen! Der Arbeitgeber muss den Eindruck erhalten, Sie seien genau der Richtige.

Layout eines amerikanischen (Papier-) Résumés

Die Grundstütze für ein gutes Layout, die hier im Kapitel aufgeführt wird, gilt für alle anderen Typen von Résumés. Beachten Sie Folgendes:

- **Rand**

  Lassen Sie viel Rand an allen Seiten, mindestens 2,5 cm (1 Inch) rechts, links, oben und unten. So liest sich der Lebenslauf leichter. Dem potenziellen Arbeitgeber fallen Ihre Pluspunkte dann besser ins Auge. Das Layout des Lebenslaufs muss dazu beitragen, dass er ihn interessiert zu Ende liest.

  (Anmerkung: Wegen des Buchformats haben die hier abgedruckten Muster-Résumés weniger Rand und häufig zwei Seiten statt einer.)

- **Schrift**

  Verzichten Sie auf optische Effekte, halten Sie das Layout möglichst einfach und verwenden Sie beispielsweise nur eine Schriftart. Übliche Schriften sind: Times/Serif, Palatino, New Century Schoolbook/Serif, Helvetica, ITC Bookman/Serif.

  Fett- bzw. Kursivdruck wird nur für Überschriften benutzt, aber auf keinen Fall für einzelne Wörter in einem Satz. Schreiben Sie die Überschriften einheitlich. Empfohlene Schriftgröße: zwischen 11 und 14 Punkt.

- **Papier**

  Verwenden Sie kein pastellfarbenes Papier oder sonst im Business unübliche Farben. Geeignet sind dagegen: weiß, hellbeige, hellgrau. Nehmen Sie Briefpapier einer guten Qualität. Es darf allerdings nicht so dick sein, dass es beim Scannen einen Papierstau gibt. Benutzen Sie auf jeden Fall einen guten Tintenstrahl- oder Laserdrucker! Sonst scheiden Sie schon vor der ersten Runde aus.

Das Papier hat ein anderes Format als in Deutschland: 8,5 mal 11 Inch, (21,6x27,9 cm) d.h. es ist kürzer und breiter als das DIN A4 21,0x29,7 cm), das in einem amerikanischen Aktenordner überblättert werden könnte.

- **Aufteilung der Seite**

  Es gibt zwei Spalten: Die linke, schmalere für Daten und Kapitelüberschriften, z.B. Summary, Experience, Education und die rechte, breitere für den Text.

  Diese Abschnittsüberschriften sind immer noch die übliche Gliederung des Lebenslaufs. Sie können in Großbuchstaben geschrieben, fett oder unterstrichen gedruckt werden.

- **Allgemeine Hinweise**

  - Die Namen werden immer in einer Zeile gelassen, z.B.: University of Southern California, Los Angeles.

  - Auch wenn die Online-Lebensläufe immer öfter Verwendung finden, brauchen Sie hin und wieder einen perfekten Papierlebenslauf, z. B. für Interviews oder Networking-Gespräche.

  - Und denken Sie daran: Fügen Sie kein Foto bei, wenn Sie sich für die USA bewerben. Man würde Ihren Lebenslauf schon deswegen aussortieren!

- **Versand**

  Die Bewerbungsunterlagen werden nicht in einer Mappe zusammengefasst, sondern als lose Einzelblätter versandt. Deshalb ist es wichtig, den Namen, evtl. die Adresse, auf jeden Fall aber Telefonnummer und E-Mail, oben auf jeder Seite anzugeben, damit Sie schnell erreichbar sind.

5.2.3 Electronic Résumé

Der Lebenslauf ist im Zeitalter der elektronischen Medien ein wichtiges Instrument Ihrer Selbstmarketingstrategie. – Er hat das Ziel, Ihnen zu einer Einladung zu einem Vorstellungsgespräch zu verhelfen. Allerdings haben die modernen Technologien das Bewerbungsverfahren wesentlich verändert. Mithilfe elektronischer Lebensläufe ist es leichter geworden, mit potenziellen Arbeitgebern Kontakt aufzunehmen und die Fähigkeiten und Fertigkeiten weltweit zu vermarkten. Die Unternehmen sind immer auf der Suche nach Topkandidaten.

Auch die Arbeitgeber profitieren von dieser Entwicklung: Spezielle Computerprogramme ermöglichen es ihnen, Hunderte von elektronischen Lebensläufen abzurufen, nachdem sie entsprechende Schlüsselwörter für das Stellenprofil in eine Datenbank eingegeben haben (z. B. Jobtitel, Universitätsabschlüsse, Fremdsprachen, erwünschte Fachkompetenzen). Den Unternehmen stehen dafür Datenbanken auf ihren eigenen Websites oder Online Jobsites zur Verfügung.

Vorteile des Electronic Résumé auf einen Blick

- Bei der ersten Kontaktaufnahme umgehen Sie die klassischen Barrieren, wie sie die Sekretärin oder der Empfang oftmals darstellen.

- Nicht zu vergessen ist die Kostenersparnis bei Kopien und Porto.

- Der Zeitfaktor bringt die entscheidende Chance. Wenn Sie sich im Ausland bewerben und auf eine Anzeige reagieren möchten, liegt Ihre Mail ohne Verzögerung durch den Postweg dem Unternehmen vor. Auch ein interessierter Arbeitgeber verliert keine Zeit, wenn er sich an Sie wenden möchte.

Die Abschnitte eines Electronic Résumé

Ein elektronischer Lebenslauf ist folgendermaßen gegliedert:

- **Adresse**

  Ganz oben, mit vollständigen Angaben (E-Mail-Adresse, Telefon- und Faxnummer und Anschrift, und – falls Sie eine überzeugende Webseite haben – Ihre URL).

- **Subject Line**

  Es wird empfohlen, oben auf dem Lebenslauf eine aussagekräftige prägnante Titelzeile, sozusagen als „Banner Headline", zu formulieren, die den Arbeitgeber sofort erkennen lässt, welchen Nutzen Ihre Einstellung ihm brächte. Beispielsweise:

  - Senior Mechanical Product Design Engineer (CAD). 10 years experience.

  - Marketing Mgr/8 Yrs Exp/Foods/NY.

  - Sales Manager, 5 years of sales and marketing experience will add value to operations.

Die Bezeichnung der jetzigen Position oder der konkreten Stelle, die Sie anstreben, beziehungsweise ein Kurzabriss Ihres beruflichen Know-hows, gehört hierhin. Kein Arbeitgeber hat Zeit, Ihren Lebenslauf von A bis Z durchzulesen, um festzustellen, ob Sie qualifiziert sind. Die Subject Line muss ihm Ihre Pluspunkte in den ersten zehn Sekunden vermitteln.

• **Keyword Summary/Qualifications Summary/Highlights Statement**

Einige Bewerbungs- und Berufsberater empfehlen übrigens neuerdings, statt eines Berufsziels eine Zusammenfassung Ihrer für das Unternehmen interessantesten Skills und Attribute gleich an den Anfang Ihres elektronischen Lebenslaufs in Form einer „Keyword Summary" oder eines „Skills Statement" zu stellen. Diese Zusammenfassungen sind den unten zitierten Profiles ähnlich: Sie beschreiben in zirka zwanzig bis dreißig prägnanten Wörtern Ihren Background, Ihre fachlichen Kenntnisse und persönlichen Fähigkeiten (Soft Skills). Für diese Auflistung sollten Sie Substantive, durch Kommata oder Punkte getrennt, verwenden. Im Falle einer Bewerbung für eine Sekretärinnenstelle könnte das folgendermaßen aussehen:

– Secretary, administrative support, document preparation, special projects, time management, travel and meeting planning, customer service, organizational skills, telephone skills, team-player, word processing, Office 2001, 80 WPM, Excel.

Oder für einen Personalverantwortlichen:

– Human Resources Management. Administration. Organizational Development. Internal Consulting. Staffing. Supervision. Employer Relations. Wages and Salary. Benefit Plans. Staff Development. Regulatory Compliance (EEO/AAP/ADA/COBRA)

Oder für einen IT-System-Manager:

– Systems Engineer. Systems Analysis. Systems Integration. Systems Management. Network Design. LAN Administration. MS DOS. Windows NT. TCP/IP. Consulting. Presentations. Applications Support. Project Planning and Management. Budgets and Resource Planning. Customer Relations. Team Building and Leadership.

Die so wichtigen Keywords können Sie nicht nur in dieser dem Lebenslauf vorangestellten Auflistung unterbringen, sondern auch in den Sparten Experience, Accomplishments und Educational Background. Vergessen Sie nicht: Ihr elektronischer Lebenslauf hat das Ziel, Ihr Stärkenprofil überzeugend zu präsentieren. Ob Sie schließlich eine Einladung zum Vorstellungsgespräch erhalten, hängt im Wesentlichen von der Aussagekraft Ihrer Keywords ab (vgl. Liste S. 140).

• Career Profile/Profile

Häufig beginnen angloamerikanische Lebensläufe mit einem „Profile", auch „Executive Profile" oder „Career Profile" genannt. Es folgt auf die Adresse und beantwortet die relevanten Fragen des Arbeitgebers:

- Who are you?
- What can you do?
- What can you bring to our organization?

Mit Substantiven und kurzen Sätzen geben Sie einen Überblick über die wichtigsten Aspekte Ihrer Berufserfahrung, Ihre für die Stelle relevanten Kompetenzen und Ihre beruflichen Leistungen (Accomplishments). Die einzelnen Schlüsselwörter werden durch Punkte getrennt. Der erste Buchstabe wird dabei jeweils groß geschrieben. Sie können auch kurze Sätze – „Noun Phrases" – verwenden wie z.B.:

- Human resources management. 5 years experience in health care. Staffing.
- Dedicated professional with 15+ years of hotel experience. Management of a 4-star hotel. Administration. Human resource management. Sales and marketing. Budgeting and operations. Recognized as community leader.
- A goal-oriented manager with ten years' experience in a sales and marketing environment. Customer relations. Team building. Account management. Sales and trends analysis. Project management.

• Experience

Finden Sie über die Stellenanzeige, die Homepage des Unternehmens, über Firmenbroschüren etc. heraus, was der potenzielle Arbeitgeber konkret sucht und richten Sie auch diesen Abschnitt Ihres Lebenslaufs daran aus. Denn ausschließlich wenn Ihre Pluspunkte dem Anforderungsprofil der Firma entsprechen, haben Sie die Chance, zu einem Vorstellungsgespräch eingeladen zu werden.

Zu den einzelnen Stationen Ihrer beruflichen Laufbahn nennen Sie:

- Job Titles,
- Dates,
- Name of Organization,
- Places of Employment (nur den Ort, nicht die genaue Adresse),
- Work Responsibilities und Accomplishments.

Sie sollten unter „Accomplishments" beschreiben, wie Sie schon früher Ihre Kompetenzen erfolgreich in konkreten Berufssituationen eingesetzt haben und dies, wo irgend möglich, mit Zahlen belegen. Sie beweisen damit, welches Potenzial in Ihnen steckt und stellen sich als engagierten, hoch motivierten Mitarbeiter dar. Beispiele könnten folgendermaßen aussehen:

- Developed a new technique that increased production by 15 percent.
- Increased sales by 15 percent in 2004.
- Managed 50 person sales staff.

Die Beschreibungen Ihrer Tätigkeiten unter „Experience" spielen in einem elektronischen Lebenslauf eine bedeutende Rolle. Bei der Suche nach Keywords, die für die von Ihnen angestrebte Position relevant sein könnten, hilft das Internet weiter. Sehen Sie sich Stellenanzeigen auf Jobsites und Unternehmens-Homepages sowie in Online-Zeitungen und -Fachzeitschriften an und wählen Sie die Keywords aus, die den Aufgaben der neuen Position am ehesten entsprechen. Auch Unternehmensbroschüren sind eine Hilfe.

Eine interessante Adresse ist in diesem Zusammenhang beispielsweise: Bureau of Labor Statistics: www.bls.gov. Geben Sie z.B. unter Keyword Search den Begriff „Computer Programmer" ein, so finden Sie Tätigkeitsbezeichnungen inklusive prägnanter Schlüsselwörter.

• Education

Im elektronischen Lebenslauf sind die Angaben zur Ausbildung von besonderer Bedeutung. Sie umfassen verschiedene Ebenen:

- Schul- und Hochschulabschlüsse,
- Abschlüsse aus Weiterbildungsmaßnahmen,
- Honors etc.

Die Abschlüsse werden übrigens in elektronischen Lebensläufen zum Teil genauer beschrieben als im Papierlebenslauf, damit möglichst viele als Keywords von den Personalverantwortlichen respektive Scannern erkannt werden. Zu diesen gehören zum Beispiel:

- Ph. D. in Literature,
- Associate of Arts,
- MBA,
- Bachelor of Science.

Es wird allgemein empfohlen, deutsche Abschlüsse zu umschreiben, wenn es keine genauen Entsprechungen im Zielland gibt. Ein Beispiel: „Degree equivalent to U.S. Master's Degree in Economics." Sie sollten durch die Angaben, wann und wo Sie Ihre Abschlüsse erworben haben, ergänzt werden (vgl. S. 175).

- Bachelor of Science, NY University, 1999, Major: Industrial Engineering;
- Total Quality Management, Trinity College, 2005;
- Conversational French, XYZ College, Eastbourne, 1999;
- Software Engineering Course, XYZ Institute, Hamburg, 1998.

• Special Skills

Einige Datenbanken sehen eine Sparte vor, in der Sie Ihre Zusatzqualifikationen erwähnen können. Dazu gehören neben Sprachkenntnissen vor allem Computer Skills. Arbeitgeber erwarten heutzutage Computerkenntnisse, egal in welchen Berufsfeldern Sie auch tätig sind. Sie können Ihre Angaben dazu folgendermaßen gliedern:

Computer Skills

- Operation Systems Used: Windows NT, Digital Unix, DOS.
- Hardware Used: Digital Alpha, IBM Mainframes, MAC.
- Software and Databases Used: Microsoft Office: Word, Excel, Visual Studio (Visual C++), Lotus 1-2-3 (spread sheet).
- Programming Languages: Fortran, Basic, HTML.

Languages

- German: Native speaker,
- English: fluent, written and spoken.
- Italian: near-native competence,
- French: excellent knowledge,
- Dutch: good,
- Spanish: conversational,
- Chinese: basic knowledge.

• Affiliations

Hier werden Mitgliedschaften in Berufsverbänden erwähnt, aber auch solche die nicht unmittelbar aus beruflichen, sondern aus anderen Zusammenhängen stammen, beispielsweise einem Engagement in einem Verein.

Auch damit belegen Sie, dass Sie erfolgreich sind.

– Chemical Society, admitted as Member: 1993.
– American Society of Mechanical Engineers, 2001 to present.
– Hamburg Rowing Club, active member from 1995 to 2003.

• Awards

Auch Preise und Auszeichnungen können in einem elektronischen Résumé von Interesse sein.

– The Art Directors Club 77th Annual Award 1998 (Merit Award)
– Awarded for best paper in the field of Hydrology.

 ## Hinweis!

Hieß es früher, dass ein Lebenslauf nicht länger als eine Seite sein solle, so wird es akzeptiert, dass elektronische Résumés weit mehr Seiten umfassen. Hochkarätige Bewerber, etwa mit 10-jähriger Berufserfahrung, sollten sich ruhig mehr Platz für Ihre Angaben nehmen. Unter unseren Musterlebensläufen finden Sie derartige Beispiele. Mit dem Abschnitt „Accomplishments" machen Sie deutlich, wie das Unternehmen ganz konkret von Ihrem Engagement und Ihrer Kompetenz profitieren könnte, d. h. welchen Problemlösungswert Sie ihm brächten. Was Sie in der Vergangenheit schon geleistet haben, werden Sie auch für einen neuen Arbeitgeber in Zukunft leisten, davon ist auszugehen.

Keywords in Electronic Résumés

Wir haben schon darauf hingewiesen, dass spezielle Softwareprogramme es den Arbeitgebern ermöglichen, Keywords in Datenbanken einzugeben, die für das Stellenprofil wichtig sind und dann Lebensläufe, zum Teil mit Ranking, aufzurufen. Wenn Sie wollen, dass Ihr Résumé entdeckt wird, dann müssen Sie also darauf achten, dass es möglichst aussagekräftige Schlüsselwörter zu Ihrer Branche und Ihren Qualifikationen (Bildungsabschlüssen, Berufserfahrungen, Skills) enthält.

Für den Bereich Buchhaltung bzw. Kundendienst könnten die Keywords folgendermaßen aussehen:

- **Accounting Manager**

– Payroll,	– Capital Expenditures,
– Tax Preparation,	– General Ledger,
– Sales and Use Tax,	– Customer Audits,
– Employment Taxes,	– Purchasing,
– Corporate Income Taxes,	– Property Documentation,
– Employee Benefits,	– Invoice Verification,
– Cost Systems,	– Consulting,
– Cash Flow,	– Training and Supervising,
– Accounts Receivable, Accounts Payable,	– Exceptional Oral and Written Communication Skills,– Detail-oriented Executive,
– Budget Management,	
– Financial Statements,	– Self-motivated Professional with Extensive Accounting Experience,
– Data Collection,	
– Expense Tracking,	– Strong Background in all Areas of Accounting Systems,
– Software Programs,	
– Computer System Setup,	– Exceptional Analytical and Organizational Skills.
– Analysis,	

Oder ein Beispiel für den Bereich Kundendienst:

- **Customer Service Manager**

– Customer Development Program,	– Exceptional Communication Skills,
– Customer Needs Assessment,	– Computer Skills,
– Consumer Groups,	– Excellent Telephone Skills,
– Customer Satisfaction Survey,	– Problem Solving,
– Customer Retention,	– Trouble-shooting,
– Customer Loyalty,	– Interacting with Customers
– Customer Credit Control,	– Dealing with Customer Inquiries,
– Customer Focus Groups,	
– Customer Liaison (Domestic and Overseas),	– Instructing and Training new Employees,

- Client Relations,
- Client Correspondence,
- Call Center Management,
- Market Research,
- Telemarketing,
- Service Quality,
- Records Management,
- Key Account Manager,

- Reducing Potential Problems,
- Maintaining Quality Control Records,
- Self-motivated Professional with Extensive Accounting Experience,
- Strong Background in all Areas of Accounting Systems,
- Exceptional Analytical and Organizational Skills.

Versand des elektronischen Lebenslaufs

Lesen Sie das Kleingedruckte in den Stellenanzeigen genau: Häufig steht dort: „A plain text document sent in the body of the message", das bedeutet, das Unternehmen wünscht eine ASCII/Textversion, d.h. ohne grafische Extras (wie Unterstreichungen, Italics etc.). Eventuell werden Sie auch gebeten, einen formatierten Text (mit allen möglichen Layout-Details) als Attachment zu senden – das sollten Sie aber nur tun, wenn Sie sicher sind, dass der Arbeitgeber über ein kompatibles Programm verfügt. In einigen Fällen wird auch ein HTML-Lebenslauf, eine eigene Website des Bewerbers, erwartet, dies ist meistens im Grafik-Design-Bereich der Fall. Einige Experten empfehlen darüber hinaus, bei dem Unternehmen anzurufen und zu fragen, ob zusätzlich ein Résumé auf Papier erwünscht ist. Diese Version wird meistens in eine Datenbank eingescannt. Ihren elektronischen Lebenslauf können Sie auf unterschiedliche Art und Weise verschicken:

- als Attachment an eine E-Mail,
- in E-Mail integriert,
- auf einer Web-Jobsite,
- auf einer Unternehmenssite,
- auf einer eigenen Website,
- als PDF-Datei.

Den Lebenslauf als pdf-Dokument zu mailen hat folgende Vorteile: Der Umfang ist um ein Vielfaches kleiner als z.B. bei einem Word-Dokument, vor allem, wenn Sie ein Foto beifügen. Wenn ein Bewerber ein pdf-Dokument schickt, zeigt er damit, dass er sich mit modernen PC-Mechanismen auskennt und über die entsprechende Software verfügt. Der Datenschutz ist gewährleistet, da ein pdf-Dokument nicht verändert werden kann. Egal, welche PC-Version der Counterpart hat, das Layout bleibt immer erhalten.

Layout des Electronic Résumé

Um sicherzustellen, dass Ihr gemailter elektronischer Lebenslauf von den potenziellen Arbeitgebern im In- und Ausland gelesen werden kann, sollten Sie folgende Regeln beachten:

- **Schrift**

  - Die Lesbarkeit hat höchste Priorität. Deshalb wird die Schrift so ausgewählt, dass die Buchstaben voneinander sauber getrennt sind (z.B. können Sie Helvetica oder Times verwenden, zehn bis vierzehn Punkt groß sollte sie sein). Auch Arial und Courier werden empfohlen:

  - Ihren Namen sollten Sie immer in der größten von Ihnen gewählten Schrift schreiben.

  - Verwenden Sie für Aufzählungen Bullets, d.h. geschlossene Punkte, damit sie nicht mit einem „o" zu verwechseln sind.

  - Benutzen Sie keine vertikalen Linien.

  - Vermeiden Sie Tabulatoren und Texthervorhebungen.

  - Schreiben Sie „%" und „&" aus, da diese Zeichen in gescannten Lebensläufen nicht zu lesen sind.

  - Ersetzen Sie Umlaute durch Vokale und „ß" durch Doppel-S, da Sie damit im englischsprachigen Raum Verwirrung stiften.

- **Überschriften der einzelnen Abschnitte**

  Die Überschriften werden links gesetzt und in Großbuchstaben geschrieben:

  - KEYWORD SUMMARY,

  - EXPERIENCE,

  - EDUCATION.

- **Abstände**

  Lassen Sie viel Platz zwischen den einzelnen Abschnitten sowie am Rand (2,5 Zentimeter auf allen Seiten), dann liest sich der Lebenslauf leichter, wenn er eingescannt bzw. gemailt ist.

- **Seitenzahl**

  Die Regel, nie mehr als ein bis zwei Seiten zu liefern, trifft auf elektronische Lebensläufe nicht zu. Mittlerweile kommen durchaus auch umfangreichere Résumés gut an, so z. B. wenn Führungskräfte sich bewerben oder Mitarbeiter aus der Computerbranche, die alle ein bis zwei Jahre die Stellen wechseln. Achten Sie allerdings darauf, dass die wichtigsten Informationen auf der ersten Bildschirmseite stehen. Der Leser soll nicht mit der Lupe danach suchen müssen!

- **Absender**

  Ihr Name erscheint auf der ersten Seite oben und wird auf den nachfolgenden Seiten jeweils wiederholt.

- **Subject Line**

  Denken Sie auch an die „Betreffzeile". Schreiben Sie aber nicht „Résumé" oben auf die Seite, sondern Jobtitel und Berufserfahrung in Kurzform, etwa: „Technical Engineer - 5 Yrs. Exp."

  Diese Zeile, das erste, was potenzielle Arbeitgeber in der Datei lesen, muss informativ und attraktiv sein. Beachten Sie auch in diesem Zusammenhang unbedingt die Instruktionen der Datenbank.

Hinweis!

Das amerikanische Standardpapierformat (Letter) entspricht nicht dem deutschen DIN-A4. Dies ist auch von Bedeutung, wenn Sie eine E-Mail schreiben. Ihr im DIN-A4-Format geschriebener Text würde nicht auf die amerikanische Seite passen, deshalb ist es wichtig, das Format richtig auszurichten. Nutzen Sie dafür unter „Datei/Seite einrichten" das Format „Letter".

Website Résumé

Ihr elektronischer Lebenslauf als persönliche Homepage, entspricht dem neuen Trend und kann sich als Pluspunkt für Sie erweisen, besonders wenn Sie sich in den Sparten Design und EDV bewerben. Web Résumés sind allerdings nicht so verbreitet wie E-Mailable und Scannable Résumés. Eigene Websites können Sie mit Grafiken, Videoclips und Tonsequenzen – z. B. von Arbeitsproben – bereichern. Die so genannten

Portfolios werden immer beliebter und sind nicht mehr nur in den Bereichen EDV und Grafik zu finden. Sie umfassen im Allgemeinen zirka vier Seiten, können aber auch bis zu zehn Seiten haben. Website-Résumés haben den Vorteil, dass die Bewerber auch Beispiele ihrer Arbeit zeigen können wie:

- Unterrichtseinheiten von Lehrern,
- Dokumentationen von Ausstellungen,
- Projekte von Ingenieuren,
- Artikel von Journalisten,
- Fotos und Bilder von Künstlern.

Weitere Tipps und Muster finden Sie natürlich im Internet.

An wen schicken Sie Ihren elektronischen Lebenslauf am besten?

Senden Sie Ihren Lebenslauf aber nicht wahllos an zig Datenbanken. Jeder merkt sofort: Das ist eine Massensendung und die Aktion bringt kein Resultat. Es kommt darauf an, dass Sie die Datenbanken gezielt auswählen, in die möglichst die Arbeitgeber reinsehen, bei denen Sie tätig werden möchten. Wenn Sie überlegen, an wen Sie Ihre Online-Bewerbung schicken sollen, wägen Sie zwischen folgenden Präferenzen ab:

- Jobsites

  Ihren elektronischen Lebenslauf lassen Sie bei einem großen Career Center in eine Résumédatenbank eingeben, wenn Sie wollen, dass er von möglichst vielen gelesen wird, z.B. an Monster, CareerBuilder (USA) oder SEEK (Australien). Wenn Sie weniger breit, aber gezielter suchen möchten, schicken Sie Ihren Lebenslauf an eine der kleineren berufsspezifischen oder lokalen Jobsites. Zum Beispiel konzentriert sich JobStar auf die Regionen San Francisco und Los Angeles, Medzilla auf den Medizin- und Pharmabereich, ExecuNet auf die Zielgruppe der Manager und Executives. Im Anhang führen wir unter „Jobsites" relevante Internetadressen zu verschiedenen Ländern auf (vgl. Kap.7).

- Unternehmen

  Sie können Ihren Lebenslauf aber natürlich auch direkt an ein Unternehmen auf ein bestimmtes Stellenangebot mailen, das Sie auf seiner Website gefunden haben. Oder Sie schicken eine Initiativbewerbung. Vergessen Sie dann nicht, zuvor den richtigen Ansprechpartner herauszufinden, damit Ihr Résumé gleich auf seinem Schreibtisch bzw. Computer landet.

Machen Sie sich die Mühe, sich über jedes einzelne Unternehmen zu informieren und Ihre Bewerbung auf die Bedürfnisse des jeweiligen Arbeitgebers abzustimmen. Internetadressen, die Ihnen diese Arbeit erleichtern sollen, haben wir im Anhang dieses Buchs aufgelistet.

Wichtig: Nachhaken!

Und fassen Sie nach, wenn Sie einige Zeit nach dem Versenden keine Bestätigung bekommen haben. Sie können im Unternehmen anrufen, um sich und Ihren Lebenslauf in Erinnerung zu bringen: „Good morning, Mrs. Peters, I am Christa Hansen from Cologne in Germany. I am the senior engineering manager who sent you a letter last week saying that I had just finished a XY project in Mali. I'm sure I could make a similar contribution to the new project you are planning in Senegal. Would it be possible to discuss ....“ (Hier ist wieder einmal Ihre Kurzpräsentation als Basis gefragt.)

Datenschutz beachten

Bevor Sie Ihren Lebenslauf an eine Datenbank schicken, vergewissern Sie sich, ob er vertraulich behandelt wird. Es gibt verschiedene Arten von Datenschutz:

* open,
* password-protected,
* candidate-controlled.

Wenn Sie Ihren Lebenslauf an Online-Datenbanken schicken, riskieren Sie, dass er „Public Domain“, d.h. für jeden öffentlich zugänglich und verwertbar wird. Es kann durchaus vorkommen, dass Ihr Résumé von anderen Datenbanken weitergereicht wird, ohne, dass Sie zuvor um Ihr Einverständnis gebeten werden. Lesen Sie also das Kleingedruckte zum Thema „Confidentiality“/„Privacy“. Viele Résumédienste ermöglichen es Ihnen, ein Passwort anzugeben, einige reichen Ihren Lebenslauf nur dann an potenzielle Arbeitgeber weiter, wenn Sie vorher Ihr Einverständnis erklärt haben.

Tipp!

Halten Sie auf jeden Fall schriftlich fest, an wen Sie Ihren elektronischen Lebenslauf geschickt haben, inklusive der genauen E-Mail-Adresse und Ihres Passworts. So behalten Sie den Überblick über Ihre Bewerbungsaktivitäten und verfügen über die Daten, wenn Sie den Lebenslauf aktualisieren oder aus der Datenbank herausnehmen möchten.

5.2.4 Scannable Résumé

Wenn Sie einen Papierlebenslauf an ein Unternehmen oder eine Personal-
vermittlung schicken, können Sie davon ausgehen, dass er zunächst ge-
scannt und in eine Datenbank eingegeben wird. Damit die Lesbarkeit des
Lebenslaufs nach dem Scannen nicht leidet, darf er im Gegensatz zum
klassischen Papierlebenslauf weder grafische Extras noch Sonderzeichen
aufweisen. Sie sollten die folgenden Hinweise unbedingt berücksichtigen,
wenn es um die „scannable" Version Ihres Lebenslaufs geht:

- Schreiben Sie nicht zweispaltig, das könnte nach dem Scannen die
  Lesbarkeit erschweren.
- Vermeiden Sie auch vertikale und horizontale Linien. Unterstreichen
  Sie die Keywords nicht!
- Wählen Sie geeignete Schriften aus. Times, Palatino, Helvetica und
  Bookman bieten sich an. Die Größe sollte zwischen 10 und 12 Punkt
  liegen.
- Drucken Sie den Lebenslauf auf weißem Papier aus.
- Das Papier darf nicht zu schwer sein.
- Benutzen Sie einen hochwertigen (Laser-)Drucker.
- Das Papier sollten Sie nicht falten und gar Seiten zusammenheften.
- Oben auf dem Lebenslauf stehen nur der Name, die Adresse und
  Telefonnummer und E-Mailadresse, alles jeweils in einer gesonderten
  Zeile.
- Schicken Sie den Lebenslauf nicht per Fax – es sei denn, der Arbeit-
  geber wünscht dies ausdrücklich. Die Unternehmen haben oft Probleme
  mit dem Scannen gefaxter Seiten, häufig müssen Lebensläufe sogar
  abgeschrieben werden, um sie danach einscannen zu können, was
  sehr lästig ist.
- Und, besonders wichtig: Stellen Sie Ihrem Lebenslauf eine Zusammenfassung Ihrer Qualifikationen voran, in der möglichst viele Keywords enthalten sein sollten (Keyword Summary, Qualifications Summary, Profile). Dadurch steigern Sie die Chancen, dass er in den
  Datenbanken von Arbeitgebern entdeckt wird.

Übrigens: Inzwischen ist die Technik weiterentwickelt. Statt Lebensläufe zu
scannen, lassen sich viele Unternehmen und Recruiters sowie Internet-
Jobbörsen die Lebensläufe direkt per E-Mail auf ihre Websites schicken.
Auch ASCII-Lebensläufe nehmen ab (vgl. S. 155).

Von Fettnäpfen und Stolperfallen: Unterschiede zwischen dem amerikanischen Résumé und dem englischen CV

In Großbritannien gehen die Uhren anders und es ist von großer Bedeutung, dass Sie wissen, was in England im Vergleich zu den USA anders behandelt wird. Mit dem Namen fängt es schon an. Im Vereinigten Königreich wird der Lebenslauf nicht wie in Amerika als Résumé bezeichnet, sondern als Curriculum Vitae oder kurz CV. Ein wesentlicher Unterschied besteht darin, dass einige persönliche Angaben, die in den USA wegfallen, in Großbritannien erlaubt sind. Britische Experten empfehlen zwar, auf folgende persönliche Daten im CV zu verzichten:

- Geschlecht,

- Familienstand,

- Alter,

- Geburtsort,

- Mädchenname,

- Beruf des Ehepartners,

- Religionszugehörigkeit.

Es ist aber in England nicht gesetzlich untersagt, Alter und Familienstand im Lebenslauf anzugeben. So kann die Altersangabe für den Arbeitgeber durchaus von Interesse sein. Ob Sie den Familienstand erwähnen, ist optional. Fotos werden dem britischen CV im Allgemeinen nicht beigefügt, es sei denn, der Arbeitgeber wünscht dies ausdrücklich. Die Angaben zur Person können Sie im britischen Lebenslauf an das Ende stellen, um die Zeilen oben für wichtigere Informationen zu nutzen wie Job Objective und Career Summary. Das ist es, was zählt und den Arbeitgeber motiviert, weiterzulesen.

Im amerikanischen Lebenslauf ist man vorsichtiger beim Aufzählen von Hobbys als in Großbritannien. Freizeitaktivitäten werden bestenfalls erwähnt, wenn Sie nachweislich herausragende Leistungen erbracht haben. Für den britischen Geschmack sind die amerikanischen Lebensläufe oft etwas „over the top", vor allem, wenn sich die Bewerber in den Sparten „Profile" und „Experience" zu blumenreich anpreisen, das Gleiche gilt für die Bewerbungsanschreiben. Mit „Academic CV" wird in Amerika übrigens der Lebenslauf eines Bewerbers mit akademischem Background beschrieben, der eine Hochschullaufbahn anstrebt.

5.2.5 Europass-Lebenslauf: Türöffner für die EU

Für Bewerbungen bei öffentlichen und privaten Arbeitgebern in den verschiedenen Ländern der EU finden Sie auf den EU-Webseiten den Europass-Lebenslauf und einen Leitfaden, wie Sie ihn ausfüllen und worauf Sie dabei besonders achten sollten. Damit will die EU erreichen, dass innerhalb der Mitgliedsstaaten die Mobilität von Arbeitnehmern erleichtert wird. Den Europass-Lebenslauf gibt es zurzeit für fünfzehn Sprachen der EU. Schauen Sie nach auf:

http://europass.cedefop.eu.int/europass/preview.action?/locale id=4

oder

www.europa.eu.int/epso/index_de.htm

Die Formatvorlage des Europass-Lebenslaufs ist so aufgebaut, dass Sie Ihre Qualifikationen und Kompetenzen logisch und übersichtlich darstellen können. Unter anderem werden Sprachkenntnisse, Computerkenntnisse, Soft Skills und technische Fertigkeiten abgefragt. Sie können auch ein Foto beifügen. Zwar haben Sie weniger Möglichkeiten, im Europass-Lebenslauf Ihre individuellen Pluspunkte zur Geltung zu bringen, da Sie sich an das vorgegebene Schema halten müssen, andererseits können die Arbeitgeber der EU-Mitgliedsstaaten sich schnell über die Qualifikationen und Berufserfahrungen der Bewerber informieren.

 Hinweis!

Selbst wenn Sie Ihren Lebenslauf mit großer Sorgfalt erstellt und korrigiert haben, enthält er mit großer Wahrscheinlichkeit noch Fehler, die Sie selbst – weil Sie nicht Muttersprachler und womöglich betriebsblind sind – nicht mehr finden werden. Lassen Sie ihn daher von jemandem, der kompetent ist, auf sprachliche Richtigkeit, Orthografie, Trennungsfehler, Klarheit und Überzeugungskraft durchlesen.

5.3 Beispielhaft! 10 Lebensläufe, die überzeugen

Bitte beachten Sie, dass wir aus drucktechnischen Gründen die Texte enger gesetzt haben, als sie erscheinen sollen. Denn das Textfeld unseres Buchs ist nur 11,5 x 16,9 cm groß und die Seite Ihres Lebenslaufs hat ein DIN-A4-Format bzw. das amerikanische Standardformat, welches mehr Platz zulässt.

Carrie Alexandra NYC

123, Morris Avenue, Falmington, New York, 112 (516) 736-1234
carral@yahoo.com

Objective

To obtain an internship with an international corporation that will offer me an opportunity to develop my own management and interpersonal skills.

Education

State University of New York College at Genesceo, New York
Bachelor of Arts in Business Management to be awarded October 2003
Cumulative GPA 3.4

Schiller International University, Heidelberg, Germany
Spring 2000 Study Abroad Program

Work Experience

Winter 2002	**Gentile Commodities,** World Trade Center, New York, NY
Spring 2001	Intern position as clerk on the floor of the commodities exchange. Duties included receiving and issuing sugar and coffee options orders, providing support for clerical staff and interfacing with customers.
Winter 2001	**ILT Systems, Inc.,** Two Penn Plaza, New York, NY Special projects for Roslyn Savings Bank MIS department. Responsibilities included: administering software program, creating computer files and preparing reports.
Summers 2001- 2003	**Recreation Department,** Brookhaven, Patchogue, NY Beach Lifeguard. Responsible for public safety at town beaches and pools.

Certification

Red Cross Lifeguard

Activities

Alpha Delta Epsilon social sorority Finance Club

References

Available upon request

* BE steht für British English, AE steht für American English

CLIFFORD W. SANDBERG

| Phone: (719) 555-1234 | 1234 Hardy Road, Black Forest, CO 80908 | E-mail: dws@mci.com |

PROFILE
- Experienced programmer, analyst, project leader, and product manager.
- Major contributor to the development of ANSI repository standard.
- Team-oriented professional with superior analytical abilities.
- Skilled in PVCS, MS Project, MS Office, MS Access, and Lotus Notes.

EXPERIENCE

TECHNOLOGY INNOVATION
- Introduced a formal software deployment process for MCI's distributed systems management tool.
- Developed program plan, marketed to internal customers, and supervised installation of The Platinum Repository into MCI's mainframe environment.
- Developed $130 million commercial product program to extend data dictionary product and consulting business for Compaq Corporation.
- Adapted repository program to support Year 2000 migration requirements.
- Received two recognition awards for repository introduction program and program transition management.

PROGRAM PLANNING
- Designed third-party software integration program, including support planning, documentation, and contracts..
- Managed financial and functional aspects of vendor contracts and maintained relationships.
- Proposed and designed agreement for sale of $20 million software business.
- Developed $30 million business plan and justification for repository consulting and support business at Compaq Corporation.
- Designed and implemented internal data management program, linking multiple analytic and development groups in a shared resource environment.

COMMUNICATION
- Wrote multiple external customer and general audience presentations regarding repository, software environments, and life cycles.
- Wrote „Digital Dictionary Environment Usage Guide" for customer use.
- Edited and published „Compaq's Distributed Repository" as a product marketing aid.
- Featured speaker for Digital Consulting, Inc., repository seminar series (audience of 400) and for Data Administration Management Association and Compaq customer seminars.

BACKGROUND

MCI, Development Group, Colorado Springs, CO (1998 - Present)
COMPAQ CORPORATION, Software Engineering, Nashua, NH (1994 - 1997)
COMPAQ CORPORATION, Technology Transfer, Maynard, MA (1990 - 1993)

EDUCATION

ONGOING CIS STUDIES, University of Colorado, Colorado Springs
MASTER OF BUSINESS ADMINISTRATION, University of Maine, Portland
BACHELOR OF ARTS, ECONOMICS, University of Massachusetts, Amherst

SHERI HENRY, CPA

1234 Sand Road • Woodland Park, Colorado 80863 • (719) 555-1234 • E-Mail: sheri_haenry@gmx.net

PROFILE
- Detail-oriented executive with extensive corporate and public accounting experience in:
  - Consulting
  - Auditing
  - Tax preparation
  - Controller
  - Business management
  - Supervision
- Self-motivated professional with exceptional oral and written communication skills

EXPERIENCE

CONTROLLER (1997 - present)
ExecuTrain of Colorado, Colorado Springs, Colorado
- Direct the financial activities of one of the nation's largest business training firms generating 1998 revenue of $10 million (projected $18.6 million in 1999).
- Establish management policies and major economic objectives.
- Prepare forecasting, business combinations, financial statements.
- Responsible for budgeting, cash flow, accounts receivable, accounts payable, and depreciation.
- Administer payroll, insurance, and employee benefits.
- Interviewed, hired, trained, and supervised 12 employees.

SENIOR ACCOUNTANT (1995 - 1997)
Baird, Kurtz and Dobson, CPAs, Colorado Springs, Colorado
- Prepared tax returns for complex corporations, estates, and nonprofit organizations.
- Audited large manufacturing and construction clients.
- Consulted with clients on cost systems and computer system setup.
- Supervised department personnel and schedule workloads.
- Promoted to Senior Accountant within 16 months.

OWNER (1993 - 1995)
Accounting Services, Durango, Colorado
- Owned and managed a small accounting practice with 4-6 employees.
- Clients included manufacturing companies, resorts, restaurants, retail stores, and nonprofit organizations.
- Successfully installed manufacturing cost systems for a national hat manufacturer.
- Consulted with a major resort to identify cash flow problems and implemented a successful reorganization plan.
- Assisted in pricing products and obtaining bank financing for the project.

EDUCATION

BACHELOR OF ARTS IN ACCOUNTING (1994)
Fort Lewis College, Durango, Colorado
Magna Cum Laude

COMPUTERS
- Developed and installed computerized accounting systems.
- Experience with Lotus, Excel, Peachtree, MAS90, Solomon, AccPac, Business Works, FasTax, Microsoft Word, WordPerfect, RIA research software, BNA tax management research software, among others.

Sabine Klug

15 Mountain Road
Melbourne, VIC 1015
Phone/fax: (61 3) 1234 5555
Email: sklug@klug.net.au

Project/Event Manager with 12 years experience in Sports (Sydney 2000 Paralympic Games), and industrial exhibitions in IT, Food and Tourism.
Can do, results-driven, highly organised, efficient, with keen eye for detail, multilingual.
Excellent communication skills. Definite abilities in leadership and team building.

Professional Career

SOCOG Sydney Organising Committee, Australia   1998 - 2000
Regional Manager

Responsible for the coordination and communication with up to 40 of the participating Delegations of the Sydney 2000 Olympic Games.

Achievements:

- Developed documentation standards and created an Instruction Folder (up to 1000 pages) to ensure efficient registration and transition to the event for the participating Delegations. Coordinated compilation and distribution of this Registration Package to 130 Delegations.

- Coordinated 8 Delegation visits prior to the event to ensure complete needs analysis covering all relevant areas such as Accreditation, Olympic Village, Transport and Logistics.

- Successfully coordinated the program for a Delegation Managers' Seminar including 3 site-tours, 4 workshops, 23 presentations and 45 scheduled individual meetings over a 4-day period. The seminar was extremely well received by the attendees as well as the Management of the Sydney 2000 Organising Committee.

- Successfully developed the first stage of the recruitment process for 400 volunteers with multicultural experience and language skills. Targeted ethnic communities, media and universities. Developed and conducted group interviews to select these volunteers and assisted in job specific training.

- Presented progress of preparations to the International Olympic Committee (IOC) and internal staff.

All Australia Projects Pty Ltd, Melbourne Australia   1996 - 1998
Public Relations/Events Personal Assistant

Responsible for the Public Relation and administrative support of the Chairman, Directors, Company Secretary and Administration Manager.

Achievements:

- Assistance in Public Relations Procedures and Projects
- Improved client database to meet project time frame thus solving a long standing problem.
- Enhanced database to provide Board of Directors with more relevant information.
- Successfully organised several company events.

Future Events GmbH, Frankfurt Germany   1995
Project Manager

As a contractor, I was employed to trouble-shoot the Customer Service Centre.

Achievements:

- Restructured Customer Service Centre achieving greater sense of purpose and responsibility for customer service.
- Improved internal and external communication with key stakeholders resulting in improved productivity and greater job satisfaction.
- Improved time frame to resolve complaints or enquiries about customer satisfaction.

Konzepte GmbH, Messe- und Veranstaltungsorganisation   1988 - 1995
Frankfurt, Germany
Owner/Operator

Responsible for the organisation and coordination of conferences, seminars, exhibitions Public Relations and marketing consulting.

Achievements:

- Successfully organised numerous participations at international trade shows (e.g. CeBIT in Hannover, Germany) for different companies in Food, IT and Tourism on time and budget.
- Successfully organised many different events including „road-shows" (e.g. product launches), press conferences and corporate functions.

Education

Currently enrolled in Cultural Management and Marketing Studies by correspondence at the University of Hagen, Germany.

1999	Certificate in Spanish Level III, NSW TAFE
1998 - 1999	Event Leadership Training, NSW TAFE
1983 - 1988	Studies of Roman Philology, Ethnology and Philosophy at the University of Munich, Germany.
1983	Schiller Gymnasium, Munich, Germany Abitur (High School Diploma)

Languages

German (native)
English (fluent)
French (conversationally fluent)
Spanish (understand written/verbal)

Tanja FINSTERBUSCH
Grugaplatz 10
45137 Essen
0049 201 76 13 02
tanja.finster@t-online.de

Profile

An experienced computer-literate administrator with excellent secretarial and organisational skills.

Professional experience

1999 - present	Assistant in the Press Department, Viterra Energy Services AG, Lyons, France
	Responsible for team support, translations, interpreting for visiting groups, producing press releases, liaising with the press
1996 - 1999	Administrator in the Press Department of Viterra Energy Services AG, Essen
	Duties included internal communication, contributions to in-house journal, external presentation of the company, compilation of promotional material in English and German
1994 - 1996	Administrator in Heidenheim at Voith Sulzer Papiertechnik, Export Department
	Responsible for business transactions

Education and professional qualifications

1998 - 1999	Training as Multilingual Secretary (English, French), WIPA School, Essen
May 1999	Final examination at the Essen Chamber of Commerce; Grade: 1,0 („very good")
1992 -1994	Official qualification in wholesale and import-export administration at Neoplan GmbH, Essen
May 1994	Final examination at the Essen Chamber of Commerce; Grade: 1,3 („very good")
1989 - 1990	School year abroad in Brisbane, Australia

Languages	English, French: fluent, written and spoken
PC skills	Office applications, SAP R/3

Personal Details

Date of birth:	7 March 1973
Nationality:	German
Interests:	Computers, playing tennis, windsurfing, reading
References:	Available on request

From: N.Petersen@t-online.de
To: hsamuels@Bertelsmann.com
Cc:
Subject: Marketing Professional with international experience
               and strong technology background

Dear Dr. Samuels:

I am writing to inquire about a possible career with Bertelsmann USA. Currently, I am finishing my postgraduate degree about Relationship Management on the Internet at the University of Cologne in Germany. It is through this work and my practical experiences that I have become very fascinated by the business opportunities arising in your industry. As the next move in my career, I would like to work on the cutting edge in the United States where the market for online publishing and services is shaped.

Bertelsmann has proven to be the most influential player in this business, and working for you will provide the challenge I am seeking. On the other hand, I am confident that I can make a significant contribution to your company through my background, which you will find detailed in the following text résumé. In addition to the marketing orientation of my studies, I have focused on international management issues by obtaining a Master of International Management. I am also fluent in German, English, and French.

I believe my potential for a marketing position could be more fully demon-strated in a personal interview. I will be traveling to New York in March and would like to meet with you, if that is possible. I will call you next Wednes-day to see if there is a mutually convenient time we can get together. In the meantime, you can reach me by e-mail or at the phone number below. Thank you for your consideration.

Sincerely,

Norbert Petersen
Dueppelstr. 53
47789 Krefeld, Germany
Telephone: +49 3151 123456

OBJECTIVE

++

A challenging marketing management position with a fast-paced IT company, working closely with senior management.

PROFILE

++

Creative marketing professional with extensive international experience and a strong technology background. Committed to maintaining strong customer relationships. Skilled at taking an analytical approach to problem solving. Highly motivated team player who helps others to develop their ideas. Positive and friendly attitude; exceptional communication skills. Cross-culturally sensitive; fluent in German, English and French; knowledge of Spanish. Traveled throughout Europe, Southeast Asia, United States, Central America, and Africa.

EDUCATION

++

DOCTORAL DEGREE IN MARKETING (first quarter of 2000)

University of Cologne, Germany

Thesis accepted: „Meeting Buyer and Seller Information Needs by Means of Internet-Based Relationship Management"

MASTER'S DEGREE (1998)

Community of European Management Schools (CEMS)

BACHELOR OF BUSINESS ADMINISTRATION (1997)

University of Cologne, Germany

Completed a five-year program in Business Administration, majoring in Marketing, Organizational Strategy, and Economic Psychology (Diplom-Kaufmann, honors degree). Published working paper „Mass Customization of Services"

STUDY ABROAD (1989 to 1990)

Northfield Mount Hermon Boarding School, Massachusetts, USA

RELEVANT EXPERIENCE

++

FREELANCE PROJECT MANAGER (1996 to 1997)

PiroNet Gesellschaft fuer multimediale Kommunikation mbH, Cologne, Germany

Successfully led the development of concepts for corporate Web sites. Met with clients to determine preferences for site appearance, purpose, and content. Coordinated the work of designers and programmers. Programmed basic HTML code. Calculated budgets and monitored timely completion of projects.

WORKSHOP MODERATOR (1996 and 1998)

OFW, Cologne, Germany

Participated in the organization of the 1995 and 1997 International Business Conferences in Cologne. Moderated workshops in German and English.

BUSINESS ANALYST INTERN (Summer 1996)

IBM Eurocoordination Headquarters, Paris, France

Analyzed business proposals to the New Markets Investments Branch of IBM. Researched the market for video games and 3-D hardware in the preparation for strategic investment decisions. Reported results to upper management and briefed them on the Internet.

PROMOTION TEAM LEADER (1994 to 1996)

ADP Promotions, Duesseldorf, Germany

Led teams in the development of promotional campaigns for companies such as Philip Morris, Pizza Hut, Dunhill, and Hugo Boss. Promoted their products to targeted groups. Managed equipment, sample stock, and team schedules. Reported results directly to the project managers.

Joyce Fielding

123 Clifford Road
Aurora, CO 80918
Telephone: (719) 111-1234
E-Mail: joyce1996@yahoo.com

PROFILE

- Highly experienced legal administrative assistant.
- Background in human resources and insurance areas.
- Creative, detail-oriented and highly dependable.
- Strong planning, organizational and communication skills.
- Skilled in IBM PCs, WordPerfect, and Microsoft Word.

EXPERIENCE

LEGAL ADMINISTRATIVE ASSISTANT (1996 - Present)
Gerlach & Weddell, P.C., Colorado Springs, Colorado

Administrative assistant for a law firm specializing in worker's compensation and social security claims.

- Prepare legal documents and correspondence, including briefs, summons, complaints, motions, and subpoenas.
- File claims with the Division of Labor and insurance companies.
- Prepare court exhibits, maintain law libraries, order office supplies.
- Prepare and execute settlement distributions.
- Work closely with clients to ensure satisfaction with services.
- Schedule hearings, depositions, attorney conferences, and client visits.
- Transcribe dictation, process mail, answer telephone, and greet clients.

LEGAL SECRETARY (1992 - 1995)
Gradisar & Trechter, Pueblo, Colorado

Assistant to Charles Trechter, attorney who practiced general and domestic law.

- Prepared legal documents and correspondence from dictation.
- Assisted with research for preparation of briefs.
- Ensured that pleading deadlines were met and documents were filed in a timely manner.
- Worked extensively with clients in person and via telephone.

RECEPTIONIST (1985 - 1991)
J.C. Penney Company, Burnsville, Minnesota

- Received prospective employees in the personnel office.
- Answered phones.
- Compiled sales reports and typed documents.

EDUCATION

OHIO STATE UNIVERSITY, Columbus, Ohio
- Two years of study with a concentration in mathematics
- Earned approximately 45 credits toward a business degree

PIKES PEAK COMMUNITY COLLEGE,
Colorado Springs, Colorado
- Legal research course

Emily Hollobrook

123 West 110th Place • Aurora, Colorado 80901 • (303) 555-1234 • eho@mci.com

PROFILE

- Self-motivated account manager with more than ten years of proven experience.
- Top performer with a strong background in building territories, using creative marketing approaches, and increasing profitability.
- Respected for the ability to create client loyalty beyond the sales relationship.
- Knowledge of Windows, MS Word, Excel, PowerPoint, Lotus1-2-3, Internet.

EXPERIENCE

ACCOUNT MANAGER (2004 - present)
Learning Systems, LLC, Aurora, Colorado

- Built rapport with large corporate customers nationwide, including Dell, AT&T, Verison, etc.
- Participated in trade shows, qualified buyers, and performed online demonstrations.

ACCOUNT REPRESENTATIVE (2001-2003)
John Wiley & Sons, Inc., Colorado Springs, Colorado

- Prospected for new clients, and tailored sales presentations to achieve an unprecedented 98 percent close ratio.
- Provided after-sales service, training and technical support.
- Succeeded in winning major national accounts, including U.S. Air Force.

continued

EXPERIENCE
(continued)

- Achieved number one in sales nationwide, consistently exceeding monthly quotas by 140 percent.
- Created and implemented an effective contact and sales tracking system

SENIOR NEW ACCOUNTS REPRESENTATIVE (1997-2000)
California Casualty, Glendale, California

- Developed markets for property and casualty insurance among professional associations, unions, and other groups that included police, firefighters, and educators.
- Generated more than 3,000 new accounts, - producing an average of $ 300,000 in premiums per year.
- Earned numerous bonuses and incentive trips, and helped the sales team to achieve number one in the country.

EDUCATION

BACHELOR OF BUSINESS ADMINISTRATION (1996)
University of Colorado, Colorado Springs, Colorado

- Dual major in Marketing and Mass Communications

——————————— DAVID F. KWESELL ———————————

PROFILE
Goal-oriented sales and marketing professional with successful experience in:

- Sales management   - Team building
- Customer relations   - Employee motivation
- Account management   - Medical research sales
- Sales training   - Biotechnology sales

- Demonstrated ability to create client loyalty above and beyond the sales relationship.

- Respected for the ability to get to the decision maker and close the sale.

- Bring a unique combination of experience, energy, and charisma to the sales process.

EXPERIENCE
Sales and Marketing

- Experienced in the sale of chemicals and equipment to the life science,research and medical markets as a manufacturer's representative.

- Worked closely with biochemists, bioengineers, and elite scientists on high security government contracts.

- Identified customer needs and recommended the right solutions.

- Delivered effective sales presentations to prospective clients.

- Served as a liaison between technical support staff and the customer to ensure satisfaction.

Achievements

- Consistently exceeded sales goals and generated significant annual gross revenues.

- Grew Bio-Rad territories by 25% to 40% every year; ranked the number one sales manager in the U.S.

Management and Supervision

- Responsible for full profit and loss; effectively managed large territories that included much of the United States at various times.

- Served as Regional Sales Manager for an international bio-technology company with regional gross sales of $16 million and a staff of 14 sales staff.
- Successfully recruited, hired, trained, and motivated sales staff.
- Organized all facets of the company's participation in national vendor shows.

Training and Development

- Developed and presented high-energy, informative training sessions, including seminars on motivation, professionalism, penetrating new markets, and increasing sales growth by outclassing the competition.
- Mentored 32 new sales staff and prepared 13 for promotion into sales management positions.

WORK HISTORY

Account Executive, Tricom Communications, San Jose, CA (2005 - Present)

Sales Representative, Life Science Consulting, San Francisco, CA (2002 - 2005)

Regional Sales Manager, Bio-Rad Laboratories, Hercules, CA (1992 - 2000)

Technical Representative, Bio-Rad Laboratories, Hercules, CA (1986 - 1991)

EDUCATION

Bachelor of Science in Biological Sciences, Boston University, MA, 1992

Continuing Education: Tom Hopkins Boot Camp, Systems on Consultative Selling, Mercury International Selling Seminar, Anthony Robbins on Unlimited Power, and other sales, training, and marketing seminars.

ADDRESS

1234 Bancroft Heights, San Jose, California 80919, Phone: (719) 555-1234 E-Mail: contact@kwesell.us

Martina Kaiser

Steinring 12,
24123 Kiel, Germany
Tel: +49-0431 158540
m.kaiser@gmx.de

Objective

A work placement position related to mechanical engineering and/or international operations

Education

2000-Present: Ruhr-University of Bochum, Germany
Diplom (= M.Sc.) expected in October 2006
Mechanical Engineering

Coursework

Thermodynamics	Chemistry
Fluid Mechanics	Physics
Structural Statistics	Economics
Risk Management	Technical English
Mechanics and Materials	Computer Programming

Accomplishments

- Team project member of University of Bochum project „Thermal Transport during Coal Rapid Pyrolysis", responsible for gas temperature measurements

- Established student organization to promote international volunteer work

Capabilities

- Fluent in English and French, rudimentary Japanese

- Operate/program computers and CAD systems

- Experience in international cross-cultural relations

Work Experience

Summer 2001	Au-Pair, Worcester, England
Summer 2002	Market Researcher, Esdar, Bonn, Germany
Summer 2004	Trainee, Harms Kühltechnik, (refrigeration systems), Kiel, Germany Duties included: customer correspondence, customer service, special projects

Personal Details

Date of birth: 26 June 1980

Interests:Member of Schilksee Athletics Club

References available on request

5.4 Mehr Power durch Aktionswörter

Im Folgenden haben wir für Sie Listen mit Beispielsätzen zusammengestellt, die aussagekräftige Aktionsverben enthalten. Wählen Sie diejenigen aus, die am besten in Ihren Lebenslauf passen.

Arbeitete aktiv an strategischen Planungsprozessen mit.	Actively contributed to the strategic planning processes.
Arbeitete eng mit Geschäftspartnern weltweit zusammen.	Worked closely with business associates worldwide.
Bahnte den Weg für innovative Werbeprogramme.	Pioneered innovative advertising programs.
Bereitete monatliche und quartalsweise Geschäftsberichte vor.	Prepared monthly and quarterly reports.
Bot unseren Kunden einen hohen Standard an technischer Unterstützung.	Provided a high level of technical support to our clients.
Entwarf erfolgreiche Qualitätsmanagement-Programme.	Designed successful total quality programs.
Entwickelte neue Strategien zur Produktivitätssteigerung.	Created new strategies to increase productivity.
Entwickelte praktische Empfehlungen.	Developed practical recommendations.
Erleichterte die Integration neuer Angestellter in das Unternehmen.	Facilitated the integration of new employees into the company.
Erschloss neue Geschäftsfelder.	Identified new business opportunities.
Erwarb umfangreiche Erfahrung in der Marketingabteilung.	Gained broad experience within the Marketing department.
Erwies mich als erfolgreich in der Projektkoordinierung.	Demonstrated success in project coordination.
Es gelang mir, Reisekosten in Höhe von 500 000 Dollar einzusparen.	Succeeded in saving $ 500,000 in travel expenses.
Evaluierte die Budgets der Verwaltungseinheiten.	Evaluated the budgets of the administrative units.
Formulierte die Unternehmensphilosophie.	Defined corporate vision.
Formulierte langfristige Ziele für Patienten.	Set long-term goals for patients.
Führte Kreditanalysen durch.	Handled credit analyses.

Führte effektive Verkaufspräsentationen bei potenziellen Kunden durch.	Delivered effective sales presentations to prospective clients.
Führte eine detaillierte Untersuchung von Verbraucherdaten durch.	Conducted a detailed analysis of consumer data.
Führte erfolgreich das neue System ein.	Successfully installed the new system.
Führte erfolgreich über 15 neue Produkte ein.	Successfully launched over 15 new products.
Führte multinationale Teams bei der Werbekampagnenentwicklung.	Led multinational teams in the development of promotional campaigns.
Führte neue Ausbildungsprogramme ein.	Introduced new training programs.
Führte neue Buchführungssysteme ein.	Implemented new accounting systems.
Führte Online-Präsentationen durch.	Performed online demonstrations.
Führte Planungsprojekte mit Gesamtkosten von 12 Millionen Dollar durch.	Completed design projects with total cost of $ 12 million.
Führte Vorstellungsgespräche durch und stellte Führungskräfte ein.	Interviewed and hired managers.
Gute Kenntnisse in Windows, MS Word, Excel, Internetanwendungen und Aurum Sales Trak.	Proficient in Windows, MS Word, Excel, the Internet, and Aurum Sales Trak.
Half Kunden, eine lokale Finanzierung für ihre Tochtergesellschaften in Asien zu erhalten.	Helped clients to obtain local financing for their subsidiaries in Asia.
Handelte bedeutende Verträge aus.	Negotiated major contracts.
Hatte die Aufsicht über die Arbeitsleistung der Abteilung.	Supervised the work performance of the department personnel.
Hielt alle Zieltermine zu 100 Prozent ein.	Met 100 percent of all target dates.
Inventarisierte die Produktionsmittel.	Inventoried equipment.
Investierte über 150 000 Dollar in technologische Modernisierungen.	Invested over $150,000 in technology upgrades.
Kalkulierte Budgets.	Calculated budgets.
Konzentrierte mich vor allem auf Beratung.	Focused primarily on consulting.
Kooperierte mit Niederlassungen in Indonesien.	Cooperated with branches in Indonesia.

Kaufte neue Ausrüstung für ...	Purchased new equipment for ...
Koordinierte die Arbeit von Programmierern und Designern.	Coordinated the work of programmers and designers.
Kurbelte Gewinnsteigerung durch Personalabbau an.	Accelerated profit gains through staff reduction.
Leitete ein Team von Software-Ingenieuren.	Directed a team of software engineers.
Leitete eine Reihe von Kostensenkungsprogrammen.	Guided a series of cost reduction programs.
Befragte Kunden über Kostenrechnungssysteme.	Consulted with clients on cost systems.
Moderierte Workshops auf Deutsch und Englisch.	Moderated workshops in German and English.
Motivierte das Verkaufspersonal mit Erfolg.	Successfully motivated sales staff.
Nahm an Handelsmessen teil.	Participated in trade shows.
Nutzte Führungsqualitäten, um das Verkaufspersonal zu motivieren.	Utilized leadership skills to motivate the sales staff.
Organisierte die Herausgabe eines monatlichen Newsletters.	Managed the publication of a monthly newsletter.
Organisierte Präsentationen für einzelne Kunden.	Organized presentations for individual customers.
Pflegte Kundenkontakte.	Maintained client contact.
Plante Einkaufsprogramme für einen Baubetrieb.	Planned purchasing programs for construction plant.
Reduzierte Produktschäden um 50 Prozent.	Decreased product damage by 50 percent.
Sammelte mehr als 100 000 Dollar für die britische Osteoporose-Gesellschaft.	Raised over $100,000 for the British Osteoporosis Association.
Schaffte es, landesweit die Nummer 1 im Verkauf zu werden.	Achieved number one in sales nationwide.
Senkte Gemeinkosten.	Cut overheads.
Sparte durch die Neuorganisation des Gesundheitsplans 250 000 Dollar jährlich ein.	Saved $ 250,000 annually by redesigning health plan.
Steigerte die Gesamtproduktion um 25 Prozent.	Increased production throughout by 25 percent.

Steigerte die Kundenzufriedenheit.	Maximised customer satisfaction.
Stellte der oberen Führungsebene Resultate vor.	Reported results to upper management.
Stellte Kontakte zu Zielunternehmen her.	Established contact with target companies.
Strukturierte das Unternehmens-vermögen um XY Prozent.	Restructured corporate assets by XY percent.
Terminierte Konferenzen und Besuche bei Kunden.	Scheduled conferences and client visits.
Testete die Software gründlich.	Thoroughly tested the software.
Trug Daten für eine Marktforschungs-studie zusammen.	Compiled data for market intelligence study.
Trug Informationen über die Haupt-mitbewerber des Unternehmens zusammen.	Gathered information on the company's main competitors.
Trug zur Verbesserung der Kunden-zufriedenheit bei.	Contributed to improvement in customer satisfaction.
Überprüfte Rechnungen auf ihre Richtigkeit.	Checked invoices for accuracy.
Übertraf Umsatzziele um 35 Prozent.	Exceeded sales goals by 35 percent.
Überwachte Projektabschlüsse.	Monitored completion of projects.
Untersuchte gesetzliche Möglichkeiten von Kommanditgesellschaften.	Researched the legal applications of limited partnerships.
Untersuchte Kundenbedürfnisse.	Analysed customer needs.
Verantwortlich für die Erreichung der Umsatzziele.	Responsible for achieving sales goals.
Verbesserte die Sicherheit am Arbeits-platz.	Improved workplace safety.
Verfasste einen strategischen Plan für den Bereich.	Formulated a strategic plan for the territory.
Verwaltete ein Budget von 150 Mil-lionen Dollar.	Controlled a $150 million capital budget.
Verwaltete mehr als 250 Millionen Dollar an Hilffonds.	Administered over $ 250 million in relief fonds.
Wählte konkurrenzfähige Leistungen aus.	Selected competitive benefits.

War führend in der Entwicklung innovativer Werbematerialien.	Spearheaded the development of innovative advertising materials.
War Vorgesetzter von 50 Mitarbeitern.	Supervised a staff of 50.
Warb bei Zielgruppen für Produkte.	Promoted products to targeted groups.
Wirkte bei der Entwicklung eines Programms zur Kostenreduzierung mit.	Assisted in the development of a cost-cutting program.

Personality Traits - Diese Eigenschaften sind gefragt

Von Begeisterungsfähigkeit bis Zielorientierung. Was zeichnet Sie aus? Stellen Sie sich eine Liste mit Ihren Soft Skills zusammen und haben Sie diese immer parat. Hier ein paar Beispiele:

- Begeisterungsfähigkeit
- Belastbarkeit
- Durchsetzungsvermögen
- Eigenmotivation
- Entscheidungsfähigkeit
- Frustrationstoleranz
- Führungspotenzial
- Initiative
- Kommunikationsfähigkeit
- Kontaktfähigkeit
- Kreativität
- Kundenorientierung
- Organisationsgeschick
- Selbstkritik
- Strategisches Denkvermögen
- Urteilskraft
- Verantwortungsbewusstsein
- Zielorientierung

Poweradjektive

Wir bieten Ihnen hier noch eine Auswahl an Poweradjektiven für Ihren Lebenslauf. Setzen Sie sie gezielt ein, um Ihre Persönlichkeit und Ihre Kompetenzen zu beschreiben und sammeln Sie so Pluspunkte.

aktiv	active
analytisch denkend	analytical
anerkannt für ...	recognized for ...
angenehm	pleasant
anpassungsfähig	adaptable
aufgeschlossen (für Ideen)	open (to ideas)
aufrichtig	honest

ausdauernd	persistent
ausgeglichen	balanced / poised / well-balanced
ausgezeichnet	excellent
bedacht	thoughtful
begeistert	enthusiastic
beliebt	popular
bewandert in	well-versed
detailorientiert	detail-oriented
diplomatisch	diplomatic
diszipliniert	disciplined
durchsetzungsfähig	assertive
dynamisch	aggressive / dynamic
effizient	efficient
ehrgeizig	ambitious / competitive
eifrig	zealous
eigenverantwortlich und ergebnisorientiert arbeitend	a self-starter
eindrucksvoll	impressive
einfallsreich	resourceful
einfühlsam	sensitive
einsatzbereit	eager
energisch	energetic / forceful
engagiert	committed / dedicated
engagiert/begeistert	devoted
entscheidungsfähig	decisive
entschlossen	determined
erfahren	experienced
erfahren in	adept (at using) / proficient (at)
erfolgreich	successful
ergebnisorientiert	results-driven
ernsthaft	serious
fähig	capable

fantasievoll	imaginative
freundlich	friendly
flexibel	flexible
fortschrittlich	progressive
gebildet	cultivated
geduldig	patient
gelassen	calm
gerecht	fair
gesund	healthy
gründlich	thorough
gut gelaunt	good-humoured
hart arbeitend	hard-working
hartnäckig	tenacious
herausragend	outstanding
hilfsbereit	helpful
hochkarätig	high-potential
höflich	polite
humorvoll	with a good sense of humour
innovativ	innovative
inspirierend	inspirational
intelligent	bright/intelligent
interkulturell	cross-cultural
kommunikativ	communicative
konsequent	consistent
konstruktiv	constructive
kontaktfreudig	sociable
kooperativ	cooperative
kreativ	creative
kundenorientiert	customer-focused
lebhaft	vivacious
leistungsorientiert	performance-driven
loyal	loyal

mehrsprachig	multilingual
methodisch	methodical
mit Universitätsabschluss	degree-educated
motiviert	motivated
offen	outgoing
patent	smart
perfektionistisch	perfectionist
pflichtbewusst	conscientious
positiv	positive
praktisch	practical
präzise	precise
problemlösend	problem solving
produktiv	productive
professionell	professional
profitorientiert	profit-driven
pünktlich	punctual
qualifiziert	competent / qualified / skilled
redegewandt	eloquent
respektiert	well-respected
sachlich	objective
scharfsinnig	sharp
selbstbewusst	self-confident
selbstmotiviert	self-motivated
selbstsicher	confident
selbstständig	autonomous / independent
sorgfältig	accurate
sprachgewandt	articulate
stark	strong
strategisch	strategic
systematisch (arbeitend)	well-organised
taktvoll	tactful
talentiert	talented

tatkräftig	action-driven
teamfähig	team-player
überzeugend	convincing / persuasive
unternehmerisch	entrepreneurial
verantwortungsbewusst	responsible
verständnisvoll	sympathetic / understanding
vertrauenswürdig	trustworthy
vertraut mit	familiar with
visionär	visionary
vollendet/perfekt	accomplished
wissbegierig	inquisitive
zielorientiert	goal-oriented / goal-driven / target-oriented
zuverlässig	reliable
zweisprachig	bilingual

5.5 Von Doktoren und Diplomanden

Hier einige Begriffe, auf die Sie bei Ihrer Recherche sicher stoßen werden und die Sie kennen sollten. Bitte umschreiben Sie Abschlüsse, wenn Sie Ihre genaue Entsprechung nicht kennen. Ansonsten sollte man sich bemühen, hier so präzise wie möglich vorzugehen (vgl. S. 126 und 137).

Eine Auswahl an Schulabschlüssen

- GCE Advanced Level, A-Level, Großbritannien:
  Entspricht dem Abschluss der deutschen Sekundarstufe II/Abitur.

- Advanced Subsidiary Qualification (AS Level), Großbritannien:
  Eine zusätzliche Qualifikation zum A-Level.

- In Schottland entsprechen die „Advanced Higher"-Abschlüsse den englischen A-Levels.

- High School Diploma, USA, Kanada, Australien:
  Entspricht dem Abitur.

Eine Auswahl an Universitätsabschlüssen

- Undergraduate Studies, Premier Cycle

    - Associate Degree, USA
    College Abschluss nach zwei Jahren, gilt in Europa nicht als akademischer Grad.

    - First Professional Degree, USA
    Abschluss von Ausbildungsgängen z.b. in Medizin, Zahnmedizin, Pharmazie und Rechtswissenschaft.

    - Bachelor's Degree, Großbritannien, Irland, Australien, Kanada, Neuseeland, USA:
    Erster akademischer Grad nach vier Jahren Vollstudium an einer Universität oder einem College mit entsprechendem Programm. Danach für die meisten Eintritt ins Berufsleben. Für eher akademisch ausgerichtete Fortsetzung der Studien gibt es das Master's Degree.

- Graduate Studies,

    Master's Degree in Großbritannien, Irland, Australien, Kanada, Neuseeland, USA:

    Zweiter akademischer Grad nach zwei bis drei Jahren Graduate Studies, z.B. Master of Arts (M.A.) Master of Science (M.S.).

- Postgraduate Studies

    Ph.D. (Doctoral Degree)/(Doctorat), Großbritannien, Irland, Australien, Kanada, Neuseeland, USA:

    Höchster akademischer Grad nach mindestens vier Jahren Postgraduate Studies und einer erfolgreichen Doktorarbeit, der Doctoral Thesis. Die Habilitation wird als Post-Doctoral Thesis bezeichnet.

Wichtige Begriffe und ihre Abkürzungen

First Degrees

A.A.	Associate of Arts
A.S.	Associate of Science
B.A.	Bachelor of Arts
B.S.	Bachelor of Science
B.Ed.	Bachelor of Education
B.Eng.	Bachelor of Engineering
BISM	Bachelor of Information Systems and Management
B.S.N.	Bachelor of Science in Nursing
B. Arch.	Bachelor of Architecture
MA	Master's Degree (Scotland)
DipHE	Diploma of Higher Education

Higher Degrees

M.A.	Master of Arts
M.S.	Master of Science
M.Ed.	Master of Education
M.B.A.	Master of Business Administration
M.Arch.	Master of Architecture
M.M.	Master of Music
M.S.W.	Master of Social Work
M.P.H.	Master of Public Health

GPA

In vielen amerikanischen Lebensläufen findet man das Kürzel GPA. Es steht für Grade Point Average (Gesamtnote). Wer etwa in allen Fächern ein A hatte, erhält die Durchschnittsnote vier, d. h. die beste Note.

Im Lebenslauf liest sich das so:
B.S., Engineering, 2003, Ohio State University, Columbus 3.5/4.0 GPA.

Übrigens!

In unseren länderspezifischen Büchern gehen wir detaillierter auf Schultypen, Abschlüsse und Tests ein, die wir hier nur kurz nennen konnten. Brauchen Sie nähere Informationen: Die Webseiten der jeweiligen Botschaft geben Ihnen aktuelle und sehr genaue Fakten zum Bildungswesen des Landes. Sie finden die URLs der Botschaften im Anhang.

An alles gedacht? Eine Checkliste für den Lebenslauf

❏ Steht der Name mit der vollständigen Adresse oben auf dem Bogen mit Telefonnummer und Vorwahl?

❏ Ist das Job Objective kurz und präzise genug?

❏ Passt die Zusammenfassung der Skills (Skills Summary) zum Job?

❏ Ist der Stil nicht zu langweilig?

❏ Klingt er businesslike?

❏ Sind die Angaben zu den Schulabschlüssen knapp genug?

❏ Sind nur die für das Unternehmen relevantesten Qualifikationen und Erfahrungen genannt?

❏ Sind die aktuelleren Stellen genauer beschrieben als länger zurückliegende?

❏ Sind Teilzeitstellen zusammengefasst?

❏ Ist der Lebenslauf kurz genug?

❏ Ist auf Seite zwei noch mal der Name/die Adresse wiederholt? Steht auf der ersten Seite unten „continued"?

❏ Sind Worttrennungen vermieden?

❏ Haben Sie auf Personalpronomen (z.B. „I") am Anfang des Satzes verzichtet?

❏ Sind die Sätze schön kurz? (Nicht mehr als zwölf Wörter im Schnitt.)

❑ Haben Sie viele Punktaufzählungen mit kurzen Begriffen benutzt?

❑ Haben Sie Aktionsverben verwendet?

❑ Haben Sie Ihre beruflichen Leistungen in der Sparte „Accomplishments" möglichst mit Zahlen belegt?

❑ Haben Sie Abkürzungen vermieden bzw. erläutert?

❑ Ist Ihr Lebenslauf gut gegliedert, d. h. gut zu lesen? Ist das Layout ansprechend?

❑ Ist der Rand genügend breit?

❑ Ist die Schrift gut zu lesen? 10 bis 14 Punkt? Sind die Schrifttypen nicht zu unterschiedlich?

❑ Haben Sie Blocksatz vermieden?

❑ Beträgt der Abstand vor einem neuen Abschnitt zwei Zeilen?

❑ Umfassen die einzelnen Abschnitte maximal je vier bis fünf Zeilen?

❑ Haben Sie auf die amerikanische bzw. britische Rechtschreibung geachtet?

❑ Haben Sie Ihren Lebenslauf von einem Muttersprachler durchlesen lassen?

❑ Ist das Seitenlayout auf die typische Seitengröße des Ziellandes abgestimmt?

6   Sich in Szene setzen – Das Vorstellungsgespräch

Sie haben's geschafft. Sie dürfen sich und Ihre Talente in einem persönlichen Gespräch präsentieren. Atmen Sie tief durch und denken Sie daran: Sie müssen dafür niemand anderes werden. Sie müssen nur Ihre besten Seiten hervorheben, sympathisch und kompetent rüberkommen und sich optimal auf das einstellen, was von Ihnen erwartet wird.

In einem ersten Schritt können Sie die folgende Checkliste durcharbeiten und sich schon einmal zu Ihren persönlichen Qualifikationen Notizen machen. So können Sie bei allen Tipps im Laufe dieses Kapitels Ihre Anmerkungen ergänzen.

Vorab:

Worauf es dem Arbeitgeber im Vorstellungsgespräch ankommt

- Wie ist Ihr Auftreten?
- Wie ist Ihre Leistungsmotivation?
- Welche fachliche Kompetenz bringen Sie mit?
- Sind Sie ein Teamplayer?
- Passen Sie von Ihren persönlichen Eigenschaften her ins Unternehmen?
- Sind Sie lernbereit?

6.1 Alle Interviewtypen auf einen Blick

Es gibt Einzel- und Gruppen-Vorstellungsgespräche. In einem „One-to-one-Interview" sitzen Sie wahrscheinlich dem (Personal-)Chef gegenüber. Im „Group Interview" (Panel Interview, Committee Interview) werden Sie dem Geschäftsführer, Personalchef und eventuell dem Personalberater einer Agentur, dem Fachabteilungsleiter und Kollegen begegnen. Die meisten Vorstellungsgespräche dauern eine halbe bis zwei Stunden. Es gibt aber auch Interviews, die über einen ganzen Tag gehen und Gespräche mit verschiedenen Mitarbeitern und ein gemeinsames Essen vorsehen. Wenn Sie zu einem so genannten Assessment-Center eingeladen werden, müssen Sie allerdings mit einer Dauer von einem Tag bis zu drei Tagen rechnen.

6.1.1 Vom Einzelgespräch bis zum Stressinterview

Rufen Sie also vorher in dem Unternehmen an und fragen Sie, wie lange das Vorstellungsgespräch dauern wird und welche Position die Mitarbeiter haben, die Sie interviewen werden. Das ist eine berechtigte Frage. Häufig ist es mit einem Vorstellungsgespräch nicht getan. Der Begriff „Serial Interview" weist z.b. darauf hin, dass sich an das erste Gespräch ein zweites oder auch drittes anschließen kann, in dem Sie verschiedenen Gesprächspartnern begegnen. In der zweiten Runde wird häufig auch konkret über Gehaltsvorstellungen und Arbeitskonditionen gesprochen. Vielleicht fängt aber auch alles mit einem Telefoninterview an.

Telefoninterview

Telefoninterviews werden als Screening Interviews betrachtet, d.h. sie dienen im Allgemeinen dem Zweck, ungeeignete Kandidaten auszusieben. Mitarbeiter der Personalabteilung oder Personalberater einer Agentur rufen an und fragen nach den Qualifikationen der Bewerber und stellen anschließend fest, wer in die nächste Runde, zum Selection Interview, eingeladen wird. Sie sollten auf jeden Fall versuchen, vorher einen Termin für Ihr Telefoninterview zu vereinbaren, damit Sie sich rechtzeitig den Lebenslauf und eine Reihe intelligenter Fragen, Notizblock und Kalender neben den Apparat legen. Sie müssen Ihre wichtigen Erfahrungen und die Stationen Ihrer beruflichen Entwicklung überzeugend verkaufen können. Belegen Sie Ihre Pluspunkte mit interessanten Beispielen aus der Praxis. Wichtig ist, dass Sie sich am Telefon kurz fassen, dass Sie selbstbewusst klingen und Begeisterung zeigen. Häufig wird am Telefon schon nach Ihren Gehaltsvorstellungen gefragt: Sie sind gut beraten, dann nur eine Spanne (in the range of ...) anzugeben.

Computerinterviews

Auch Computerinterviews (Computerized Assessment Tests) sind üblich. Häufig sind Sie auf Websites der Unternehmen zu finden. Am Bildschirm lesen Sie Fragen und geben Ihre Antworten dazu ein, dies im Multiple-Choice-Verfahren oder nach dem Ja-Nein-Prinzip. Die Vorteile für die Unternehmen liegen in der Zeitersparnis und Vergleichbarkeit mehrerer Kandidaten. Alle erhalten dieselben Fragen, keine Frage wird vergessen.

Video-Online-Interviews

Das sind Liveinterviews über Kamera: Der Bewerber sitzt vor dem Bildschirm und sieht und hört zeitgleich seine Gesprächspartner.

Nie ohne Einstellungstests

Egal, was für ein Interview Sie führen, Sie müssen immer auch mit Tests rechnen.

Das können z.B. „Psychometric Tests" sein, unter denen man Folgendes versteht:

- Logical Reasoning Tests, in denen logisches Denken geprüft wird,
- Numerical Reasoning Tests, in denen es um mathematisches Denkvermögen geht,
- Verbal Reasoning Tests, in denen die verbale Intelligenz im Mittelpunkt steht.

Neben solchen Intelligenz- und Konzentrationstests werden auch Persönlichkeitstests (Personality Questionnaires) eingesetzt, die dem Unternehmen helfen sollen, den „richtigen Kandidaten" herauszufinden. Im Vordergrund steht hier die soziale Kompetenz.

Mit Hilfe derartiger Einstellungstests wollen Arbeitgeber herausfinden, ob die Kandidaten zum Unternehmen bzw. in das Team passen. Die Frage ist nicht nur „Can you do the job?", sondern auch „Do you fit in?"

 Hinweis!

Die Unternehmer setzen nicht nur „Pencil-and-paper" Tests ein, in denen die Bewerber ihre Antworten auf Papier eintragen, sondern sie nutzen verstärkt auch das Internet. Onlinetests werden entweder während eines Assessment-Centers ausgefüllt oder schon vor dem Jobinterview online beantwortet.

Sie können durchaus vor einem Vorstellungsgespräch in der Firma anrufen und fragen, ob Tests verwendet werden oder nicht.

Für alle Arten von Jobinterviews gilt: Bereiten Sie sich gut vor, vor allem auf die Frage, warum Sie meinen, der beste Kandidat zu sein. Sie sollten in der Lage sein, alle Fragen vollständig und ohne Umschweife zu beantworten. Hier zahlt es sich aus, wenn Sie sich gut vorbereitet haben, d.h. sich Zeit für Ihre Selbstanalyse und die Recherchen zur Firma genommen haben.

6.1.2 Das Assessment-Center

Assessment-Centers (AC) sind im angloamerikanischen Raum sehr verbreitet und umfassen meistens:

- Panel Interviews,
- (Selection) Tests,
- Presentations,
- Group Exercises,
- In-Tray Exercises,
- One-to-one-Interviews,
- Role Plays.

Das Ziel eines ACs ist es zu beobachten, wie sich die Bewerber in der Praxis verhalten. Denn Lebensläufe oder Intelligenztests allein sagen noch nichts über die persönlichen Qualitäten aus: Ist der Kandidat beispielsweise teamfähig, flexibel, offen, kommunikationsfähig, einsatzbereit? Kann er gut zuhören, delegieren, andere motivieren? Im Assessment-Center will man herausfinden, wie sich jemand in der Firma verhalten würde. Dies ist besonders für die Auswahl von Führungskräften interessant. Assessment-Center werden aber auch gerne bei Bewerbern eingesetzt, die mit Kunden zu tun haben und in Bereichen, in denen Teamarbeit eine bedeutende Rolle spielt. Oft gibt es auch Gruppenübungen, in denen mehrere Bewerber von bis zu fünf Tutoren beobachtet werden sowie Einzelgespräche.

Panel Interviews

Panel Interviews werden von mehreren Personen durchgeführt. Darunter sind einige Interviewer sowie einige Beobachter (assessors).

Die Unternehmen setzen gerne diese Art der Befragung in Bewerbungsverfahren ein, weil die Ergebnisse dann objektiver und fairer erscheinen, wenn mehrere Personen sich ein Bild vom Kandidaten machen. Manchmal werden die Aufgaben verteilt, d.h. ein Interviewer stellt Fragen zur Arbeitserfahrung des Bewerbers, ein anderer interessiert sich für Details im Lebenslauf. Auch auf Panel Interviews sollten Sie sich gründlich vorbereiten, indem Sie sich mit dem Unternehmen befassen und sich vor dem Gespräch überlegen, welche Fragen auf Sie zukommen könnten.

Role Plays

Planspiele oder Rollenspiele werden im Rahmen eines AC gerne eingesetzt, da die Bewerber hier unter Beweis stellen können, wie flexibel sie sind, ob sie ihre Zeit einteilen können, ob sie im Team arbeiten und zuhören können, ob sie unter Druck Ruhe und Überblick bewahren.

Presentations

Präsentationsübungen zeigen, wie kreativ und flexibel sich die Bewerber verhalten. Sind sie in der Lage, das Wesentliche zu erkennen und auf den Punkt zu bringen, sind sie selbstbewusst und können sie andere überzeugen?

Selection Tests

Tests sollen Kompetenzen überprüfen wie beispielsweise so genannte „Management Competences". Die Testresultate machen deutlich, ob der Bewerber in der Lage ist, Mitarbeiter zu motivieren, Arbeitsergebnisse zu kontrollieren, Aufgaben zu delegieren, Konflikte zu lösen, Prioritäten zu setzen, sich schriftlich und mündlich geschickt auszudrücken und zu verhandeln. Diesem Zweck dienen Psychometric Tests.

In-Tray Exercises

In-Tray Exercises gehören ebenfalls zu einem typischen Assessment-Center. Hier müssen sich die Kandidaten in einer festgesetzten Zeit mit einem Postkorb voller Papiere (Briefe, Berichte, Telefonnotizen, Rechnungen etc.) auseinandersetzen. Sprich: Sie müssen Unterlagen sortieren, Prioritäten setzen, Aufgaben erledigen bzw. delegieren. Dabei stellen sie ihr Know-how und ihr Organisationstalent unter Beweis sowie Problemlösungsqualitäten, Liebe zum Detail, Initiative und andere wesentliche Soft Skills.

Group Exercises

Auch Gruppenübungen sind wesentlicher Bestandteil eines Assessment-Centers. In diesen Übungen zeigt sich, ob Bewerber in der Lage sind, sich durchzusetzen, andere zu überzeugen und eine Führungsposition in der Gruppe zu übernehmen, ob sie analytisch denken und argumentieren können, d.h. ob sie generell teamfähig sind und Führungspotenzial haben.

One-to-one Interviews

Interviews unter vier Augen können in einem AC eine wesentliche Rolle spielen. Hier wollen die Beobachter herausfinden, ob Sie wirklich motiviert sind, d.h. ob Sie Ihre Ziele verfolgen, nicht so leicht aufgeben, Freude an Ihrer Arbeit haben. Wichtig ist auch, ob Sie gerne im Team arbeiten und ob Sie in das Unternehmen passen. Und über allem steht die Frage, ob Sie zum Erfolg der Firma beitragen würden. Folgende Aspekte stehen im Vordergrund:

- What is your motivation in applying for this job?
- Do you fit in with the company?
- Can you do the job?

Natürlich müssen Sie in Einzelinterviews auch auf allgemeine Fragen vorbereitet sein, die zunächst nichts mit dem Job zu tun haben:

- Which radio programmes do you like?
- Which papers do you read?
- Are you a member of any clubs?
- Which book did you last read?

Auf solche Dinge sollten Sie sich – soweit wie möglich – auch einstellen.

Das Stressinterview – eine Spezialform, die man kennen sollte

Bei Stressinterviews setzt man die Bewerber unter Druck, indem man beispielsweise Fragen in sehr schneller Folge stellt, so dass nicht viel Zeit zum Überlegen bleibt. Auch können Ihre Gesprächspartner hektisch oder gar unfreundlich werden. Vielleicht schweigen sie einfach und schauen gelangweilt aus dem Fenster. Oder Ihre Qualifikationen werden angezweifelt und Ihre Aussagen verdreht. Für die Bewerber kommt es darauf an, sich in keiner dieser Situationen aus der Ruhe bringen zu lassen und souverän zu bleiben. Ihre Gesprächspartner wollen testen, wie Sie unter Druck reagieren (vgl. S. 199).

6.2 Gut vorbereitet ins Gespräch

Bevor Sie in ein Vorstellungsgespräch gehen, müssen Sie gut über die Firma informiert sein. Wenn Sie sich vor Ihrer Bewerbung Kenntnisse verschafft haben, so sollten Sie diese jetzt noch intensivieren. Je besser Sie über die Bedürfnisse des Unternehmens Bescheid wissen, desto eher werden Sie das Interesse des Gesprächspartners wecken. Natürlich müssen Sie nicht die vollständige Firmengeschichte kennen, aber das Unternehmensprofil. Dazu gehören Informationen über:

- Produktpalette,
- Dienstleistungsangebot,
- Anzahl der Angestellten,
- Niederlassungen,
- Konkurrenten,
- Einstellungsverfahren,
- Geschäftsberichte,
- Umsätze,

- die augenblickliche Situation,
- Pläne für die Zukunft,
- Trends,
- aktuelle Presseberichte über die Firma,
- Ruf der Firma,
- Unternehmensphilosophie.

6.2.1 Von der perfekten Unternehmensrecherche hängt alles ab

Je detaillierter Sie die Firmendaten und das Unternehmensprofil studiert haben, desto überzeugender werden Sie dem Arbeitgeber darstellen können, was Sie für ihn tun könnten. Informationen finden Sie heraus über:

- Recherchen in Referenzbibliotheken,
- Lektüre der Firmenprospekte und Jahresberichte,
- Networking-Kontakte,
- die Website des Unternehmens sowie Businesslexika,
- Gespräche mit Angestellten vor Ort,
- Recruiters.

Vergessen Sie nicht, regelmäßig Wirtschaftszeitungen zu lesen: Hier erfahren Sie, welche Firmen neu auf dem Markt sind, welche Niederlassungen geplant sind, welche großen Projekte anstehen, welche Führungskräfte in andere Unternehmen wechseln, welche Trends sich auf dem Arbeitsmarkt abzeichnen (Informationsquellen für die Vorbereitung finden Sie in den Kapiteln 7.2 bis 7.7).

Sie müssen im Vorstellungsgespräch zeigen, dass Sie in der Lage sind, zielorientiert zu denken und zu planen – und die an Sie gerichteten Fragen prompt und deutlich zu beantworten. In den USA ist es besonders wichtig, sich einem potenziellen Arbeitgeber als Problemlöser zu präsentieren:

- I can meet the company's needs.
- What am I able to do to help this company to be more successful?

Wichtig ist es, auch eigene Fragen zum Unternehmen an die Gesprächspartner vorzubereiten. Sie sollten die Gelegenheit nutzen, sich ein Bild von der Firma zu machen und zu entscheiden, ob Sie dort wirklich arbeiten möchten. Mit Ihren Fragen zeigen Sie Interesse an der Firma sowie Intelligenz, Neugierde und Begeisterung. Fragen Sie auch nach der Corporate Culture, der Unternehmenskultur.

Informieren Sie sich über den Job

Sehen Sie sich dazu vor allem die genaue Arbeitsplatzbeschreibung an: Einzelheiten sind wichtig wie:

- Jobtitel
- die Person des Vorgesetzten,
- genaue Aufgabenbereiche,
- Definition der Kompetenzen,
- Budget,
- Anzahl der unterstellten Mitarbeiter etc.

Je besser Sie diese kennen, desto gezielter können Sie dem Gesprächspartner deutlich machen, dass Sie der Richtige sind. Die meisten Firmen suchen dynamische Mitarbeiter, die sofort die Erfordernisse erkennen und ihre Pläne gezielt umsetzen können.

6.2.2 Die Basis eines jeden guten Vorstellungsgesprächs

Mit der ausführlichen Jobrecherche ist Ihre Vorbereitung allerdings noch nicht beendet. Machen Sie sich noch einmal bewusst, welche Fragen bei einem Vorstellungsgespräch neben den Fachkenntnissen im Vordergrund stehen:

- Was für ein Mensch sind Sie: Passen Sie ins Unternehmen?
- Sind Sie motiviert, den Job zu machen?
- Könnten Sie den Job ausfüllen, bringen Sie die nötigen Erfahrungen mit?

Bereiten Sie sich dementsprechend vor. Ihre Hausaufgaben:

- Sie stellen Ihre Fähigkeiten, Eigenschaften, Interessen und beruflichen Erfolge zusammen (vgl. S. 17).
- Natürlich müssen Sie eine überzeugende Begründung dafür parat haben, dass Sie im Ausland arbeiten möchten – und Sie sollten erklären können, wie Sie sich ein Visum beschaffen werden.
- Sie bereiten eine Liste interessanter Fragen vor.

Zeigen Sie vor allem eine positive Einstellung zum Unternehmen und eine hohe Motivation. Beschreiben Sie, wie Sie mit Ihrer Qualifikation für die Firma ein Gewinn wären (vgl. auch die Aktionsverben in Kapitel 5.4). Der Unternehmer hat das Ziel, seine Erträge zu steigern und will wissen, wie Sie dazu beitragen werden. Zeigen Sie, wie Sie sich in Ihrer Vergangenheit beruflich bewährt haben – dieses Potenzial ist möglicherweise auch für die neue Firma interessant. Bringen Sie in Ihren Antworten Zahlen und konkrete Beispiele unter:

- Supervised 15 employees,
- Developed $20 million dollar business plan,
- Achieved an unprecedented 98 percent close ratio,
- Exceeded monthly quotas by 140 percent,
- Increased sales by 30 percent last year,
- Finally responsible for an $ 8 million budget.

Im Vorstellungsgespräch kommt es auf die Chemie zwischen dem Arbeitgeber und dem Kandidaten an: Haben Sie dieselben Ziele und Ideen? Bewerten Sie bestimmte Entwicklungen gleich? Sie brauchen nicht nur das technische Wissen und die nötigen Fertigkeiten, sondern auch die richtige Einstellung und ähnliche Wertvorstellungen, um gut miteinander zu arbeiten. Loyalität und Engagement für die Unternehmensziele werden von jedem einzelnen erwartet: Jeder trägt zur Verwirklichung der Firmenziele bei. Dass auch Sie dazu in der Lage wären, sollen Sie mit Ihren Antworten auf die Fragen im Vorstellungsgespräch zeigen. Betonen Sie auch, dass Sie teamfähig sind. Dies ist ein ganz wichtiger Aspekt, denn häufig weisen mehrere Bewerber gleich gute Qualifikationen auf. In solchen Fällen ist die Persönlichkeit des einzelnen ausschlaggebend. Zum Erfolg tragen z.B. bei: Begeisterungsfähigkeit, Verlässlichkeit, Engagement, Entscheidungsfähigkeit, Initiative, Anpassungsfähigkeit. „Be a team player!" „Be enthusiastic!" – Dies sind die Formeln, die Ihnen alle Personalverantwortlichen zurufen werden.

Alle Unterlagen parat? Eine Checkliste fürs Vorstellungsgespräch

- Lebenslauf,
- Fragenauflistung in Stichworten,
- Terminkalender,
- Stift und Papier,
- Visitenkarten,
- Referenzlisten,
- Unternehmensbroschüren,
- Ihre Liste mit eigenen Fragen,
- Aktentasche/-koffer.

Tipp!

Informieren Sie sich rechtzeitig über die Anfahrt. Fahren Sie zeitig los, klären Sie, ob es Parkplätze gibt, wo der Besprechungsraum ist etc.

6.3 Der erste Eindruck zählt

Kleidung spielt nicht nur im amerikanischen Business eine große Rolle. Man erwartet, dass Sie sich branchenüblich korrekt kleiden. Das Motto lautet „Careful grooming", d.h., Herren sollten einen konservativen Stil wählen, sprich einen Anzug tragen (blau oder anthrazit), ein weißes oder hellblaues Hemd, dunkle Schuhe und dunkle Socken. Zurückhaltung ist angesagt. Andererseits muss die Kleidung zur Zunft passen, sehen Sie sich doch auf Konferenzen und Fachtagungen in der Branche um. Damen erscheinen im Kostüm oder Hosenanzug, in eher konservativen Farben (Low-Key Colours). Die Kleidung ist geschäftsmäßig, nicht zu modisch, aber sie kann durchaus eine persönliche Note vorweisen. Sie sollten nicht zu viel Schmuck tragen. Die Absätze sind flach, die Fingernägel relativ kurz, farblos oder in blassem Rot lackiert, das Make-up dezent und das Parfüm nicht aufdringlich. Den Damen raten wir, bei Vorstellungsgesprächen darauf zu achten, dass ihre Beine nicht behaart sind, dies gilt in Amerika als äußerst ungepflegt. Bewerberinnen sollten ihre Unterlagen nicht in einer Handtasche, sondern in einer Aktentasche oder einem Aktenkoffer zum Interview mitnehmen. Das sind in wenigen Worten die wichtigsten Aspekte zusammengefasst. Wenn Sie Fragen zur Kleidung haben, könnten Sie ruhig im Unternehmen anrufen und fragen: „What is appropriate for me to wear in our meeting?".

6.3.1 Innere Haltung und äußere Wirkung

Auch im Ausland spielt das Auftreten eine große Rolle. Der erste Eindruck von Ihrer Persönlichkeit ist oft entscheidend und wichtiger als die Zeugnisse. Freundlichkeit, Selbstbewusstsein, Begeisterung, Redegewandtheit, gepflegtes Äußeres (Neatness) gehören dazu. Begrüßen Sie Ihre Gesprächspartner mit einem festen Händedruck, behalten Sie Augenkontakt. Sprechen Sie Ihr Gegenüber mit Namen an. In Amerika verwendet man schneller den Vornamen in der Anrede als in Deutschland. Dies entspricht trotzdem nicht dem eher kumpelhaften „Du", wie wir es kennen. Wahren Sie also Distanz im Vorstellungsgespräch und reden Sie Ihr Gegenüber bewusst nicht mit dem Vornamen an. Titel werden übrigens häufig weggelassen. Setzen Sie sich erst, wenn man Ihnen einen Platz angeboten hat.

All diese Verhaltensweisen lassen Rückschlüsse auf Ihre Persönlichkeit zu. Vergessen Sie nicht zu lächeln: Sie haben mehr Chancen, wenn Sie offen und freundlich wirken und Humor zeigen, d.h. „easy-going" sind. Sie sollten kein Zeichen von Nervosität zeigen, wie z.b. eine Hand vor dem Mund halten, mit den Fingern auf den Tisch klopfen oder mit der Kette spielen. „Be confident", sprechen Sie klar und deutlich, seien Sie positiv – und zwar von der ersten Minute des Interviews an.

Zuhören und nachfragen

Gut zuzuhören ist ausgesprochen wichtig. Erzählen Sie also nicht nur von sich selbst. Ihr Anteil am Gespräch sollte höchstens bei 30 Prozent liegen. Stellen Sie gute Fragen. Das macht Sie interessant und hebt Sie von anderen Bewerbern ab. Wenn Sie etwas nicht verstanden haben, fragen Sie einfach mit einem Lächeln nach, d.h. reagieren Sie souverän, ohne sich zu entschuldigen:

- *Do you mean that ...?*
- *I don't understand that. Can you explain, please?*
- *I'm sorry, I didn't get that. Could you repeat the last sentence, please?*
- *I'm sorry, I'm not quite sure what you are asking. Could you repeat your question, please?*
- *I'm sorry, could you ask that question again, please?*
- *I'm afraid, I haven't come across that term before. Could you explain it to me, please?*

Und stellen Sie offene Fragen: *How? Why? In what ways?*

6.4 So kann's gehen: Typischer Verlauf eines Vorstellungsgesprächs

In diesem Kapitel zeigen wir Ihnen, wie ein Vorstellungsgespräch ablaufen kann. Ein typisches Interview ist folgendermaßen untergliedert:

- Begrüßung und Smalltalk zu Beginn,
- Darstellung des Unternehmens,
- Fragen zur Persönlichkeit des Bewerbers,
- Fragen zum beruflichen Werdegang,
- Fragen zur Motivation,
- Fragen zur fachlichen Kompetenz,
- Fragen des Bewerbers,
- Abschluss des Gesprächs.

6.4.1 Smalltalk: Tipps und hilfreiche Redewendungen

Wie in Deutschland auch sind die ersten Minuten eines Jobinterviews entscheidend.

Warten Sie, bis man Ihnen die Hand gibt, und dann: Firm Handshake! Am Anfang des Gesprächs steht ein bisschen Smalltalk: über Ihre Anreise, Ihre Motivation für einen Arbeitsaufenthalt im Ausland oder über das Unternehmen, die Firmengeschichte, die Abteilung, in der Sie arbeiten möchten. Damit versucht man, den Bewerbern die erste Nervosität zu nehmen und eine entspannte Atmosphäre zu schaffen. Darüber hinaus können Sie bereits hier Interesse zeigen und beweisen, dass Sie sich auskennen. Denn Sie haben Ihre „Hausaufgaben" gemacht. Gehen Sie offen auf die Gesprächspartner zu. Sprechen Sie sie mit Namen an. Seien Sie freundlich und enthusiastisch. Versuchen Sie, locker zu bleiben. Zeigen Sie immer wieder, dass Sie Humor haben. Der Arbeitgeber will sehen, ob Sie mit Ihren Kollegen klarkommen würden. Und Humor ist im Zweifelsfall immer eine gute Strategie, um kleine Krisen zu meistern.

Smalltalk leicht gemacht: Einige Beispiele

- **Man wird sich wahrscheinlich nach Ihrer Anreise erkundigen und z.B. fragen**

	Mögliche Antwort
How was your flight?	Very good, thank you. It is always a pleasure to fly with Singapore Airlines as they are a very reliable airline and offer excellent service on board.
Did you have a nice trip?	Yes, it was a very good trip. There wasn't much traffic on the roads and the weather was excellent.
How was the traffic this morning?	It was'nt too bad and I arrived in good time. I left earlier because of the weather forecast and was able to miss the Monday morning rush hour.
Did you find us easily enough?	Yes, the description your secretary gave me was so precise that I didn't have any problems finding the building.

Did you have any trouble getting here?	Not at all. My hotel is just around the corner. So I am already familiar with the area.
Have you been to Sheffield before?	Yes, I was in Sheffield last year at the international conference on „Corporate Governance" at the Convention Centre. But I see that there are a lot of new construction sites since my last visit.
Is this your first trip to Detroit?	No, it's my second. I was at the 2004 Detroit Auto Show. We had a big stand as I was still working in the procurement planning department at Daimler Chrysler back then. The city has changed a lot since then.

- **Vielleicht spricht man zum Einstieg auch über das Wetter – ein Klassiker**

Nice weather, isn't it?	Yes, wonderful, it couldn't be better. Spring in America is a really special time of the year.
What was the weather like in Germany, when you left?	It was sunny when I left, but there has been a lot of rain during the last two months. It is still a bit too cold and wet in Germany for the time of year.

- **Man wird sich vielleicht auch nach Ihrer Unterbringung erkundigen**

Are you happy with the hotel?	Yes, definitely. It offers excellent service, the business centre facilities are very modern, the price is acceptable and it has a central location. I like hotels in locations that make travelling around quick and easy.
Where are you staying?	At the Hilton in the city.

Die oben erwähnte Grundregel gilt auch für Fragen nach dem Wetter und der Unterbringung. Auch wenn Sie wetterfühlig sind und es vielleicht seit Ihrer Ankunft ununterbrochen regnet, zeigen Sie sich nicht frustriert oder niedergeschlagen. Sie dürfen nicht etwa den Eindruck erwecken, als drücke das Wetter auf Ihre Stimmung. Das Gleiche gilt für Hotels, besonders wenn der potenzielle Arbeitgeber das Hotel für Sie gebucht hat. Sollte nicht alles nach Ihrem Geschmack sein, lassen Sie sich nicht darüber aus, sondern stellen Sie eher das Positive heraus. Es geht schließlich nur um die Aufwärmphase, ins Detail sollten Sie hier nicht gehen. Sie wollen ja so schnell wie möglich zum eigentlichen Thema übergehen.

- **Zuvor bietet man Ihnen vielleicht etwas zu trinken an**

Would you like some tea or coffee?	Yes, thank you, some coffee would be nice. Oder:
	No, thanks, I'm fine, but a glass of water would be nice.
Do you take milk or sugar?	Yes, milk and two sugars please.
May I offer you something to drink?	Thank you very much, a glass of water would be fine.

- **Übrigens: Verwechseln Sie nicht die folgenden Fragen**

How do you do?	How do you do. Oder:
	Pleased to meet you. Bzw.:
	Nice to meet you.
How are you?	Fine, thanks. And yourself?
How are you doing?	Not too bad, thanks. How about you?

Füllwörter schließen mehr als eine Lücke

Es ist im Vorstellungsgespräch wichtig, dass Sie sich interessiert zeigen. Dabei helfen Füllwörter und kurze Redewendungen, die sich geschickt einstreuen lassen, seine Aufmerksamkeit kund zu tun. Wenn Sie einer Aussage Ihres Gesprächspartners zustimmen möchten, können Sie beispielsweise sagen:

- *Exactly*
- *I see*
- *Of course*
- *Precisely*
- *How interesting*
- *I totally agree/I fully agree*
- *Good idea*
- *Great/brilliant*
- *You're right*
- *I couldn't agree more*
- *Do you?/Did you really?*

Falls Sie etwas nicht verstanden haben, fragen Sie nach, indem Sie folgende Redewendungen nutzen:

- *Excuse me?*
- *Pardon?*
- *I beg your pardon?*
- *I'm sorry, I didn't catch the last word.*
- *What exactly do you mean by that?*
- *Did I get you right?*
- *How would you explain that?*
- *Could you repeat this last point, please?*

Und wenn Sie etwas zusammenfassen möchten, können Sie es mit folgenden Phrases einleiten:

- *In short ...*
- *So, basically ...*
- *So, what you are saying, is ...*
- *To sum up ...*
- *Let me recap that ...*
- *May I just summarize this?*

Vielleicht möchten Sie während des Vorstellungsgesprächs noch eine Bitte äußern:

- *Could you ..., please?*
- *Could you possibly ...*
- *I wonder if you could ...*
- *Could I ask you to ...*
- *Would you mind confirming that?* (Aufpassen: Die Antwort ist hier „*no*", wenn man einverstanden ist).

Vorsicht Falle:

Wenn man sich bei Ihnen bedankt, z.B. dafür, dass Sie Unterlagen eingereicht haben oder zum Gespräch gekommen sind, reagieren Sie auf „thank you" niemals mit „please"! Geeignete Antwortmöglichkeiten sind:

- *You are welcome.*
- *(It was) My pleasure.*
- *Don't mention it.*

Smalltalk-Trickkiste

Es ist auch eine gute Idee, am Anfang etwas Nettes über das Gebäude, die Stadt, über ein Bild im Raum, über Ihren ersten Eindruck zum Unternehmen zu sagen wie beispielsweise:

- *I would not have expected so much greenery around here, all the parks are wonderful.*
- *I must say it is a very interesting building Wilson & Merricks are located in.*
- *The paintings are really very interesting. Who is the painter?*
- *It is always a pleasure to be back in Seattle. I would love to live here.*
- *The office building already looked very nice on your web site. But it is a lot bigger in reality. I like it a lot because it is so bright.*
- *What a coincidence. This painting of Dali is one of my favourites.*
- *On my way up to this room I heard three different languages. It is a great privilege to work in an international and global environment.*
- *My last visit to New York was before 9/11. So much has changed in Manhattan since then.*
- *I had a look at your company flyers displayed in the entrance area. They are translated into five languages. That is very impressive.*

6.4.2 Ein Jobinterview meistern

Im zweiten Teil des Gesprächs wird vom Verantwortungsbereich der Stelle die Rede sein. Hier können Sie auf Ihre eigenen Stärken hinweisen, also auf berufliche Leistungen und Erfahrungen. Beschreiben Sie Kenntnisse, die dem Anforderungsprofil entsprechen. Zeigen Sie, dass Sie hoch motiviert sind. Sprechen Sie von Ihren Ambitionen. Nennen Sie Beispiele dafür, dass Sie Verantwortung übernehmen möchten und können, dass Sie bereits Führungskompetenz bewiesen haben (Leaderships Skills).

Besonders wichtig ist in einem Vorstellungsgespräch Ihre Fähigkeit, Probleme zu lösen. Darauf sollten Sie unbedingt vorbereitet sein! Erwähnen Sie also Möglichkeiten, Kosten zu reduzieren, Aufträge zu akquirieren etc. Seien Sie aber nicht übertrieben klug und besserwisserisch. Ihre Partner kennen im Zweifel die Probleme der Firma weitaus besser als Sie. Übrigens: Wenn Sie noch keine Berufserfahrungen sammeln konnten, versuchen Sie als Ersatz sonstige Aktivitäten und Ehrenämter, auch aus der Schulzeit, anzugeben.

6.4.3 Beispielhaft! Klassische Interviewfragen

Im Folgenden finden Sie eine Reihe von Interviewfragen, auf die Sie sich vorbereiten können. Dies allein genügt aber nicht. Den Arbeitgeber interessieren weniger vorfabrizierte Antworten als konkrete Beispiele aus Ihrer Ausbildung und Arbeitserfahrung. Bei allen Antworten sollten Sie darauf achten, dass nicht Sie, sondern die Bedürfnisse der Firma im Mittelpunkt stehen. Nennen Sie nicht nur Verantwortungsbereiche, sondern auch Ergebnisse Ihrer bisherigen Arbeit in Zahlen. Beschreiben Sie die Leistungen in den verschiedenen beruflichen Stationen möglichst anschaulich, damit Ihr Gesprächspartner sich länger daran erinnert und sich für Sie entscheidet:

„I have some experiences that relate closely to what you are doing. I would like to tell you about them."

Interviewfragen über Interviewfragen – eine Übersicht

Persönlichkeit

- Tell me (all) about yourself.
- How would you describe yourself?
- What kind of person are you?
- What would your current employer tell me about you?
- How would your co-workers describe you?

- Which adjective characterizes you best?
- How do you perform under pressure?
- How do you respond to criticism?
- What kind of people do you like to work with?
- How do you relate to co-workers?
- What personal qualities do you have that would be especially helpful?
- Do you get along well with others?
- Do you prefer working by yourself?
- How do you deal with co-workers who disagree with you?
- Which problem-solving approach do you prefer?
- Do you consider yourself a team player?
- What makes you angry?

Motivation

- Why did you choose this career?
- What excites you about your current job?
- What motivates you the most?
- What level of responsibility do you feel comfortable with?
- Tell me about a difficult situation where you took the initiative.
- Are you willing to relocate?
- How do you feel about travel?
- Are you willing to take risks?
- Are you willing to go anywhere the company needs you?
- Where would you like to be in five years?
- What are your long-term goals?
- Talk about your future ambitions.
- How do you plan to achieve your goals?
- Do you have any objection to working overtime if it is required?

Gründe für die Bewerbung

- Why do you want to work for this company?
- Why this company? Why us?
- Why have you chosen to apply here?

- How did you hear about the job opening?
- What interests you about our organisation?
- What is it about this company that appeals to you?
- How much do you know about this company?
- What type of position are you interested in?
- Why would you like this particular type of job?
- Why do you want this job?
- Why did you decide to seek a position with this company?

Beruflicher Werdegang

- Have you ever done this kind of work before?
- What type of customers have you worked well with before?
- How do you respond to a customer with needs you cannot fulfil(l)?
- What job-related college courses have you completed?
- Tell me about your previous bosses (employers).
- What type of work do you like to do best?
- Which accomplishments have given you the most satisfaction?
- What kind of work experience have you had?
- Have you had any additional training since you left college?
- What was your worst mistake?
- What have you learned from your mistake?
- Why did you leave your last job?
- How does your experience or education relate to this job?
- What do you like or dislike about your current job?
- What did you like best/least about your previous job?
- What is your greatest accomplishment?

Fachliche Eignung

- What can you do for this company?
- Why do you feel you are suited for this position?
- What are your strong points?
- What are your main strengths?
- What skills do you have that are similar to those required for this job?

- What do you think you can bring to this company?
- What can you contribute to the team effort?
- What would you do about our problems if you were the president of our company?
- In what ways would you change this company?
- Can you assume a leadership role?

Persönliche Interessen

- What are your hobbies?
- What are your interests outside of work?
- How do you spend your (spare) leisure time?
- Do you do any volunteer work?
- What extracurricular activities did you participate in during your college years?

Tricky Questions

- What is the biggest mistake you've ever made?
- Why were you fired (if you were)?
- Why do you think we should hire you?
- Do you have papers that authorize you to work in the United States?
- Do you have a work permit or work visa?
- Do you smoke?
- How is your health?
- How often were you absent from work during your last job?
- Can you tell me why there are these gaps in your work history?
- What's the biggest problem you faced in your last job and how did you solve it?
- What is the most difficult situation you have faced in your career and how did you handle it?
- What salary did you have in mind?
- Give an example of a problem you encountered in your previous job and how you solved it.

Eine Auswahl der wichtigsten Fragen aus diesen Themenbereichen finden Sie mitsamt guten Musterantworten in Kapitel 6.4.4.

Was tun bei unzulässigen Fragen?

Wie in Deutschland kann es auch im Ausland vorkommen, dass Ihnen während eines Vorstellungsgesprächs unzulässige Fragen gestellt werden. Dazu gehören generell Fragen zur Konfession und zur Partei- und Gewerkschaftszugehörigkeit sowie zur Familienplanung.

In den USA gibt es sehr strikte gesetzliche Regelungen, um zu vermeiden, dass Bewerber bezüglich Rasse, Alter, Geschlecht, Ehestand, Gesundheit oder Religion diskriminiert werden. Folgende Fragen gelten dort als gesetzlich nicht zulässig:

- How old are you?
- What religion do you practice?
- Are you married?
- What country are you from?
- Do you plan to have children?
- How is your health?
- How often were you absent from work during your last job?

Dennoch sollte man darauf vorbereitet sein, dass im Vorstellungsgespräch auch diese Aspekte zur Sprache kommen können. Werden Sie beispielsweise gefragt, ob Sie verheiratet sind und Kinder haben, so wäre eine mögliche Antwort, dass für Kinderbetreuung gesorgt ist und Sie der Firma zur Verfügung stehen. Fragt man Sie in den USA, unerlaubterweise, nach Ihrer Herkunft, so könnten Sie darauf hinweisen, dass Sie sich bereits um ein Visum bemühen.

Im Gegensatz zu den USA ist es aber in einigen Ländern Europas und Asiens durchaus üblich, bereits im Lebenslauf Angaben zum Familienstand und Alter zu machen. Insbesondere wenn Sie sich für eine Expat-Stelle bewerben, ist es für ein Unternehmen unerlässlich, im Vorfeld (spätestens im 2. Vorstellungsgespräch) in Erfahrung zu bringen, ob weitere Familienmitglieder mit ins Ausland gehen würden. Es ist schließlich ein Unterschied, ob man Ihnen allein einen Heimflug bezahlt oder auch Ihrem Ehepartner und den Kindern. Den Arbeitgeber interessiert auch, ob eventuell Schulgeld für die Kinder anfallen würde, das könnte durchaus fünfstellige Eurosummen pro Jahr ausmachen. Deshalb empfehlen Experten, sich nicht überrascht oder gekränkt zu zeigen, wenn solche Fragen im Gespräch auftauchen. Wären Sie nicht in der engeren Wahl, würde der Interviewer sich gar nicht für diese Zusatzinformationen interessieren.

Stress Questions

Schwierigkeiten können Ihnen im Jobinterview nicht nur gesetzlich unzulässige, sondern auch „tricky" Stress Questions machen, dazu gehören beispielsweise:

- How do you think this interview is going?
- Don't you think you are underqualified for this job?
- What would you do if we didn't give you the job?
- We have several candidates for this post. What can you do for us that someone else cannot?
- How long do you intend working for us?
- Can you tell me why there are these gaps in your work history?
- In what ways would you change this company?
- It looks as if you haven't had a lot of experience at all – why should we give you the job?
- What is your greatest weakness?
- Do you see this lamp on my table? Sell it to me.

Hier kommt es darauf an, Ruhe zu bewahren, sich nicht provozieren zu lassen und sachlich zu bleiben. Die Interviewer wollen sehen, wie Sie in dieser Situation reagieren. Versuchen Sie also, die negativen Unterstellungen ins Positive zu wenden und nutzen Sie auch die Stressfragen, um Ihre Pluspunkte anzubringen.

6.4.4 Beispielhaft! Mögliche Antworten während des Jobinterviews

Unsere Musterantworten dienen nur als Vorschläge, wie Sie reagieren könnten. Sie sollen Ihnen dabei helfen, eigene Antworten zu entwickeln. Lernen Sie diese nicht auswendig – es kommt darauf an, auf verschiedene Fragen vorbereitet zu sein und entsprechende berufliche Situationen parat zu haben.

Please, could you give us a summary/overview/outline of your work experience to date? Oder: **Can you outline your career history for us?**

Auch wenn Sie Ihren ausführlichen Lebenslauf dem Unternehmen im Vorfeld zur Verfügung gestellt haben und alle wichtigen Informationen vorliegen, ist es üblich, dass sich der Interviewer im Gespräch nochmals mündlich einen kurzen Überblick geben lassen möchte. Insbesondere zielt er nämlich darauf ab, ob der Kandidat ausschweift und damit beginnt, seine Lebensgeschichte zu erzählen. Sie sollten sich so knapp wie möglich, aber so detailliert wie nötig äußern. Beschränken Sie sich auf die wichtigsten Stationen Ihrer Karriere und geben Sie immer Gründe zu jedem Wechsel an und belegen Sie damit, dass Ihre berufliche Entwicklung einer inneren Logik folgt.

Ein Einstieg in diese Antwort könnte etwa sein:

● *May I just summarize my career history and begin with my present position ...*

Nun folgt beispielsweise:

● *Perhaps it would be helpful if I were to start by summarizing my most recent/my current job. I can add details of previous experiences if you would find that useful. I am currently in charge of the purchasing department for my organisation and this role has enabled me to draw together many of the skills that I used in the past, both as a buyer and as a financial trainee. I get plenty of opportunities to use negotiating skills which I developed while working as an industrial buyer, and I really enjoy managing a team, and that is a key part of my current role.*

Tell me about yourself!

Dies ist die übliche Eröffnung eines Interviews. Erzählen Sie keinen Roman. Was man eigentlich von Ihnen wissen will, ist: „What can you do for the company?" Erwähnen Sie deshalb ausschließlich die Pluspunkte, die für die Anforderungen der Stelle interessant sind. Machen Sie deutlich, dass Sie die optimalen Fähigkeiten und Qualifikationen für die Position mitbringen.

Wenn Sie nicht wissen, wie und wo Sie beginnen sollen, können Sie Ihrerseits gegenfragen:

– *What aspects of my background are you interested in hearing about? Und:*
– *What would you like me to talk about first? Oder:*
– *There is so much I could tell you, what specifically would you like to know?*

Oder Sie verweisen auf Ihren Lebenslauf, indem Sie sagen:

– *As you can see from my resume, I've been involved in (marketing).*

Oder:

– *Maybe I should begin by telling you about my most successful project in my current job.*

Wählen Sie zu diesem Zweck aus Ihrer derzeitigen Stelle oder aus Ihren vorherigen beruflichen Stationen fachliche Kompetenzen und persönliche Eigenschaften aus und leiten Sie daraus ab, was Sie für den neuen Arbeitgeber tun könnten. Auch Freizeitaktivitäten können von Interesse sein, wenn Sie einen Bezug zur angestrebten Stelle haben.

Den Arbeitgeber interessiert nicht nur, ob Sie aufgrund Ihrer Hard- und Softskills für den Job geeignet sind, sondern auch, wie Sie sich in der Interviewsituation unter Druck präsentieren. Sie müssen zeigen, dass Sie sich nicht verzetteln und dass Sie in der Lage sind, in Ihrer Selbstdarstellung Prioritäten zu setzen und Wichtiges von Unwichtigem zu unterscheiden. Fassen Sie sich deshalb kurz (drei Minuten für die Antwort auf die Eingangsfrage sollten genügen). Langweilen Sie Ihre Gesprächspartner nicht durch ausführliche Geschichten, sondern fragen Sie lieber nach: *Would you like me to tell you a little bit more about this project/situation/...?*

Why are you interested in the current position?

Eine scheinbar simple, jedoch trickreiche Frage, da der Interviewer schon jetzt herausfinden kann, ob Sie ein echtes Interesse an der ausgeschriebenen Position haben. Haben Sie sich über das Unternehmen informiert? Wissen Sie, was Sie selbst wollen? Beantworten Sie diese Frage immer mit inhaltlichen Aspekten wie:

● *There are two main reasons. Firstly, the job you advertise is a really excellent match to my current skills and experience; your product range is quite similar to the range I have been working with recently, too. Secondly, and very importantly, the position you are advertising entails more responsibility and this is something I feel ready for and enthusiastic about. I have stepped in for my manager occasionally when she has been on holiday, and I have found I rise to the challenge easily and really enjoy it.*

Auch die Frage „Why do you want to work here?" gehört in diesen Zusammenhang. Übertreiben Sie nicht, nach dem Motto „Dies ist die beste Firma der Welt." Mit Ihrer Antwort müssen Sie den Arbeitgeber davon überzeugen können, dass Sie ernsthaft an der Firma und der ausgeschriebenen Stelle interessiert sind und dass Ihre Bewerbung dort Ihrer beruflichen Entwicklung entspricht. Commitment ist gefragt. Zeigen Sie Engagement und Begeisterungsfähigkeit. Vielleicht möchten Sie mehr Verantwortung übernehmen, sicher wollen Sie zum Erfolg des Unternehmens mit den Kompetenzen, die Sie bisher erworben haben, beitragen:

- *The new job seems to be more demanding.* Oder:
- *This job requires many of my strongest skills.* Oder:
- *In my previous position I used many of the skills needed to do this job well. I think that my experience will enable me to be a producer for you, too.* Oder:
- *From what I know about the company, I feel that I can contribute a lot.*

Nennen Sie auch konkrete Projekte, zu denen Sie beitragen können. Vielleicht haben Sie schon in den Bereichen gearbeitet, in denen das Unternehmen tätig ist. Das heißt, bei dieser Antwort müssen Sie zeigen, dass Sie Ihre Hausaufgaben gemacht und gut recherchiert haben, was das Unternehmen braucht. Sie können natürlich an dieser Stelle auch private Gründe angeben: Ihre Frau wird von einer deutschen Firma nach Singapur entsendet und nun suchen auch Sie dort eine anspruchsvolle Aufgabe.

Do you prefer working as a team player or working on your own?

Es ist durchaus üblich, diese Frage in zwei Teilen zu stellen, also etwa: „How would you describe your teamwork skills?" und „What is your attitude to working on your own without supervision?" Gute Interviewer fragen nicht nach beiden Aspekten gleichzeitig, aber nicht alle Gesprächspartner sind gute Interviewer und manchmal müssen Sie mit deren mangelnder Erfahrung fertig werden.

Teamfähigkeit und selbstständiges Handeln sind beides gefragte Kompetenzen. Wenn von Ihnen erwartet wird, in Projektgruppen zu arbeiten, müssen Sie sich einerseits als Teamplayer präsentieren. Andererseits sollen Führungskräfte selbstständig Entscheidungen treffen und sie durchsetzen können. Zeigen Sie auch an dieser Stelle, dass Sie ein angenehmer Mitarbeiter wären, der ins Unternehmen passen würde und dass Sie beispielsweise in der Lage sind, Ihr Team zu überzeugen und zu motivieren. Ihre Antwort auf diese Frage sollten Sie auch davon abhängig machen, wie die ausgeschriebene Position gekennzeichnet ist und welche Verantwortung sie beinhaltet. Bewerben Sie sich auf eine Position im Middle Management, ist es sicher ausschlaggebend, dass Sie ein guter Teamplayer sind, ist die Position im Upper Management, kommt es darauf an, dass Sie, wenn nötig, auch alleine Entscheidungen treffen und Autorität ausstrahlen.

- *I really enjoy working as part of a team, whether I am leading it, or working as an equal member. It can be very stimulating to share ideas with other people and one often comes up with a greater range of solutions to a problem by working together. In one company I worked for, we found that we were losing some of our smaller customers and it was only when we had a team meeting to come up with some better ways of making the smaller customers feel more valued, that we began to turn the problem around. Having said that, I never mind working on my own. There have been times when I have had to take a quick decision without the opportunity to talk to other people, and I do have the confidence to do that.*

Why do you want to live and work overseas? And what happens if we send you to Bangladesh for 3 years?

Auch eine trickreiche Frage, denn man möchte herausfinden, ob Sie bloß ein Abenteuer suchen, auf ein lukratives Gehalt aus sind oder aber durch einen Auslandsaufenthalt aktiv am „Fast Growing Market" teilhaben und wertvolle Erfahrungen sammeln wollen. Ein Abenteuer ist ein Auslandsaufenthalt sicher in diesem positiven Sinne in jedem Fall, jedoch verlangt er auch ein Höchstmaß an Einsatz, Motivation und Flexibilität. Es gibt in den gehobenen Positionen keine festen Arbeitszeiten, auch ein Wochenende kann durchaus der Firma gewidmet sein, z.B. durch Social Events, Vorbereitungen für Dienstreisen, etc. Das unterschätzen viele Bewerber, vor allem wenn sie in ein Gebiet versetzt werden, wo andere Urlaub machen.

- *I have always had an ambition to spend some time during my career living and working overseas. I see the opportunity to work abroad as an excellent chance to develop new skills as well as build on those I already have. I would like to bring skills and knowledge to new working environments, but I would also be prepared to listen and learn, and I really get great satisfaction from building good working relationships with people. If you were to send me to Bangladesh for three years, the very first thing I would do when you gave me the news, would be to go to a library or the Internet and find out as much as I could about the country, its business, its culture, etc. I know it would not be the most glamorous posting in the world, but this could mean it provided even greater learning and career development opportunities for me. I have always been able to adapt to new situations quickly and I love travel.*

Natürlich könnte es auch sein, dass Sie sich in einer Situation befänden, die es nicht realistisch erscheinen ließe, dass Sie für drei Jahre nach Bangladesh gehen könnten, und in diesem Fall sollten Sie es auch sagen:

- *I really like the idea of being placed overseas, but I have young children, and I would need to find out what the possibilities for their schooling would be, before I accepted such a transfer. I think living abroad would be very good for the children, but I would not be happy to leave them in a boarding school here, while I was away overseas. I am always happy to look at any transfer opportunities that come up, and work with you to find solutions to any potential problems.*

In career terms, where would you like to see yourself in a couple of years from now and how will you go about achieving that goal?

Eine Frage, mit der Ihre Gesprächspartner herausfinden wollen, inwieweit Sie bereit sind, sich ständig weiterzuentwickeln und an welchen Zielen Sie sich messen lassen wollen. Machen Sie deutlich, dass Sie sich bewusst sind, dass das Leben ein einziger Lernprozess ist. Nur so überzeugen Sie den Personalverantwortlichen, dass Sie sich immer wieder neuen Anforderungen und Herausforderungen stellen werden. Und achten Sie darauf, dass die von Ihnen aufgeführten Ziele gut zum Unternehmen passen.

- *I have two major goals I would like to achieve in the next five years. Firstly, I would like to finish my MBA. I am studying part-time while I am working and this is going very well; I have already completed half the course. My other goal is to obtain a job where I have more management responsibility and be promoted to a team leader role. My last annual appraisal was very positive and suggested that I was ready to take additional responsibility.*

Und ein anderes Beispiel:

- *I chose to apply to your company because it has been expanding recently and because I have read about some exciting new software developments that you are working on. I enjoy working in research and development and I would like to be in a key role in this area with your company by the time I have worked here for a few years.*

Auf die klassische Frage, wo Sie sich in fünf Jahren sehen würden, erwartet übrigens niemand eine detaillierte Antwort. Solche Pläne sind in Zeiten kurzfristiger Projekttätigkeiten und befristeter Verträge unrealistisch. Der Arbeitgeber möchte aber wissen, ob Sie sich ernsthaft engagieren wollen – und ob Sie die nötige Energie dafür aufbringen wollen. Beschreiben Sie in diesem Zusammenhang am besten die

– Verantwortungsbereiche, die Sie in den nächsten Jahren anstreben,

– sowie fachliche Kompetenzen, die Sie erweitern wollen.

Sie können an dieser Stelle auch darauf hinweisen, dass Sie die Fähigkeiten und Erfahrungen, die Sie in dieser Zeit erwerben werden, auf die bestmögliche Weise einbringen möchten: *„I'd like to put my skills to their best possible use in your company."* Geben Sie sich selbstbewusst und optimistisch.

Would you describe yourself as a decisive person, and are there any types of decision which you find it difficult to take?

Eine essentielle Frage, wenn Sie sich für eine Position bewerben, in der Sie Führungsverantwortung übernehmen wollen oder müssen. Wenn Sie nicht entscheidungsfreudig sind und diese Frage nicht guten Gewissens bejahen können, sind Sie hier fehl am Platz.

● *I have had to take several decisions in my current job, particularly about effective ways to reduce expenditure. The most difficult decisions are those which affect other people. For example, I had to make one person redundant simply because there was not enough work, even though he was a very good employee. I don't think anyone likes taking those sorts of decisions, but I think if you are fair and truthful with people and also clear in your own mind that you have made the right decision, this helps enormously.*

Ein Berufseinsteiger wird natürlich solche Situationen nicht parat haben, könnte aber beispielsweise antworten:

● *The most important decisions I have had to take so far have been about my education and my choice of teaching as a career. I take a very rational approach to decision making, weighing up the pros and cons of different options, rather than simply acting on impulse. On the other hand, I think one often has an instinctive feel for what is the right decision and I do pay attention to these feelings.*

Are you married and do you have children?

Ein Interviewer sollte eine Frage wie diese eigentlich nicht stellen. Tut er es trotzdem, kommt es darauf an, dass er jeden einzelnen Kandidaten auf exakt die gleiche Art befragt. Auch wenn es in manchen Ländern (z.b. USA) als unzulässig angesehen wird, den Kandidaten nach der persönlichen Situation zu fragen (Familienstand, Kinder), ist es u.a. in den meisten Ländern Europas und Asiens üblich, bereits im Lebenslauf diese Informationen zu liefern (Marital Status: married, one daughter). Zeigen Sie sich daher nicht überrascht oder auch nur irritiert, wenn man Ihnen diese Frage stellt, sondern sehen Sie es eher als ein positives Zeichen: Wenn Sie noch nicht in der engeren Auswahl wären, würde sich der Arbeitgeber für diese Zusatzinformationen gar nicht interessieren.

- *If you are asking me either about my commitment or my flexibility, I can offer you complete reassurance on both counts. I am married, with two children who are at school. I would not have applied for a position at this level if I did not know that I have the time, energy and enthusiasm to work here very successfully. My current job has often required me to do some work in the evening or at the weekend and it has never been a problem.*

Are you flexible regarding working hours, overtime, business travel and weekend work?

Auch eine beliebte Frage in puncto Engagement sowie familiärer Verpflichtung. Bewerben Sie sich z.B. auf eine Position eines „Business Development Managers" und zeigen sich im Gespräch aufgrund von familiären Verpflichtungen nach ihrer Arbeit unflexibel, kann das leicht als Hinderungsgrund für Ihre Anstellung empfunden werden. Seien Sie daher vorsichtig mit voreiligen Äußerungen und präsentieren Sie sich nicht zu sehr als guter Familienvater. Zunächst steht auf dem Programm, den Job zu bekommen. Dass Sie später Ihre beruflichen Verpflichtungen mit denen Ihres Privatlebens unter einen Hut bekommen müssen, ist nur normal, gehört aber nicht in die erste Runde des Vorstellungsgesprächs. Zeigen Sie sich zu 100 Prozent flexibel, engagiert und offen für Extras. Insbesondere was Sonderleistungen angeht, hat sich in den letzten zehn Jahren enorm viel gewandelt. Wenn früher noch Überstunden, Abwesenheit durch Geschäftsreisen, Wochenendarbeit etc. vergütet wurden, so ist das heute vor allem im Ausland nicht mehr üblich, wo Ihr Pauschalgehalt so gut wie immer Überstunden, Wochenendarbeit etc. mit einschließt. Die Konkurrenz an qualifizierten Arbeitskräften ist generell so groß, dass Sie oft ein höheres Gehalt erwarten können, wenn Sie ab und an mehr als den Nine-to-five-Job zu tun haben. Erklären Sie:

- *I am used to working evenings and weekends when necessary. In a competitive market you are expected to be flexible.*

- *Regarding travel, I am very open to it, as it brings extra experience to me, every business travel strengthens the learning curve in my life.*

As you are currently unemployed, what are you doing with your spare time?

Auch wenn diese Frage nichts mit dem eigentlichen Job zu tun hat, seien Sie gut darauf vorbereitet. Sie müssen immer einen überzeugenden Plan von dem vorlegen können, was Sie neben dem Bewerben momentan machen wollen. Versuchen Sie nicht zu erklären, dass Sie sich rund um die Uhr vorstellen, das klingt nicht ehrlich. Natürlich kann der Bewerbungsvorgang durchaus ein Nine-to-five-Job sein (Firmenrecherchen und Analysen sind eben zeitaufwändig), aber haben Sie darüber hinaus noch viele Aktivitäten vor – nach dem Motto: *„It's not where you are, it's where you want to be".*

Der Besuch von Fachseminaren, Persönlichkeitstrainings oder Sprachkursen gehört dazu. Vielleicht starten Sie sogar eines der zahlreichen internationalen Online Masters Programme, die man bequem von zu Hause absolvieren kann und die sich zum Teil nur über zwölf Monate erstrecken. Denn: Wer in der Zeit der Arbeitslosigkeit nicht aktiv ist, wird im späteren Job auch eher passiv sein. Auch im Job ist nicht immer alles unproblematisch, von daher ist zu jeder Zeit der Wille, für seine Ziele zu kämpfen und eine rundum positive Gesinnung angesagt.

- *Finding a job is my number one goal at the moment, so my daily routine always starts with checking job adverts, emails, telephoning potential employers and anything else that will improve my chances. I want to work in sales, so I have just attended some seminars on the three A's of selling: attitude, activities and achievements. The seminars have been really interesting and left me feeling very motivated. I would love to travel to and maybe even work in South America. So as I already speak and write fluently in English, I have just signed up for an intensive Spanish course. The key thing when one is not employed, is to structure one's time and remain physically and mentally active.*

How would you rate your language and IT skills?

Diese Frage wird oft in zwei Teilen gestellt, abhängig von der Stelle, für die Sie sich bewerben. Über Sprachkenntnisse spricht man gern im Vorstellungsgespräch. Seien Sie also vorsichtig mit Überbewertungen. Die Fähigkeit, sich in gängigen Sprachen auszudrücken, wird sehr gern getestet und wenn Sie „fluent" oder sogar „native fluency" angeben, dann sollten Sie das auch umsetzten können. Geht es z.b. im Anschluss an das Job Interview zum Lunch und Ihre Spanischkenntnisse sind eher eingerostet als fließend wie aus dem CV hervorgeht, dann haben Sie spätestens jetzt ein Problem und machen sich unglaubwürdig. Dasselbe gilt für Ihre IT-Kenntnisse. Spätestens an Ihrem ersten Arbeitstag haben Sie ein großes Problem, wenn Sie Ihre Microsoft-Office-Kenntnisse als hervorragend einstufen, aber vor zehn Jahren den letzten PowerPoint-Kurs gemacht und seitdem all dieses Know-how nicht mehr angewendet haben. Mit diesen Kenntnissen nun fünf Präsentationen an einem Tag vorzubereiten, wäre schier unmöglich:

- *I am fluent in English and Spanish. My verbal skills are better than my writing at present, but I constantly read English and Spanish business newspapers and try to write as much as possible to improve my written skills. In addition, I have some basic French but I could not hold a fluent business conversation. I really enjoy learning languages.*

- *I am proficient in all Microsoft Office products including Word, Excel, PowerPoint and Access. The system I use is Windows XP. I have some basic skills in Macintosh and I am currently attending a course in web design. I am really interested in creating websites.*

- *I would not say I am passionate about computers, as my real interest is in sales – I do see them as an extremely useful, well essential work tool and I am not at all uncomfortable using IT. I have done quite a bit of basic word processing, used Excel for sales data, etc., and I am always willing to learn about a new IT package if it helps my sales career.*

What are your hobbies? How do you relax when you are not working?

Vorsicht mit dieser so einfach klingenden Frage. Viele Fallen können hier lauern. Geben Sie z.B. an, dass Sie ein begeisterter Golfer sind, dann sollten Sie auch mit allen Grundregeln vertraut sein. Nachfragen können

Sie schnell im freundschaftlich gemeinten Smalltalk entlarven. Wenn Sie dann passen müssen, ist es mit der Begeisterung des Interviewers für Sie vorbei. Dasselbe gilt z.B. für Themen wie Fotografie, Kunst und Literatur. Hat der Interviewer dieselben Hobbys – und damit müssen Sie immer rechnen –, wird der lockere Smalltalk schnell zum unangenehmen Test. Wenn Sie als Hobby Lesen angeben, dann sollten Sie natürlich Ihren Lieblingsschriftsteller oder Ihre Lieblingsschriftstellerin bzw. den zuletzt gelesenen Titel parat haben.

- *I am an enthusiastic golfer and I recently got my handicap down to 8. I am now a member of the golf club XY and try to practise every Sunday if time permits. I like the social side of golf too and have made many good friends through my golfing activities. It is a perfect way to relax after a stressful week.*

- *I like traveling and I have a strong interest in different cultures. Traveling is the perfect way for me to relax and learn new things at the same time. If time permits, I combine my travels with refreshing foreign languages, e.g. during my last trip to Quito/Ecuador I took a private intensive Spanish course for one week which I enjoyed very much.*

- *I am involved with my local drama group and we try to put on three or four plays each year. It is an odd way to relax, because being on stage can be quite nerve wracking, but I really enjoy it and it has certainly increased my confidence and made it much easier for me to give presentations or lead seminars at work.*

What training and professional development have you undergone apart from what you have learned through your current job?

Den Arbeitgeber interessiert, ob Sie motiviert sind und Initiative ergreifen werden, sich weiterzubilden. Wer nicht besser werden will, hat bereits aufgehört, gut zu sein! Deshalb sollten Sie Beispiele parat haben, wie Sie sich in Seminaren fortgebildet, welche Fachzeitschriften Sie abonniert haben – und berichten können, dass Sie sich regelmäßig mit Fachkollegen austauschen. Aber Vorsicht: Bluffen Sie hier auch auf gar keinen Fall. Rückfragen könnten peinlich sein, wenn Sie Kurs XY gar nicht belegt haben, Ihr Gegenüber aber die Inhalte kennt. Seien Sie auch ehrlich, wenn Ihr derzeitiger Job Weiterbildung außerhalb der Arbeitszeit zeitlich einfach nicht zulässt.

- *I have worked hard to improve my language skills – being able to communicate well is so important and it also makes my work so much more satisfying and gives me a real sense of achievement. I have taken an evening course in French and several short courses in Business English. I watch English films whenever I can.*

- *I think it is really important to keep up with current IT developments. Even though my main responsibilities are in marketing, I take every opportunity to learn about anything which is new and relevant – I have taught myself quite a lot about desk top publishing and computer graphics. It also means that I am good at understanding what is possible from a design point of view.*

- *Anything that helps me focus on and develop my management skills always appeals to me. I have had opportunities to attend several optional training days on topics including staff motivation, time management, assertiveness and teamwork skills. Sometimes when you are busy, it is tempting to think you have no time for training courses, but so long as they are good courses, I believe it is time well spent. It is also an opportunity to step back and think a little about how you operate, how your colleagues see you, etc.*

Of course, we are interviewing several candidates for this position, how can you convince us that you stand out from the crowd?

Diese Frage kann Ihnen auf unterschiedliche Arten gestellt werden:

- Why should we employ you?
- What makes you better than any other candidate?
- Sell yourself to us.

In jedem Fall kommt es darauf an, den Arbeitgeber davon zu überzeugen, dass Sie der Beste sind. Dies ist eine ausgezeichnete Gelegenheit, auf Ihre persönlichen Leistungen in Ihrer bisherigen beruflichen Karriere hinzuweisen, die Sie von der Masse abheben. Denn viele Stärken (z.B. flexibel, kontaktstark, dynamisch sein etc.) sind heute einfach Standard und werden vorausgesetzt. Hier interessieren Beispiele aus konkreten Arbeitssituationen. Ein Einstieg könnte etwa sein:

- *It seems that one of the key things you are looking for is flexibility, with an initial placement in Germany and then a transfer to Scotland or Scandinavia. I have lived in Norway and the UK, and I believe this means I could fit in and start being effective from the day I started work in either of those countries. Of course, I also believe my background in biotechnology research is just what you are looking for in your new laboratories.*

Wenn Sie von einem amerikanischen Arbeitgeber interviewt werden, können Sie ruhig etwas selbstbewusster auftreten, sogar „pushy" sein und ihm den Eindruck vermitteln, als würde er sozusagen einen Fehler machen, wenn er Sie nicht einstellte, indem Sie beispielsweise sagen:

- *I know I have the perfect skills mix for your organisation and I could undoubtedly increase your sales to some of the largest customers around, and I am sure you would not want me to work for one of your competitors.*

You have an interesting CV, but there is a gap of about a year from January 2000 to February 2001? What were you doing during this time?

Dass diese durchaus kritische Frage kommt, muss nicht sein, wenn Sie bewiesen haben, dass Sie Ihren CV im Vorfeld bereits lückenlos ausfüllen konnten. Sollten Sie eine längere Lücke haben, dann ist das nicht weiter schlimm. Sie müssen nur hinreichend dokumentieren, warum – und das bereits im CV. Sollten Sie in diesem Zeitraum Ihre langersehnte Weltreise absolviert haben, dann schreiben Sie es auch so rein. Vielleicht haben Sie im Ausland gejobbt, Sprachkurse besucht und lohnenswerte interkulturelle Erfahrungen gesammelt?

- *I had always dreamed of doing a „round the world tour" and after the department of the company I was working for closed down, I decided this would be the ideal time to set off on my travels. I spent seven months in the US and a further five months in South America. It was a marvelous experience and I learned a great deal; not just about other cultures but about myself and my ability to adapt, build relationships, cope with problems and rely on my own resources. I suppose I should have included the travel on my CV really, because I certainly gained a lot from it and I think any future employers will benefit from the way that experience helped me to develop.*

- *It became essential for someone to take care of a family member who was ill, and my spouse and I discussed very carefully who it should be. He had just started a new job with really good training prospects and the chance to gain a professional qualification, so at that stage, we agreed that it was better that I should drop out of work for a while. I kept up to speed via professional reading and contact with former colleagues, and I do not regret my decision.*

How would you define success in your job?

Hier will der Interviewer herausfinden, was Sie motiviert und ob Sie Ehrgeiz und Schwung mitbringen. Sie sollten deshalb auf diese Frage vorbereitet sein und definieren können, was Sie unter Erfolg verstehen. Vielleicht bedeutet er für Sie, dass Sie mit Ihrem Team eine Aufgabe kompetent lösen können? Oder Sie betrachten es als Erfolg, wenn Ihr Chef Ihnen mehr Verantwortung überträgt? Vielleicht möchten Sie auch hier als Antwort anführen, dass Sie es als Gewinn betrachten, wenn die Ziele, die sich sich vor ein bis zwei Jahren gesetzt haben, inzwischen erreicht wurden?

- *My main definition of success is a project completed on time and within budget – and that is normally what I achieve. However, on a day to day basis, I think good working relationships with colleagues and a feeling that you want to come into work the next morning and go home with a tidy desk at the end of the day are also very useful measures of success.*

Wenn Sie eine kurze bündige Antwort geben möchten, versuchen Sie es mit: „A happy customer who comes back again and again and who recommends us to others is always my first measure of success!"

How do you cope with working under pressure?

Arbeitgeber suchen Mitarbeiter, die belastbar sind. Deshalb ist es wichtig, sich bei dieser Interviewfrage keinen Schnitzer zu leisten. Machen Sie deutlich, dass Sie mit Zeitdruck umgehen können, dass Stress Sie sogar zu Höchstleistungen beflügeln kann. Führen Sie Beispiele dafür an, dass Sie in der Lage sind, Prioritäten zu setzen, den Ablauf aller notwendigen Tätigkeiten zu planen und einen kühlen Kopf zu bewahren – dies natürlich auch für den neuen potenziellen Arbeitgeber. Ihre Beispiele können aus unterschiedlichen Bereichen stammen, von Ihrer derzeitigen Stelle ebenso wie von einem ehrenamtlichen Engagement, einem Praktikum oder dem Sommerjob. Und auch hier unser Rat: Erzählen Sie möglichst spannend und unterhaltsam, langweilen Sie den Interviewer nicht mit langatmigen Geschichten.

- *Perhaps I could explain this by giving an example of a very busy time in my work cycle. Each year, the small company I work for organizes an awards ceremony for the hospitality business sector. Part of my role is to be the main coordinator for this. I have to book the venue, organise the entries and the judging before the awards night itself. I also organize all the practical side, venue, after dinner speaker, caterers etc. There are 20 different awards, so it is very hectic. I always work to a checklist, when I am planning my time, and budget some time for last minute hitches, because there are always a few that are outside of our control. I let colleagues know in plenty of time what I need from them, so that they aren't under unreasonable pressure either. I try to learn something each time round, so that things take less time during the following year. I enjoy the buzz of this part of the year though. I am sure I could put this experience to good use working on your sales exhibitions.*

What do you know about our company – and how do you think we could do better?

Sie müssen mit Ihrer Antwort zeigen, dass Sie sich detailliert über das Unternehmen informiert haben. Sie haben Ihre Hausaufgaben gemacht und gut recherchiert. Sie kennen sich in der Branche aus und haben eine klare Vorstellung von den Aufgaben, die mit der Stelle verbunden sind. Sie können begründen, inwiefern Sie auf den von Ihnen bisher erworbenen Kompetenzen und Soft Skills aufbauen könnten, wenn der Arbeitgeber sich für Sie entschiede. Ihr Interesse ist ernsthaft, Sie sind hochmotiviert. Aber übertreiben Sie nicht, Sie sind gut informiert, aber treten nicht als Besserwisser auf!

- *I have read about some of your recent developments, particularly some of the new home entertainment products you are developing, and I particularly liked your recent advertising campaign for digital radios. I have also heard on the „grapevine" that you really encourage your employees to develop their skills and that promotion is based entirely on merit. The only criticism I have heard is that sometimes customer complaints are not dealt with very quickly. I see this as something really important for an organisation that relies on a satisfied customer base and on business growing through word of mouth recommendations.*

Einem amerikanischen Arbeitgeber könnten Sie durchaus etwas aggressiver antworten:

- *I have found out a great deal about how your company works, as I have already talked to several of your customers to see how satisfied they are, and whether they think you could do better. Some of them thought your last advertising campaign was a bit weak, a bit dated, and I am inclined to agree with them. I would help you avoid mistakes of this kind.*

Why did you select the profession you have chosen to work in?

Arbeitgeber wollen wissen, ob Sie ernsthaft an ihrem Unternehmen und der ausgeschriebenen Position interessiert sind. Passt die neue Stelle in Ihre bisherige berufliche Entwicklung? Haben Sie eine Vorstellung von dem, was Sie machen möchten, kennen Sie Ihre Schwerpunkte, haben Sie Ihre Kompetenzen bisher gezielt ausgebaut? Und wie hoch ist Ihre Motivation, wie umfangreich sind die bisher erworbenen Kenntnisse und Fähigkeiten, die Sie nun für das neue Unternehmen aufbringen? *„Is there a continual path of development?"* Zieht sich sozusagen ein roter Faden durch Ihre berufliche Entwicklung – das ist hier die Frage. Zeigen Sie Ihren Interviewpartnern, dass Sie ein Go-Getter sind, dass Sie beruflich weiterkommen und mehr Verantwortung übernehmen möchten. Diesen Willen müssen Sie rüberbringen. Ihre Bewerbung auf diese neue Stelle darf nicht einfach nur wie eine Verlegenheitslösung wirken. Und wenn Sie Brüche in Ihrer beruflichen Entwicklung haben, erklären Sie diese souverän: *„I wanted to get ahead in my chosen career. The new job was more demanding"* oder *„I wanted to work with other clients."*

- *At school, I was not exactly sure what I wanted to do, but by the time I was choosing my higher education course, I knew I wanted to do something at a professional level in the world of business. I also liked learning and the idea of acquiring some highly specialised knowledge. Someone said he could imagine me working as a lawyer and this encouraged me to do a three month placement with a law firm. I really enjoyed it and worked out that I could keep my interest in business by working in commercial and company law and I have been extremely happy with the decision I made.*

Would you make the same career choice again?

Der Interviewer, der diese Frage stellt, will herausfinden, ob Sie wissen, wo Sie zum aktuellen Zeitpunkt stehen und wie Sie Ihre berufliche Entwicklung einschätzen. Entspricht Ihr bisheriger Werdegang Ihren Zielen und Motivationen? Und können Sie Ihre Erfahrungen in Bezug zur angestrebten Stelle setzen? Den Arbeitgeber interessiert, ob Sie wissen, in welche Richtung Sie gehen möchten und ob Sie zielstrebig sind. Sollten Sie sich für einen Richtungswechsel entschieden haben, müssen Sie es natürlich im Jobinterview nachvollziehbar begründen können. Überlegen Sie vor dem Vorstellungsgespräch, welche Vor- und Nachteile der vorherigen beruflichen Stationen Sie zu einem Wechsel motiviert haben. Präsentieren Sie sich aber niemals als frustrierten Mitarbeiter.

- *Yes, I am very happy with my decision to work in IT and systems administration. This has proved ideal for me. I always liked computers right from when I was very young. I would not change my career path, but I might have benefited from spending more time doing something like „help desk" work. I am very good at dealing with the queries and technical problems people have with their IT systems now, but a couple of years ago, I found it difficult to understand some of the problems people were having, because the solutions came so easily to me.*

- *I would like to have got into my chosen career more quickly. I spent three years in advertising because I thought it was what I wanted, and that has meant I had to start right at the bottom in journalism which is the career I am now absolutely committed to. I think I learned a great deal in those three years, but there is a little bit of me that still sees it as wasted time – I really do mean a little bit though.*

Why did you choose your major subject?

Diese Frage wird häufig Berufseinsteigern gestellt – oder auch Bewerbern, die sich um ein Praktikum bemühen. Klingt Ihre Begründung für die Wahl Ihres Studienfachs plausibel? Wie sind Sie zu der Entscheidung gekommen? War es eher eine Verlegenheitslösung oder was hat Ihr Interesse an dem Studienfach konkret geweckt? Wirken Sie zielstrebig, wissen Sie, was Sie wollen? Was motiviert Sie? Nehmen Sie Ihre berufliche Entwicklung wirklich ernst? Gibt es einen Bezug zwischen Studienwahl und der Position, für die Sie sich bewerben? Das sind die Punkte, die den Arbeitgeber interessieren.

- *I chose economics because I had been quite good at maths and at history during my school career, but I did not think I was good enough at maths to take it to a degree level. I also tried to look at something that would be useful in the job market, even though I had not made up my mind about a career at that stage. I had seen a lot of adverts which mentioned „economics" as a preferred subject for job applicants.*

What is your greatest strength?

Eine willkommene Frage, die Sie nutzen sollten, um sich als erfolgreich zu präsentieren. Natürlich wählen Sie für Ihre Selbstdarstellung solche Stärken aus, die für die angestrebte Stelle relevant sind. Und haben Sie auch hier überzeugende Beispiele parat, mit denen Sie Ihre Vorzüge belegen können? Wenn beispielsweise Teamfähigkeit eine Ihrer Stärken ist, könnten Sie eine Situation beschreiben, in der Sie in einer Projektgruppe erfolgreich eine Aufgabe erledigt haben. Wenn eine Ihrer Stärken Sozial-kompetenz ist, könnten Sie beispielsweise sagen:

- *My greatest strength is in establishing good working relationships with people very quickly and being able to adapt to new situations with different people. I have always got on well with managers, colleagues and customers and I think this is because I am as prepared to listen as I am to talk. I try to talk in a way that makes people feel comfortable, not using jargon or technical language unless it is appropriate and encouraging others to express their points of view.*

What is your greatest weakness?

Vorsicht, Falle! Lassen Sie sich nicht dazu hinreißen, etwas Falsches zu sagen. Etwa, dass Sie schlecht organisiert seien. Die Antwort: *I don't have any weaknesses at all*, wäre aber auch nicht angebracht. Den Arbeitgeber interessiert vor allem, wie Ihre Selbsteinschätzung ausfällt und wie selbstbewusst Sie sind. Am besten weisen Sie auf eine Schwäche hin, die sich ins Positive wenden lässt. Experten empfehlen im Allgemeinen, immer eine bestimmte Situation aus Ihrer Berufstätigkeit herauszugreifen und an diesem Bespiel deutlich zu machen, wie Sie Ihre Leistung bzw. Ihr Verhalten weiterentwickelt haben. In amerikanischen Ratgebern werden Sie in diesem Zusammenhang auf das Kürzel SAR stoßen:

- S für Situation,
- A für Action,
- R für Results.

Die Verfahrensweise, die sich aus diesen drei Begriffen ableitet, können Sie auch bei den Tricky Questions anwenden, wie zum Beispiel bei der Frage nach Ihrem größten Misserfolg. Zeigen Sie, dass Sie aus Ihren Schwächen gelernt haben. Es versteht sich von selbst, dass Sie nicht gerade Schwächen in den Kompetenzbereichen zugeben, die laut Stellenanzeige vorausgesetzt werden.

- *I suppose that I can sometimes be a little bit impatient. I really like everything I am working on to turn out well and if work is getting behind, I can sometimes let my irritation show with other people. I am aware of this, and I have become much better at handling these sorts of situations over the past two or three years.*

Can you describe one of your biggest failures?

Ähnlich wie bei der Frage nach Ihren Schwächen sollten Sie hier nicht ausführlich Ihre Misserfolge beschreiben. Nennen Sie ein Beispiel für eine Aufgabe, die Sie nicht zu Ihrer Zufriedenheit erfüllen konnten. Und erklären Sie, was Sie daraus gelernt haben. Kehren Sie das negative Beispiel dadurch ins Positive. Achten Sie in diesem Zusammenhang darauf, dass Sie niemals in einem Vorstellungsgespräch Ihre Exkollegen und -vorgesetzten für Fehler und schwierige Situationen verantwortlich machen.

- *I failed an examination at the end of my first year at university and I was very shocked by this. I had always found examinations very easy, and I think I was surprised when I found that I had to work really hard to succeed. I was very lucky because I was able to retake the examination a few months later, but it taught me a very important lesson and I have not let myself fall into that trap since.*

Can you describe a typical day in your current position?

Hier geht es nicht nur um Ihre konkreten Aufgabenbereiche, sondern vor allem um Ihren Arbeitsstil, z.B. um die Frage, wie Sie Ihren Arbeitstag strukturieren, wie Sie die Erledigung Ihrer Aufgaben kontrollieren, wie gut Sie im Team arbeiten. Wie motiviert sind Sie wirklich? Identifizieren Sie sich mit dem Unternehmen? Mit einer entsprechenden Antwort können Sie Pluspunkte sammeln. Die Tätigkeiten, die Sie erwähnen, sollten übrigens für die angestrebte Stelle relevant sein.

- *It is quite hard to describe an absolutely typical day, because working in customer service management, I am never sure exactly what is going to happen and that is one of the things I like about my work, though of course, there are many typical or predictable activities. I usually arrive at work a few minutes early, so that I can start dealing with any email or voicemail enquiries before the department becomes busy. As assistant manager, I have to step in to sort out any difficulties, if the manager is away, staff not turning up, computer systems going down, etc. I am also responsible for training new staff and for many aspects of our quality assurance work, so much of each day is spent working with individual members of staff. I usually have a „catch up" meeting with my manager at the end of each afternoon.*

How would you describe your leadership style?

Mit Ihrer Antwort haben Sie die Möglichkeit, Beispiele für Ihre Führungskompetenzen einzubringen. Sind Sie in der Lage, Aufgaben zu delegieren? Gelingt es Ihnen, Ihre Mitarbeiter zu Höchstleistungen zu motivieren? Unterstützen und fördern Sie die Kollegen, erkennen Sie Ihre Leistung an und haben Sie beispielsweise ein offenes Ohr für deren Probleme? Auch dass Sie entscheidungsfähig sind, gehört zu den gefragten Führungsqualitäten. Haben Sie eine Vision vom Erfolg des Unternehmens und können Sie die Mitarbeiter dazu inspirieren, darauf hin zu arbeiten? Treffen Sie die richtigen Entscheidungen? Im Englischen wird zwischen Management Skills und Leadership Skills unterschieden. Ihr Gesprächspartner benutzt möglicherweise beide Begriffe.

- *I believe in motivating and involving other people and my style is very open, not at all secretive. If I have to take a decision on my own that affects other people, I tell them why and I treat them with respect. I like to be very approachable, as it is quite possible that someone in my team may have a very good idea and I don't want to miss out on the chance of us being able to use that knowledge. While I am open and approachable, I do also believe that there are times when, as leader, you simply have to take a decision, even if it is a tough one.*

How would your former boss describe you?

Hier bietet sich Ihnen wieder eine Gelegenheit im Jobinterview, Ihre Pluspunkte anzubringen. Sind Sie z.B. teamfähig, detailorientiert, kommunikativ und lernfähig, um nur einige Talente zu nennen? Nicht nur Ihre Fachkenntnisse, sondern Ihre Softskills zählen. Stellen Sie am besten aus der Stellenanzeige die Fähigkeiten zusammen, die vom Arbeitgeber vorausgesetzt werden und wählen Sie dementsprechend einige eigenen Stärken aus. Sie können Ihre Aussagen auch mit konkreten Beispielen aus Ihren beruflichen Stationen belegen. Gehen Sie dabei aber nicht zu weit zurück in die Vergangenheit.

- *I think she would say I was highly motivated and extremely committed to the success of the department and someone who was prepared to come up with suggestions and share ideas with other people. I have a good working relationship with my current boss and this is something which I value greatly. Being able to be honest with the people you work for, as well as the people you work with, is very important to me.*

Why should I give you the job? Can you give me two reasons?

Hier bietet sich Ihnen eine gute Möglichkeit, kurz und prägnant zu zeigen, was Sie zu bieten haben und was Sie konkret zum Erfolg des Unternehmens beitragen können. „*What can you do for us?*" – das ist die eigentliche Frage, um die es hier geht. Gehen Sie nicht ins Vorstellungsgespräch, ohne sich entsprechende Antworten zurechtgelegt zu haben – natürlich abgestimmt auf das Anforderungsprofil des jeweiligen Stellenangebots. Geben Sie sich selbstbewusst und umsichtig. Wägen Sie all Ihre Urteile wohl ab.

- *First of all, I really want the job. I know this is not enough by itself, but I want it because I feel so enthusiastic about it and so sure that I could make a great success of it. I have been very successful in the human resource department in my current company, but it is a small company, and I would like to work somewhere where there is more opportunity to develop training programmes and appraisal systems. Secondly, you say you want someone who can work independently. I have just completed a pilot project for my current employer on improving levels of employee motivation. I undertook all the work for this without any supervision and my employer is very happy with the result.*

How do you deal with criticism?

Der Arbeitgeber braucht Mitarbeiter, die mit Kritik umgehen können. Aus Ihrer Antwort muss hervorgehen, dass Sie souverän darauf reagieren können. Sie sind der Ansicht, dass konstruktive Kritik wichtig für Arbeitserfolge ist? Nehmen Sie Kritik grundsätzlich ernst – und seien Sie in der Lage, sachlich zu reagieren. Das interessiert den Interviewer.

- *I don't think anyone enjoys criticism, but I try to take a very calm and analytical approach to any criticism that comes my way. I don't react hastily or in a hostile way, but rather I try to listen to what is being said and think about whether that criticism is justified and whether I can learn something from it. I was once criticised for not seeming very interested in my staff, and I had thought that I was simply being professional and not over-inquisitive. I took the criticism on board, started talking to people a lot more and found this approach was very successful.*

What do you dislike about your current job?

Vorsicht Falle! Achten Sie darauf, dass Sie Ihre derzeitige Stelle nicht zu negativ schildern, sonst könnte der Interviewer annehmen, dass Sie ein Nörgler oder ein frustrierter Mensch seien. Kritisieren Sie Ihren derzeitigen Chef oder die Kollegen nicht. Am besten geben Sie zur Antwort, dass Sie mit Ihrer derzeitigen Tätigkeit zufrieden seien, aber dass Sie mehr Verantwortung übernehmen möchten, als es in der bisherigen Position möglich ist – vielleicht auch, dass Sie zusätzliche Kenntnisse in neuen Bereichen erwerben möchten, oder dass es in dem derzeitigen Unternehmen keine weiteren Aufstiegschancen gebe.

• *What I most dislike are some of the administrative procedures and routine paperwork. I accept that they have to be done and I always aim to be efficient, but I believe my current company could computerise a lot more of its systems and leave staff with more time to do other things. At the moment, we tend to duplicate things, keeping records on paper and on computer, so you end up doing things twice.*

English is not your first language. How would you cope?

Diese Frage ist an sich schon zweischneidig, da niemand auf Grund seiner Herkunft oder Rasse diskriminiert werden darf. Anderseits sind ausgezeichnete Sprachkenntnisse eine wichtige Voraussetzung für einen Job im englischsprachigen Ausland. Deshalb sollten Sie souverän antworten können: Haben Sie Ihr Schulenglisch durch den Besuch zusätzlicher Kurse erweitert, haben Sie vielleicht einen Summerjob im Ausland gemacht, bei dem Sie Ihr Englisch verbessern konnten? Oder haben Sie anerkannte Englischprüfungen (IELTS, TOEFL) abgelegt? Auf diese Frage antworten Sie natürlich im schönsten Englisch:

• *I have studied English right through from my early school years, so I am used to reading and writing English to a good standard. I have had two holidays in the UK and one in Canada and I have found that having the opportunity to actually have conversations with native*

English speakers really improves your language quite quickly. I would be happy to do an intensive course in Business English if this was necessary, but I feel confident that speaking to colleagues on a daily basis, I would soon be up to speed.

You spent two years on an internship in the USA – What did you learn?

Diese Frage könnte für Berufseinsteiger interessant sein. Auch hier bietet sich Ihnen die Möglichkeit, Pluspunkte zu sammeln: Sicherlich haben Sie während Ihres USA-Aufenthalts Ihre Sprachkenntnisse verbessert, darüber hinaus haben Sie vieles gelernt, was auch für Ihren Berufseinstieg wichtig ist: Teamwork, detailorientierte Arbeit, Umgang mit Kunden könnten dazu gehören.

- *I learned so many things; it is hard to know where to start. I certainly learned to adapt to new situations quickly and I learned about the subtle differences between the culture within organisations here and in the USA. The work ethic is strong in both cases, but US based organisations expect you to be quite conforming and also to be extremely enthusiastic about the organisation for which you are working. I made a lot of new friends, many of whom I am still in touch with via e-mail, and I enjoyed living in such a cosmopolitan environment.*

The position of Regional Director South-East Asia will be located in China. What do you know about this country and would you be prepared to live there for 5 years?

In der Regel wissen Sie schon vorher (durch Anzeige oder Headhunter), für welches Land die Stelle ausgeschrieben ist. Also gibt es keinen Grund, nicht vorbereitet zu sein:

- *I have not been to Shanghai yet, but I know Beijing quite well from several business trips. I would be very enthusiastic if I were offered the chance to work in this fast growing market and live there for 5 years. I am aware that Shanghai is developing particularly quickly. Of course, with the forthcoming Olympics in 2008 in Beijing and the EXPO 2010 in Shanghai, Chinese business should continue to expand over the next couple of years. Of course, it's a very competitive market – so living, working and „surviving" in China is indeed a big challenge. I have already discussed this with my family. Our two children would go to the German school which is well established in Shanghai.*

What is the most difficult situation you had to deal with in your current job?

Hier haben Sie die Möglichkeit, eine Geschichte zu erzählen – und zwar spannend und unterhaltsam! Beschreiben Sie eine wirklich schwierige Situation, die Sie gemeistert haben. Was haben Sie daraus gelernt? Erklären Sie von Ihrer Fähigkeit, Probleme zu analysieren und entsprechende Lösungen zu finden. Davon kann auch der potenzielle Arbeitgeber profitieren, das sollte er nachvollziehen können.

- *I was responsible for the introduction of a new IT system to process various aspects of human resource management. Unfortunately, the new system turned out to be very problematic and far more costly than we had expected. It was my first major project for the company, so I was not at all popular. Since then I have learned to be more thorough and much more questioning and analytical before I allocate any contract. I do not panic when there is a difficulty of any kind, I do what I can to limit the damage and learn for the future. I must stress that these kinds of crises have not been at all frequent in my career; the one I just described is the only important one I can think of.*

- *I recently had to tell someone she had failed her probationary period and I found that very difficult. She was a very pleasant person and very keen and we had tried to help her with extra training, but ultimately, she just did not have the right skills to succeed in our business. In the end, you have to put the good of the whole organisation ahead of an individual.*

Describe a situation where you had to think quickly without any opportunity to ask for advice.

Während eines Jobinterviews werden Sie häufig aufgefordert, konkrete Situationen aus Ihrer Berufstätigkeit bzw. Ausbildung zu beschreiben, durch die Sie Ihre Fachkenntnisse und Ihre Soft Skills belegen sollen. Bereiten Sie sich gut darauf vor und legen Sie sich eine Fülle von Beispielen parat. Aber verzetteln Sie sich nicht, wenn Sie dem Interviewer eine Geschichte erzählen. Machen Sie es so interessant wie möglich. Es darf auch mal gelacht werden!

- *The company I was working for was engaged in delicate negotiations concerning a possible merger with another company and we were trying to keep this quiet. I was quite new and not very experienced and one evening, I was the last person working in the office. I received a telephone call from a financial journalist who tried to get information from me and I knew that even by saying nothing I might be giving something away. I decided to pretend I was a contract cleaner, so that I could not be drawn either into a confirmation or a denial.*

Tell me how you go about solving a problem – Give me an example of a problem you have solved!

Problemlösungsfähigkeit ist eine der gefragtesten Kompetenzen. Auch im Zusammenhang mit dieser Frage überzeugen Sie, wenn Sie ein entsprechendes Beispiel bereit haben.

- *First of all, I try to analyse the various causes that have led the problem to arise. Having done this, I try to group them together, e.g., are they mainly to do with people, resources, lack of appropriate information, etc.? At this stage, it is usually pretty clear where the root of the problem lies and this makes it much easier to work on a solution that is likely to be successful.*

  We recently had a lot of problems servicing all our customer call-out requests to a fully satisfactory level. In an effort to provide excellent service, we had moved to booking really precise time slots, and in retrospect we had probably made these too short. We worked with our service team, our booking staff and with customers to come up with something more flexible. It did involve looking at the problem from two very different perspectives.

Describe a special contribution you have made to your employer

Bei dieser Frage ist es möglich, mit einer kurzen Antwort zu glänzen. Drei bis vier Sätze genügen. Sie müssen nur kurz und klar zeigen, wie engagiert und kreativ Sie Ihre Aufgaben angehen. Der Arbeitgeber schließt dann aus Ihrem motivierten Einsatz in der Vergangenheit, dass Sie auch für ihn ähnliches Commitment zeigen könnten. Diese Chance dürfen Sie sich nicht entgehen lassen!

- *For the past two years, I have co-coordinated our work experience programme. This is a programme where undergraduates join us for four weeks during the summer vacation to have some structured work experience in several of our departments. Most people are really happy to help out with this, but it is often quite hard to find a volunteer to co-ordinate the whole programme, because it takes quite a lot of time on top of your normal workload. I think it is a really valuable way to build links between students and us, and although it sometimes drives me mad, I know my work really is appreciated by the firm and by the students.*

What has been your greatest accomplishment up to now?

Häufig fragt man in diesem Zusammenhang auch nach Achievement statt Accomplishment. Die Unterschiede sind minimal: Accomplishment wird mit Kreativität assoziiert, während Achievement eher mit akademischem oder beruflichem Erfolg verbunden ist. In der Interviewsituation sind beide Begriffe oft „interchangeable". Mit Ihrer Antwort haben Sie die Möglichkeit, Erfolge aus Ihren bisherigen beruflichen Stationen zu präsentieren. Wenn Sie in Bezug auf die angestrebte Stelle stehen, sind sie besonders effektiv. Berichten Sie von Projekten, die Sie erfolgreich mit Ihrem Team abgeschlossen haben oder erwähnen Sie beispielsweise, dass Sie Verträge für die Firma an Land gezogen haben, obwohl die Konkurrenz groß war. Auch aus Ihrem privaten Lebensbereich können Sie Beispiele auswählen. Haben Sie sich das Rauchen abgewöhnt, haben Sie während der Babypause eine zweite Fremdsprache gelernt? In diesem Zusammenhang sollten Sie auch auf die Frage nach Ihren größten Misserfolgen gefasst sein.

- *I was really thrilled when I was asked to take on the management of my department, when I had only been there for eighteen months and this was my first job after university. There were many other staff who had been there for much longer than I. I think my real achievement was not just in taking on the job and doing it well, but in being accepted by other people. It was a real boost in my early career and it confirmed to me just how good important working relationships are if you want to make your organisation successful.*

- *I shall never forget the moment when I passed my high grade music exam. Even though I love my career as an advertising executive very much, the wonderful sense of achievement of obtaining a distinction was marvellous and it also increased my confidence in so many other ways.*

Allgemeine Tipps für Ihr Antwortverhalten

Es gibt Hunderte von möglichen Interviewfragen. Wir haben viele genannt und etliche beispielhaft beantwortet, damit Sie sich sprachlich vorbereiten können. Ihre Kommunikationsfähigkeit spielt in jedem Fall eine große Rolle in den Vorstellungsgesprächen. Seien Sie darüber hinaus freundlich, lächeln Sie, halten Sie Blickkontakt. Wenn Sie es mit mehreren Gesprächspartnern zu tun haben, dann sehen Sie alle abwechselnd an. Beweisen Sie, dass Sie ein sympathischer Mensch sind und ein angenehmer Mitarbeiter wären. Nicken Sie und geben Sie Signale, dass Sie verstanden haben bzw. dem Gesagten zustimmen. Sie können auch Aussagen des Gesprächpartners wiederholen oder diese in Ihre Antworten einbauen.

• Achten Sie auf Ihre Körpersprache.

   Wenn Sie verkrampft sind, beispielsweise die Arme verschränken und Ihren Gesprächspartnern nicht in die Augen sehen, muss der Interviewer annehmen, dass Sie in Stresssituationen versagen. Sie müssen also nicht nur ausgezeichnete Antworten parat haben und Ihr Leistungsprofil präsentieren können, sondern auch durch Ihr Auftreten überzeugen.

• Fordern Sie direkt Reaktionen ein.

   – *Do you think this is the kind of experience that would be valuable to your firm?*

   – *Would you like to hear more about this?*

• Übernehmen Sie die Gesprächsführung. Wenn der Gesprächspartner vom Thema abkommt, könnten Sie sagen:

   – *Getting back to one particular area of the company you mentioned ...*

   – *Would you like me to tell you more about my last project?*

• Reden Sie nicht zu viel.

   Achten Sie stets darauf, dass Sie sich nicht verzetteln. Und überstürzen Sie nichts, bewahren Sie Ruhe.

• Und hören Sie vor allem gut, d.h. aktiv, zu.

   Der Gesprächsanteil des Bewerbers sollte nicht mehr als 30 Prozent betragen, heißt es. Lassen Sie Ihren Gesprächspartner ausreden, unterbrechen Sie ihn nicht.

- Fragen Sie nach, wenn Sie etwas nicht verstanden haben.

  Überlegen Sie kurz, wenn Sie nicht ganz sicher sind, was Ihr Gesprächspartner meint.

  - *I'm sorry, I didn't get that. Could you repeat the last sentence?*
  - *I'm sorry, I'm not quite sure what you are asking. Could you repeat your question, please?*
  - *I'm afraid, I haven't come across that term before. Could you explain it to me, please?*

- Geben Sie interessante Antworten.

  Bauen Sie in Ihre Antworten Zahlen ein. Geben Sie immer konkrete Beispiele dafür, wie erfolgreich Sie in bisherigen Stellen Aufgaben gelöst haben. Beziehen Sie sich in Ihren Antworten auf das Aufgabenprofil in der Stellenausschreibung. Die Arbeitgeber schließen aus Ihren bisherigen Leistungen auf Ihr Verhalten in der Zukunft.

- Notizen: ja oder nein?

  Die Meinungen darüber, ob Bewerber während des Gesprächs Notizen machen sollten, gehen auseinander. Einerseits könnte es störend sein und ablenken, andererseits jedoch als Zeichen von Professionalität gesehen werden, wenn Sie Ihren Notizblock zücken. Gehören Sie zu denjenigen, die sich etwas notieren möchten, bitten Sie in jedem Fall um Erlaubnis: *„Is it all right if I take notes?"* Haben Sie zu Hause eine Liste von Fragen an den Interviewpartner vorbereitet und möchten Sie diese während des Gesprächs nutzen, sagen Sie: *„May I consult my notes?"*

6.4.5 Eigeninitiative gefragt: Gekonnt selbst Fragen stellen

Auch darauf sollten Sie gut vorbereitet sein. Zum einen beweisen Sie mit klugen Fragen, dass Sie sich mit dem Unternehmen beschäftigt haben und ernsthaft daran interessiert sind, dort zu arbeiten, zum anderen erfahren Sie auf diese Weise Details, die für Ihre Entscheidung, dort eine Position zu übernehmen, von Bedeutung sein können. Wichtig ist aber, dass Sie interessante Fragen stellen und nicht solche, die Sie schon während der Vorbereitung und Recherche selbst hätten beantworten können. Man setzt voraus, dass Sie sich die Website des Unternehmens genau angesehen und auch andere Informationsquellen genutzt haben (vgl. Kapitel 6.2.1).

Geschickt ist es beispielsweise, wenn Sie sich mit einer Ihrer Fragen auf etwas beziehen, was Ihre Gesprächspartner zuvor erwähnt haben. Einige Experten empfehlen durchaus, eine vorbereitete Liste von Fragen zum Vorstellungsgespräch mitzunehmen.

• Fragen zum Job

Ein Teil Ihrer Fragen wird sich sicherlich auf die angestrebte Position beziehen: Gibt es eine genaue Stellenbeschreibung? Wer wäre Ihr direkter Vorgesetzter? Wo ist die Position im Organisationsplan des Unternehmens eingeordnet? Was sind die größten Herausforderungen für den neuen Stelleninhaber? Welche Einarbeitungszeit ist vorgesehen? Welche Aufstiegschancen gibt es? Interessant sind aber auch Fragen zur künftigen Entwicklung des Unternehmens.

• Fragen zum Gehalt

Im ersten Vorstellungsgespräch sollten Sie nicht direkt nach dem Gehalt fragen, das ist erst angesagt, wenn Sie der Kandidat Nummer 1 sind. Auch Fragen nach der Bezahlung von Überstunden sind in der ersten Runde nicht angebracht (vgl. S. 232).

Interessante Fragen, die Ihnen einfallen sollten

• Fragen zur angebotenen Stelle

- *What is the history of the position?*
- *How long has the position been vacant?*
- *Is this a newly created position or am I replacing someone?*
- *Where does this position fit into the company's organigramme?*
- *May I see the job description for this position?*
- *What is the budget I will be handling?*
- *How many people will I be supervising?*
- *What are the responsibilities and budget accountabilities of the position?*
- *With whom would I be working? Is it possible for me to see them?*
- *To whom will I be reporting?*
- *Who would be my immediate supervisor? Can I meet him/her?*
- *Can you describe a typical day on the job?*

- *What are the three top-goals you have set for this position for the coming year?*
- *What kind of training will I be offered?*
- *Is there a training period?*

• Erwartungen an den Bewerber

- *How would you describe your ideal employee?*
- *What type of person would be likely to be successful in the company?*
- *What combination of skills or attributes is needed to be successful in the job?*
- *What kind of experience is the most beneficial?*
- *What is the typical career path for someone in this job?*
- *What might I expect to be doing over the next three years?*
- *What do you foresee as possible problems I might have at the start?*
- *Will I need to relocate regularly?*
- *What will be the biggest challenge I'll have to face in this job?*
- *Where can I go from here in the company?*

• Zum Unternehmen

- *What plans do you have for the next years?*
- *Could you describe your management style?*
- *How would you describe the company culture?*
- *How do you evaluate job performance in this company?*
- *What is the organizational structure like?*
- *Does the company plan to expand this department in the future?*
- *What do you like about your company?*
- *Are there regularly scheduled evaluations?*
- *Can I get a tour? Can I visit the department?*
- *Can I talk to one or two people in the department?*

6.4.6 Und zum guten Schluss

Vergessen Sie am Schluss des Vorstellungsgesprächs auf keinen Fall, sich für das Gespräch zu bedanken. Bedenken Sie, dass ein guter Abgang genauso wichtig ist wie Ihr Auftritt zu Beginn des Jobinterviews. Geben Sie sich bis zur letzten Minute professionell. Lächeln Sie – und sprechen Sie Ihre Gesprächspartner mit dem Namen an. Betonen Sie noch einmal Ihre Qualifikationen und zeigen Sie auch hier jetzt Begeisterung für die Firma und Interesse an der Position. Ein bisschen persönlicher darf's ruhig werden:

- *I am genuinely interested in your organization.*
- *I am very enthusiastic about pursuing this position.*
- *I am looking forward to hearing from you because the job seems perfect to me.*
- *Is there anything else you need to know about me?*
- *Do you have any further questions about my qualifications? I'm very enthusiastic about this position.*

Generell wird davon abgeraten, direkt am Ende des Gesprächs zu fragen, wie man Ihren Auftritt und Ihre Chancen beurteilt, nach dem Motto „*Do you think I've got the background you're looking for?*". Ihre Interviewer wollen sich sicherlich erst untereinander absprechen und Rücksprache mit anderen Abteilungen der Firma nehmen. Es ist besser, sich nach dem weiteren Prozedere zu erkundigen. Beispielsweise wann Sie mit der Entscheidung rechnen können:

- *What is the next step in the decision-making process?*
- *When may I expect to hear from you?*
- *When do you expect to make a decision? Can I call you?*
- *Can I call, if I don't hear from the company by Friday?*

Lehnen Sie ein Angebot nicht innerhalb des ersten Jobinterviews ab, wenn einige Ihrer Vorstellungen nicht erfüllt sind. Bitten Sie sich Bedenkzeit aus:

- *I would like to consider your offer and get back with you within three days.*

Last but not least:

Wir haben die deutsche Jounalistin Sigrun Schubert, die in den USA lebt und arbeitet, gebeten, amerikanische Experten und Unternehmer zum Thema Vorstellungsgespräche zu interviewen. Hier ihr Bericht.

Jobinterviews in den USA
Ein Erfahrungsbericht von Sigrun Schubert

Wer sich in den USA um einen Job bewirbt, wundert sich nicht selten, welche weit gefassten Fragen im Vorstellungsgespräch gestellt werden. „Erzählen Sie mal von sich selbst – tell me about yourself" – das ist für viele Deutsche eine ungewohnte Aufforderung. Darauf zu antworten: „Was wollen Sie denn wissen?", ist unklug, schließlich will der Interviewer herausfinden, wie sich ein Kandidat präsentieren kann und welche Schwerpunkte er im eigenen Lebenslauf setzt. Bescheidenheit ist da ganz und gar nicht angesagt. Eine Formulierung wie „Ich bin kreativ und lösungsorientiert" – gefolgt von einem Beispiel, wie diese Kreativität half, ein kniffliges Problem im Job zu lösen und den Umsatz des Exarbeitgebers zu steigern, ist schon eher angebracht. Dabei gilt: Kurz und präzise antworten. „Der Kandidat kann zwei oder drei Punkte ansprechen, von denen er glaubt, dass sie für den künftigen Arbeitgeber wertvoll seien", sagt Georgia Adamson, Career Coach & Resume Writer aus Kalifornien. Sie rät, eine Antwort nicht länger als zwei bis drei Minuten auszudehnen. Schließlich geht es darum, sicher zu wirken und die eigenen Stärken herauszustellen – eine Kunst, die im deutschen Schul- und Universitätssystem nicht immer geübt wird.

„In den USA wird im Vorstellungsgespräch eher Wert auf die Persönlichkeit gelegt, in Deutschland geht es eher um konkrete Qualifikationen", fasst Volker Pasternak, Anwalt aus Deutschland, der jetzt im Silicon Valley arbeitet, seine Erfahrungen aus den Vorstellungsgesprächen in den USA zusammen. Einen etwas anderen Eindruck gewann Mareike Paessler, Managing Editor beim American Folk Art Museum in New York. „Es ging oft sehr konkret um die Art und Größe der Projekte, an denen ich in der Vergangenheit gearbeitet hatte", sagt sie über einige ihrer Vorstellungsgespräche. Anders als in Deutschland musste sie allerdings nichts belegen. „Nach einer Bewerbungsmappe oder Zeugnissen wurde ich nie gefragt", erinnert sie sich.

Bei vielen großen Firmen hatten die Kandidaten allerdings häufig schon einige Hürden gemeistert, bevor sie zum persönlichen Vorstellungsgespräch eingeladen wurden. Es ist durchaus üblich, zwei bis drei Vorstellungsrunden am Telefon zu führen und dabei weniger geeignete Kandidaten auszusieben. In den Telefoninterviews werden Bewerber häufig aufgefordert, den Lebenslauf mit dem Personalmanager durchzugehen. Punkten kann dabei, wer die Erfahrungen aus der Vergangenheit mit den Herausforderungen im potenziellen neuen Job kombiniert und dabei den persönlichen Wert für die Firma herausstellt. Wem das gelingt und wer zudem noch kommunikativ und clever wirkt, wird fast immer zu einem persönlichen Gespräch in die Firmenzentrale gebeten.

„Amerikanische Unternehmen nutzen verschiedene Herangehensweisen in Vorstellungsgesprächen, das typische Jobinterview gibt es also nicht", warnt Coach Adamson. Beliebt sei aber das Verhaltensinterview, bei dem der künftige Arbeitgeber herausfinden möchte, wie sich ein Bewerber in bestimmten firmentypischen Situationen verhält. „Was würden Sie tun, wenn", ist ein typischer Anfang für eine solche Frage. „Hier erwartet der Hiring Manager, dass der Bewerber schnell denkt und einen durchdachten Handlungsvorschlag präsentiert", sagt Adamson. Andere Fragen scheinen eher auf Verunsicherungsversuche hinauszulaufen. „Ich wurde einmal gefragt, was ich denn werden will, wenn ich erwachsen bin", erinnert sich Mareike Paessler, die zum Zeitpunkt des Interviews Anfang 30 war. Seither haben auch andere Bewerber von ähnlichen Fragen berichtet. „Das scheint eine besondere Strategie zu sein", mutmaßt Paessler. Gut, wenn man auch auf solche Fragen vorbereitet ist und cool bleiben kann.

Doch vielfach geht es im persönlichen Gespräch darum, den potenziellen Arbeitgeber von der eigenen Begeisterungsfähigkeit, Teamfähigkeit und Hingabe für den Job überzeugen. Die „Good Attitude", die positive Einstellung, ist dabei ein Kernprinzip. Denn was im Deutschen als analytisches Denken oder eine realistische Sicht der Dinge gilt, wirkt in den USA oft als griesgrämige Art. Deshalb lieber einmal zu oft betonen, wie sehr man sich auf die neuen Herausforderungen freut und wie sehr man die Gelegenheit schätzt, möglicherweise bald in einer großartigen Firma mit tollen Kollegen und einem Superprodukt mitarbeiten zu können, als auf mögliche Probleme hinzuweisen oder Bedenken zu äußern. „Enthusiasmus ist ein Erfolgsfaktor und sollte auf jeden Fall im Vorstellungsgespräch ausgedrückt werden", rät Adamson.

In amerikanischen Firmen beginnen Vorstellungsgespräche häufig mit Smalltalk. „Das heißt aber nicht, dass sich die Kandidaten dabei völlig entspannen und sich so verhalten können, als sprächen sie mit einem guten Freund", warnt der Karrierecoach. „Der Smalltalk kann einen großen Einfluss auf den Ausgang des Gesprächs haben", setzt sie hinzu. Das Beste ist also, schon eine passende Antwort parat zu haben, wenn der für Einstellungen zuständige „Hiring Manager" danach fragt, was ein Bewerber so in seiner Freizeit macht. Auch sollte man sich nicht durch den lockeren Umgangston täuschen lassen. Die Tatsache, dass sich der Manager ganz leger mit „Hi, I'm Jim" vorstellt, bedeutet nicht, dass es keine klare Hierarchie gibt, oder dass der Bewerber ganz offen darüber plaudern kann, was ihm beim Exarbeitergeber alles nicht gefallen hat.

„Arbeitgeber suchen nach Leuten, die helfen, Zeit und Geld zu sparen und neue Wege finden, die Geschäfte noch besser laufen zu lassen", sagt Adamson. Wer diese Ziele trotz lockeren Umgangstons im Auge behält und Fragen immer als Möglichkeit versteht, den eigenen Wert für den künftigen Arbeitgeber heraus zu stellen, der hat beste Chancen, tatsächlich ein Angebot zu bekommen.

6.5 Hier geht's ums Geld

Geld ist immer ein heikles Thema und sollte sehr sachlich angegangen werden. Aber: Gehaltsaspekte sollten Sie erst ansprechen, wenn Sie sicher sind, dass Sie der Kandidat Nr. 1 der Firma sind und selbst auch gern dort arbeiten möchten. In dieser Situation ist Ihre Verhandlungsposition am besten. Auf keinen Fall sollten Sie selbst direkt mit dem Thema Gehalt anfangen. Probieren Sie, Ihr Gegenüber auf dieses Thema zu bringen. Über Gehälter wird meistens erst in der zweiten Gesprächsrunde gesprochen. Versuchen Sie, vor dem Vorstellungsgespräch herauszufinden, ob die Firma mit sich verhandeln lässt oder nicht, was sie zu bezahlen bereit ist bzw. was in der Branche und in der Region üblich ist.

6.5.1 Tipps für Ihre Gehaltsverhandlungen im Ausland

Um beurteilen zu können, ob der potenzielle Arbeitgeber Ihnen ein interessantes Angebot macht, sollten Sie sich vorher unbedingt über die marktüblichen Durchschnittsgehälter informiert haben. Es gibt im Internet eine Reihe allgemeiner sowie branchenspezifischer Gehaltsspiegel, die Ihnen helfen können, Ihren Marktwert einzuschätzen und sich optimal zu verkaufen. Relevante Internetadressen finden Sie im Anhang dieses Buchs. Beispiele von für viele Länder gültigen Gehaltsspiegeln sind:

* SalaryExpert
  www.salaryexpert.com
  Zu rund 85 000 Stellen an 200 000 Orten sind weltweit Gehaltsspiegel abrufbar.

* Prices and Earnings
  www.ubs.com/economicresearch
  Die von der Schweizer UBS AG herausgegebene Publikation kann kostenlos per Internet angefordert werden. Sie erscheint auf Englisch, Deutsch und Französisch. Unter „Preise und Löhne" ist ein Vergleich von Kaufkraft und Löhnen weltweit zu finden, der alle drei Jahre aktualisiert wird.

Wenn Sie nach Ihren Gehaltsvorstellungen gefragt werden, nennen Sie nicht eine konkrete Zahl, sondern betonen Sie am besten erst einmal, wie sehr Sie an dem angebotenen Posten interessiert sind. Sie können dann hinzufügen, dass Sie sich informiert und herausgefunden hätten, dass Berufstätige mit Ihren Qualifikationen zwischen ... und ... Dollars verdienten. Nennen Sie möglichst nicht Ihr früheres oder derzeitiges Gehalt:

- *This job/organization is exactly what I am looking for. Once we've become more familiar with each other, I'm sure salary won't be a problem.*

- *At my former company I had a comprehensive financial package which included health insurance and bonuses. Are you also planning to offer a similar package?*

- *A fair market price for a position such as this one would be in the range of $30,000 to $40,000.*

- *Money is not my main concern at this point, and I am sure that if we both decide that I am right for the job, we can come easily to an agreement regarding appropriate salary.*

- *I am sure you have already set up a certain budget for this position. May I know what you are looking at roughly?*

Mit den letzten beiden Fragen können Sie den Spieß umdrehen und nach dem ungefähren Budget des Unternehmens fragen. Für die neue Stelle hat der Arbeitgeber üblicherweise im Vorfeld einen Gehaltsrahmen abgesteckt, den man eventuell mit Geschick und Fingerspitzengefühl erfragen kann.

 ## Denken Sie daran!

Eines sollten Sie vorweg zum Thema Gehalt wissen: Die Jahre des Absahnens sind lange vorbei. Natürlich haben Sie sicherlich den ein oder anderen finanziellen Vorteil, je nachdem in welchem Land Sie eingesetzt werden. Bedenken Sie aber, dass Sie zum Teil extreme Einschränkungen Ihres gewohnten Lebensstils in Kauf nehmen müssen. Sollten für Sie bestimmte Länder z.B. aus privaten Gründen nicht in Frage kommen (fehlendes Schulsystem für Kinder etc.), dann seien Sie ehrlich zu Ihrem Interviewer und begründen Ihre Entscheidung auch so. Ansonsten ist das Ganze vertane Zeit für Sie und Ihren Arbeitgeber.

Nun wird's konkret

Wenn in der eigentlichen konkreten Gehaltsverhandlung detailliert verhandelt wird, sollten Sie darauf vorbereitet sein, Ihre Gehaltsforderungen souverän mit Ihren Kompetenzen und Berufserfahrungen begründen zu können. Jetzt ist der Augenblick gekommen, konkret nach dem Festgehalt, variablen Vergütungen, Sonderzahlungen und Sozialleistungen zu fragen: „*Are there any benefits that I would receive in addition to the salary?*"

Folgende Termini werden Ihnen in den konkreten Gehaltsverhandlungen begegnen:

- Starting Salary,
- Base Pay,
- Variable Pay,
- Health Insurance,
- Medical Benefits,
- Life Insurance,
- Dental Insurance,
- Disability Insurance,
- Retirement/Pension Plans,
- Employee Discounts on Company Products,
- Overtime Compensation,
- Vacation Days,
- Sick Days,
- Flexitime,
- Equity Participation,
- Share Options,
- Profit-sharing Plans,
- Stock Options,
- Tuition Reimbursement,
- Company Car,
- Relocation,
- Moving Expenses,
- Home-leave (Yearly Flights),
- In-house Training,
- Laptop,
- Other Technical Equipment/Computer Equipment, e.g. Palm,
- Club Membership.

Vorsicht ist geboten bei der Frage nach der Vergütung von Überstunden, Overtime Compensation. In den meisten Gehältern sind Überstunden mit abgegolten, da es heute zum Engagement gehört, für ein gewisses Maß an Überstunden bereit zu sein. Skeptisch wird ein Personalberater ganz sicher, wenn Sie schon im ersten Gespräch nach der Anzahl von Krankentagen fragen, als sei dies Teil Ihrer Jobplanung.

Sich den Vorstellungen anzunähern, ist das Ziel

Wenn das Angebot des Arbeitgebers Ihnen nicht hoch genug erscheint, nehmen Sie Ihren Vorschlag nicht sofort zurück. Fragen Sie nach dem Einstiegsgehalt und dann nach der Entwicklung innerhalb von drei bis fünf Jahren. Oder bitten Sie während der Gehaltsverhandlungen auch um einen Termin für ein zweites Gespräch, z.B. in sechs Monaten, in dem man über Beförderungen sprechen könnte. Schlägt man Ihnen ein zu niedriges Gehalt vor, können Sie sagen:

- *I'm very interested in joining the company, but the salary level is below what other employers in the area are paying.*
- *Thank you for the offer. I am sure I could make a contribution. But I do have some concerns about the compensation package that I would like to discuss with you.*
- *I am sure my productivity would justify a salary in the range of ...*

Es empfiehlt sich, die ausgehandelten Sonderleistungen in Form eines Letter of Employment schriftlich bestätigen zu lassen, in dem Responsibilities, Salary, Flexible hours etc. festgelegt werden. Da die Krankenversicherung beispielsweise in den USA sehr teuer ist, lohnt es sich, insbesondere danach zu fragen, ob der Arbeitgeber einen Teil der Versicherungskosten übernimmt.

- *What kind of health insurance plan can I get?*
- *Is there a dental benefits plan?*

Berücksichtigen Sie auch die unterschiedlichen Lebenshaltungskosten in den Städten, bevor Sie eine Zusage machen. Bei den Fachkräften ist die Bezahlung im Ausland häufig schlechter als in Deutschland. Meistens sind auch die Einstiegsgehälter niedriger, allerdings haben Sie Chancen, befördert zu werden, wenn Sie sich in Ihrem Job bewähren. In den USA beispielsweise gibt es eine hohe Flexibilität und Mobilität der Arbeitnehmer. Unbezahlte Überstunden sind generell akzeptiert, das 13. Monatsgehalt ist unüblich, die Löhne stagnieren seit langer Zeit, der Einkommenszuwachs ist niedrig. Andererseits sollten Sie wissen, dass in den USA weniger Steuern gezahlt werden als in Deutschland. Es spricht deshalb nichts dagegen, sich auch nach dem Nettoverdienst zu erkundigen, da Steuer- und Abgabesysteme oft komplexer Natur sind und man von Ihnen in der Regel nicht erwartet, dass Sie sich vor Ihrem Auslandsaufenthalt entsprechend informiert haben.

Generell ist festzustellen, dass es in den letzten Jahren einen enormen Wandel bei den Gehaltsverhandlungen gegeben hat. Früher konnte man hoch pokern, da es z.T. nur wenige geeignete Bewerber auf eine Stelle gab bzw. wenige Bewerber flexibel und mobil genug für Auslandsaufenthalte waren.

Das hat sich inzwischen geändert: Das Angebot an hoch qualifizierten Bewerbern für Auslandsjobs hat sich vergrößert. So muss beispielsweise ein Arbeitgeber in Sydney nicht mehr so tief in die Tasche greifen, da viele Arbeitssuchende bereit sind, auch für ein geringeres Gehalt in Sydney zu arbeiten. Falls Sie an einem Stellenangebot wirklich interessiert sind und den Job unbedingt haben wollen, müssen Sie eventuell bereit sein, beim Gehalt Abstriche zu machen. Der Verhandlungsspielraum ist eingeschränkt. Dies bedeutet natürlich nicht, dass Sie sich unter Wert verkaufen sollen. Und: Es kommt im Einzelfall auf die richtige Branche an.

 Tipp!

Sie können sich auch durchaus ein bis zwei Tage Bedenkzeit ausbitten, wenn Ihnen ein Arbeitgeber ein Angebot gemacht hat.

6.5.2 Rund um den Arbeitsvertrag

Schriftliche Arbeitsverträge sind in einigen Ländern, z.B. in den USA, häufig nur für gehobene Positionen üblich. Wenn Sie im Ausland arbeiten möchten und Ihnen dort eine Stelle angeboten wird, sollten Sie auf jeden Fall auf der schriftlichen, und damit verbindlichen Festlegung der ausgehandelten Punkte bestehen. Dazu gehören üblicherweise die folgenden Aspekte:

- Date of Validity,
- Place of Work,
- Job Title and Responsibilities,
- Working Hours, Overtime and Compensation,
- Vacation,
- Salary and Benefits,
- Social Security,
- Sick Pay, Health Insurance,
- Company Pension Plan,
- Unemployment Insurance,
- Probationary and Notice Periods,
- Dismissal,
- Education and Training.

Die Rahmenbedingungen im Ausland unterscheiden sich sehr von denen in Deutschland: So dauert beispielsweise die Probezeit in Australien in der

Regel nur drei (bis sechs) Monate und danach gibt es im Allgemeinen eine Kündigungsfrist von 14 Tagen.

In den USA umfasst der Urlaub im Allgemeinen nur zehn Tage, wenn Sie älter sind, bis zu 15 Tage. Dazu können Personal Days (ca. zwei bis acht Tage) kommen. Die Urlaubsdauer ist nicht gesetzlich geregelt, sondern Bestandteil von Kollektivverträgen.

In Kanada dagegen legen Bund und Provinzen gesetzlich den Mindestlohn, Sicherheitsstandards, Arbeitszeit und Urlaub fest. Tarifverträge werden zwischen Gewerkschaften und Unternehmen abgeschlossen.

In der Europäischen Union gibt es von Land zu Land ebenfalls unterschiedliche Regelungen. Weiterführende Adressen zu diesem komplexen Thema finden Sie im Anhang in den jeweiligen länderspezifischen Unterkapiteln unter „Organisatorisches".

6.6 Das Dankschreiben

Im klassischen Bewerbungsverfahren gibt es mehrere Gelegenheiten, eine Thank-you-Note zu schreiben, z. B.:

- wenn man auf die Frage nach einem Ansprechpartner Informationen erhalten hat,
- nach einem Informationsinterview bei einem Networking-Kontakt,
- nach einem Vorstellungsgespräch,
- nach einem Stellenangebot,
- nach einer Absage.

6.6.1 Persönlich, aber sachlich

Ein bis zwei Tage nach einem Vorstellungsgespräch sollten Sie Ihr Dankschreiben abschicken. Bedanken Sie sich für den Termin, für gute Tipps, für die Zeit, die aufgewendet wurde. Die persönliche Anrede (mit hundertprozentig richtig geschriebenem Namen!) ist wichtig. Mit dem Dankschreiben bringen Sie sich dem Arbeitgeber noch einmal in Erinnerung. Sie könnten einen solchen Brief darüber hinaus auch dazu nutzen, wichtige Ergebnisse zusammenzufassen und etwas nachzutragen, das Sie während des Vorstellungsgespräches vergessen haben zu erwähnen: *I would like you to know that ...*". Betonen Sie vor allem noch mal Ihr Interesse an der Stelle und fragen Sie am Schluss: „*May I stay in touch with you?*"

Das Dankeschön per Mail und Telefon

Natürlich ist es auch möglich, sich per E-Mail zu bedanken. Dann sollten Sie eine überzeugende, prägnante Subject Line nicht vergessen: *„Thank you for your consideration, Engineering, 10 years exp."* Sie können auch per Telefon nachfragen, wann die Entscheidung gefällt wird, z.B.:

- *Good Morning, Mrs. Warburton. We met last week to discuss the possibility of my joining your company as a Senior Engineering Manager. I really appreciated the time you spent with me. Can you tell me if any decision has been made?*
- *I'm really very interested in the job. Can you tell me where you are in the hiring process and when I can expect a response from you?*
- *I am calling to check on how far along in the interviewing process you are.*

Es kann lange dauern, bis Sie eine Antwort erhalten: bis zu zwei Wochen nach dem Vorstellungsgespräch. Deshalb empfehlen die Experten, dass Sie ein paar Tage warten, bis Sie anrufen und nicht den Arbeitgeber mit zu vielen Telefonaten verärgern. Leider müssen Sie jetzt ein bisschen Geduld beweisen. Mit einem Dankschreiben heben Sie sich positiv aus der Gruppe der Bewerber heraus. Sie zeigen, dass Sie freundlich sind, gute Manieren haben und gut organisiert sind. Man wird sich eher an Sie erinnern.

Nützliche Redewendungen fürs Dankschreiben

- *Thank you for seeing me while I was in New York last week.*
- *I appreciate your kindness and all the information you gave me.*
- *I was most impressed with your firm and everyone I met.*
- *I appreciated the suggestions you gave me.*
- *I would like to thank you for the opportunity to discuss...*
- *I am sure that I can make a contribution to your organization.*
- *I appreciated your time and consideration.*
- *I am still very much interested in your firm. I would like the opportunity to stay in touch with you over the next months.*

6.6.2 Beispielhaft! Musterbriefe fürs Dankschreiben

Helga Lange
1234 Virginia Road
New York, NY 10123
(212) 1234444
h.lange@hotmail.com

January 15, 2006

Dr. Judith Martinez
Director of Marketing
Mills Office Systems
222 Prestige Park, Suite 420
Oakland, NY 17436-3100

Dear Dr. Martinez:

Thank you very much for the interview and the information you gave me yesterday. I was most impressed with your corporation and everyone I met.

Working at Mills Office Systems with you and your team would be both interesting and exciting for me. I am sure that I could make a significant contribution to your organization.

Once again, I thank you for your time and your consideration. I look forward to hearing from you shortly.

Sincerely,

Helga Lange

An alles gedacht? Checkliste fürs Vorstellungsgespräch

- ❏ Sind Sie über das Unternehmen informiert?
- ❏ Kennen Sie die Stellenbeschreibung?
- ❏ Haben Sie Ihre Fähigkeiten und beruflichen Erfolge zusammengestellt?
- ❏ Haben Sie eine Kurzversion Ihrer Selbstdarstellung parat?
- ❏ Haben Sie eine Liste mit eigenen Fragen vorbereitet?
- ❏ Können Sie begründen, warum Sie gerade bei der Firma arbeiten möchten?
- ❏ Haben Sie auf Ihre Kleidung geachtet?
- ❏ Steckt ein Stadtplan, eine Wegbeschreibung in Ihrer Tasche?
- ❏ Haben Sie genügend Zeit für die Anfahrt einkalkuliert?
- ❏ Haben Sie Kopien von Ihrem Lebenslauf und Referenzen mitgenommen?
- ❏ Haben Sie einen Notizblock und einen Kalender dabei?
- ❏ Sind Sie auf allgemeine Fragen sowie auf Stressfragen vorbereitet?
- ❏ Haben Sie ein paar Sätze für den Smalltalk am Anfang zur Hand? Und einige Phrases für einen gelungenen Abschied am Ende des Gesprächs?
- ❏ Haben Sie sich über Durchschnittsgehälter in der Branche informiert?
- ❏ Wissen Sie, was in einen Arbeitsvertrag gehört?

7 Anhang

7.1 Gewusst, wo – So finden Sie im Internet Informationen für Ihre Auslandsbewerbung

In diesem Kapitel finden Sie wichtige länderspezifische Aspekte, die Sie bei Ihrer Arbeitssuche im Ausland berücksichtigen sollten. Zudem nennen wir an dieser Stelle eine Fülle relevanter Internetadressen für Ihre weiterführende Recherche. Sollten Sie weitere Informationen benötigen, so erhalten Sie diese in unseren Büchern zu den einzelnen Ländern (siehe unsere Webseite www.ilt-europa.de sowie die Liste auf dem Bestellschein am Ende des Buchs). Dort behandeln wir alle Themenbereiche detailliert.

7.1.1 Arbeitsmarkttrends im Ausland

Seriöse Informationen und fundierte Prognosen zu länderspezifischen Arbeitsmarkttrends sind unerlässlich, wenn Sie im Ausland eine Beschäftigung suchen. Welche Berufe versprechen Ihnen im Land Ihrer Wahl aktuell die größten Chancen? In welchen Regionen finden Sie Ihren Traumjob am ehesten? Neben den Arbeitsmarktstatistiken der Arbeitsverwaltungen sind auch Seminare, Fachzeitschriften, Networking- und Informationsgespräche gute Quellen für aktuelle Entwicklungen. Hier erfahren Sie auch einiges über die Herausforderungen, vor denen die Unternehmen auf den sich schnell ändernden Märkten stehen. Das Internet ist in diesem Zusammenhang eine besonders ergiebige Informationsquelle. In den Kapiteln 7.2 bis 7.7 haben wir deshalb relevante Adressen für Sie aufgelistet.

7.1.2 Firmenrecherche

Das Internet mit seiner Fülle an Firmendaten bedeutet heute ein unglaubliches Plus für alle, die sich neu orientieren möchten und auf der Suche nach einem Job im Ausland sind. Jedoch bringt das WWW mit seinen Informationsmöglichkeiten inzwischen auch eine gewisse Verpflichtung für die Bewerber mit sich: Wissen ist eine Holschuld, glauben die Firmen nicht ohne Grund. Deshalb finden Sie für die verschiedenen Länder relevante Internetadressen für Ihre Unternehmensrecherche .

7.1.3 Internetjobsites

Die großen, aber auch zahlreiche kleinere Unternehmen – und vor allem sämtliche Arbeitsvermittlungsagenturen oder Recruiters – nutzen das Internet, um offene Stellen zu annoncieren und geeignete Mitarbeiter zu finden. Neben den Webseiten der Unternehmen spielen Online-Stellenmärkte bei der Arbeitssuche im Ausland eine zentrale Rolle. Unsere Auflistung von entsprechenden Internetadressen soll Ihnen den Einstieg in dieses spannende Feld erleichtern. Sie finden für die von uns behandelten Länder eine kleine Auswahl von:

- Top-Sites,
- branchen-/berufsspezifischen Sites,
- regionalen Sites,
- sowie Sites von Vermittlungsagenturen.

Die meisten von uns aufgelisteten Sites enthalten nicht nur Stellenangebote, sondern auch wertvolle Hinweise für die Gestaltung Ihrer Bewerbungsunterlagen sowie die Vorbereitung auf das Vorstellungsgespräch.

7.1.4 Organisatorisches: Versicherungen, Steuern & Co.

Bevor Sie sich entschließen, im Ausland zu arbeiten, sollten Sie sich unbedingt über die Rahmenbedingungen sorgfältig informieren. Wie sieht es im Land Ihrer Wahl aus mit Kranken-, Sozial- und Rentenversicherung? Welche Bedeutung haben Vereinbarungen zwischen Ihrem Heimatland und dem Ausland für Sie? Was müssen Sie vor Ort beim Abschluss Ihres Arbeitsvertrags beachten? Wie müssen Sie vor Ort die Steuerfrage regeln? Eine gute Anlaufadresse für alle Auswanderungswilligen ist das Bundesverwaltungsamt. Es hat unter anderem die Aufgabe, Auswanderungswillige (auch für eine begrenzte Zeit) über das Land ihrer Wahl zu informieren sowie Rechtsauskünfte zu geben. Zu diesem Zweck gibt das Amt Broschüren heraus, die generell relevante Themen behandeln, z.B. über Arbeitsverträge und Versicherungen im Ausland, Gesundheitstipps für tropische Regionen usw. Im Internet zu finden auf der Seite des Bundesverwaltungsamts unter www.bva.bund.de.

In Hinblick auf Ihre soziale Sicherheit gelten möglicherweise Regelungen, die zwischen dem Gastland und Ihrem Heimatland speziell für derartige Fälle abgeschlossen wurden. Näheres können Sie der Webseite der Deutschen Verbindungsstelle Krankenversicherungen – Ausland, DVKA, entnehmen.

- Deutsche Verbindungsstelle Krankenversicherung – Ausland
  www.dvka.de/oeffentlicheSeiten/ArbeitenAusland.html

Landesspezifische Internetadressen zu den oben genannten Aspekten finden
Sie weiter hinten im Anhang (vgl. Kapitel 7.2 bis 7.7).

Krankenversicherung

Generell sollten Sie dafür Sorge tragen, dass Sie während Ihres Arbeitsauf-
enthalts im Ausland ausreichend medizinisch versichert sind, da die Arzt-
und Krankenhauskosten in vielen Ländern relativ hoch sind. Es ist immer
leichter, sich für einen kurzen Auslandsbesuch bei einer Krankenkasse zu
versichern. Für längere Aufenthalte wird es schwieriger und teurer. Bei einer
Entsendung können Sie bei Ihrer deutschen Krankenkasse versichert bleiben.
Für europäische Länder gibt es zumeist zwischenstaatliche Vereinbarungen.
Die EU hat zahlreiche Informationsschriften über die Sozialversicherung und
medizinische Versorgung in der Gemeinschaft veröffentlicht. Diese sind bei
den örtlichen Arbeitsämtern in Deutschland erhältlich. Spezifische Internetadressen zu den einzelnen außereuropäischen Ländern finden Sie weiter
hinten in den Kapiteln 7.2 bis 7.7.

Sozialversicherung

Zwischen vielen Ländern und Deutschland gibt es Abkommen zur sozialen
Sicherheit. Darin wird festgelegt, wie beispielsweise die gesetzliche Rente zu
regeln ist, wenn Arbeitnehmer in beiden Staaten Ansprüche erworben haben.
Die Sozialversicherung umfasst zumeist die Alters-, Hinterbliebenen- und
Invaliditätsversicherung sowie Regelungen die Arbeitslosen- und Sozialhilfe
betreffend. Die Beiträge werden in der Regel vom Arbeitgeber einbehalten.
Meistens muss der Arbeitnehmer bei der zuständigen Versicherung oder
Behörde eine Art Versicherungsausweis beantragen. Details zu den Verein-
barungen über Rentenversicherungen finden Sie in den Länderbroschüren,
die der Deutsche Rentenversicherungs Bund herausgibt. Sie können diese
Veröffentlichungen im Internet herunterladen.

- Deutsche Rentenversicherung
  www.deutsche-rentenversicherung-bund.de

Steuern

Zwischen Deutschland und vielen europäischen und außereuropäischen Ländern gibt es Abkommen, die Doppelbesteuerungen der ausländischen Arbeitnehmer vermeiden sollen. Entsprechende Informationen erhalten Sie schon

bei den deutschen Finanzämtern sowie dem vielzitierten Bundesverwaltungsamt. Landesspezifische Internetadressen finden Sie speziell in den Länderkapiteln.

7.1.5 Einreisebestimmungen, Aufenthaltsgenehmigung und Arbeitserlaubnis

Bevor Sie sich auf die Arbeitsuche im Ausland begeben, müssen Sie herausfinden, welche Einreiseregelungen für Sie relevant sind. Welche unterschiedlichen Visaarten gibt es im Land Ihrer Wahl, welches ist für Sie das richtige? Benötigen Sie eine Aufenthalts- und Arbeitsgenehmigung? Wie ist es mit der Anerkennung von Ausbildungsgängen und Bildungsabschlüssen im außereuropäischen Ausland bestellt? Was hat es mit den reglementierten Berufen auf sich? Wie geht das mit Aufenthalts- und Arbeitsgenehmigung?

Am einfachsten haben Sie es, wenn Sie innerhalb der EU eine Arbeit suchen: Sie benötigen kein Visum, hier gilt Freizügigkeit. Sie brauchen lediglich, spätestens nach drei Monaten, eine entsprechende Aufenthaltsgenehmigung. Die Anerkennung von Berufsqualifikationen und Bildungsabschlüssen ist ebenfalls innerhalb der EU geregelt.

Für die Länder außerhalb der EU benötigen Deutsche, Österreicher und Schweizer in den meisten Fällen ein entsprechendes Visum. Die Einreisebestimmungen sind von Land zu Land sehr unterschiedlich. Dabei ist die Arbeitserlaubnis mit dem erteilten Visum aufs engste verbunden. So kann man beispielsweise in den USA mit einem B-1-Visum keiner bezahlten oder irgendwie vergüteten Tätigkeit nachgehen. Mit einem J-1-Visum ausgestattet, hat man dagegen die Erlaubnis, in Amerika die angegebene Tätigkeit auszuüben. Sie werden feststellen, dass viele Jobangebote im Ausland die erforderliche Arbeitserlaubnis bzw. das entsprechende Visum/Permit zur Voraussetzung machen. Entsprechende Informationen zu den einzelnen Ländern finden Sie auf den von uns aufgelisteten Internetseiten.

7.1.6 Praktika für Studenten verschiedener Fachrichtungen

Das Internet steht mal wieder auf Platz Eins Ihrer Recherchemöglichkeiten. Im Folgenden zählen wir die Namen und Adressen einiger Organisationen auf, die bei der Vermittlung von Praktika-, Au Pair-Jobs und auch bei einer Stelle innerhalb eines freiwilligen praktischen Jahrs hilfreich sind. Egal, wohin auf der Welt Sie wollen und mit welchem Ziel, hier bekommen Sie kompetenten Rat.

Studenten der Wirtschafts- und Sozialwissenschaften	www.aiesec.de
Studenten der Medizin	www.bvmd.de
Studenten der Zahnmedizin	www.zad-online.de
Studenten der Ingenieurwissenschaften, der Naturwissenschaften sowie der Land- und Forstwirtschaft	www.iaeste.de
Studenten an Fachhochschulen	www.fh-rottenburg.de/studium/praxissem.htm
Jura-Studenten	www.elsa-deutschland.org
Studenten der Pharmazie	www.bphd.de
Studenten der Philologie (Lehramt)	www.kmk.org/pad/home.htm
Studenten der Land- und Forstwirtschaft	www.bauernverband.de
Praktika bei internationalen Organisationen	www.arbeitsagentur.de
Praktika für BWL-Studierende bei den Auslandshandelskammern	www.ahk.de
Studenten an Berufsakademien	www.inwent.org/ba-praxixphase
Studenten der Wirtschaft und Technik an Fachhochschulen	www.inwent.org
Zentralstelle für Arbeitsvermittlung (ZAV)	www.arbeitsagentur.de
Carl-Duisberg-Gesellschaft, InWEnt	www.inwent.org
Auswärtiges Amt	www.auswaertiges-amt.de

Praktika bei der EU

Europäisches Parlament	www.europarl.eu.int/parliament/public.do?language=de
Europäische Kommission	www.europarl.eu.int/news/public/default_en.htm?redirection
Europäischer Bürgerbeauftragter	www.europarl.eu.int/ombudsman/trainee/en/rules.htm

Au-Pair-Aufenthalte im Ausland

Verein für internationale Jugend-arbeit	www.vij-deutschland.de
Internationale Stellenbörse der Arbeitsagentur	www.arbeitsagentur.de

Freiwilliges Soziales Jahr

Arbeitsagentur	www.arbeitsagentur.de
FSJ-Org (Freiwilliges Soziales Jahr)	www.fsj-web.org/deutsch/berichte.htm
Arbeiterwohlfahrt	www.awo.org/pub/jugend/start/index_fsj.html
Arbeitskreis Freiwillige Soziale Dienste des Diakonischen Werkes der Ev. Kirche	www.diakonie.de/de/html/handeln/1519.html
Caritas Freiwilligendienste	www.caritas.de
Deutsches Rotes Kreuz	www.drk.de/jugendhilfe/freiwilliges_soziales_jahr.htm
Internationaler Jugendaustausch/Besucherdienst der Bundesrepublik Deutschland	www.ijab.de

7.2 Nützliche Internetadressen für Ihre Arbeitssuche und Bewerbung in Großbritannien

Wir nennen hier nur eine kleine Auswahl von Websites und Adressen. Weitaus mehr finden Sie in unseren länderspezifischen Büchern, z.B. „Erfolgreiche Arbeitssuche in Großbritannien und Irland".

Arbeitsmarkttrends

Jobcentre Plus	www.jobcentreplus.gov.uk
Prospects UK	www.prospects.ac.uk
National Statistics Office	www.statistics.gov.uk
Reed Salary Calculator	www.reed.co.uk/salary Calculator.aspx

Firmenrecherche

Corporate Reports	www.corpreports.co.uk
Hoover's Online United Kingdom	www.hoovers.com/freeuk
Financial Times	http://news.ft.com/companies/az

Allgemeine Jobsites

Fish4Jobs	www.fish4.co.uk
Monster	www.monster.co.uk
Jobsite	www.jobsite.co.uk
Jobserve	www.jobserve.com
Top Jobs on the Net	www.topjobs.co.uk
Totaljobs	www.totaljobs.com

Branchen-/berufsspezifische Jobsites

Computer Staff	www.computerstaff.net
Execs on the Net	www.eotn.co.uk
Freelancers Network	www.freelancers.net
GAAPweb	www.gaapweb.com

Hotrecruit	www.hotrecruit.com
Justengineers	www.justengineers.net
NursingNetUK	www.nursingnetuk.com
SECSinthecity	www.secsinthecity.co.uk

Vermittlungsagenturen

Kelly Services	www.kellyservices.com
Recruiters	www.recruiters.org.uk
Recruit Online	www.recruit-online.co.uk

Zeitungen

The Guardian	www.jobs.guardian.co.uk
The Financial Times	http://news.ft.com/jobsclassified
New Scientist	www.newscientistjobs.com
The Telegraph	www.telegraph.co.uk
Times Educational Supplement	www.tes.co.uk

Austausch-, Ferien- und Praktikantenjobs, Au-Pair

Internjobs	www.internjobs.com
Intern UK	www.internuk.com
SummerJobs	www.summerjobs.co.uk
Monster	www.monster.co.uk
Aupairs	www.aupairs.co.uk

Organisatorisches: Versicherungen, Steuern & Co.

Deutsche Botschaft in Groß-britannien	www.german-embassy.org.uk
Österreichische Botschaft in Großbritannien	www.austria.org.uk
Schweizer Botschaft in Groß-britannien	www.eda.admin.ch/london

German-British Chamber of Commerce and Industry	www.germanbritishchamber.co.uk
Austro British Chamber (ABC)	www.abchamber.org
Department of Health	www.dh.gov.uk/home/fs/en
Department for Work and Pensions	www.dwp.gov.uk
The Home Office	www.workingintheuk.gov.uk
The Pension Service	www.pensionguide.gov.uk
Department of Trade and Industry	www.dti.gov.uk/er/index.htm
Inland Revenue	www.hmrc.gov.uk
Europäische Kommission-Arbeitsrecht	http://ec.europa.eu/employment_social/labour_law/index_de.htm

Einreisebestimmungen, Aufenthaltsgenehmigung, Arbeitserlaubnis

Europäische Union	http://ec.europa.eu/youreurope/sitemap/de/citizens-map/index_de.html
Britische Botschaft in Deutschland	www.britischebotschaft.de
Britische Botschaft in Österreich	www.britishembassy.at
Britische Botschaft in der Schweiz	www.britishembassy.ch
The Home Office	www.homeoffice.gov.uk

7.3 Nützliche Internetadressen für Ihre Arbeitssuche und Bewerbung in Irland

Wir nennen hier nur eine kleine Auswahl von Webseiten und Adressen. Weitaus mehr finden Sie in unseren länderspezifischen Büchern, z.B. „Erfolgreiche Arbeitssuche in Großbritannien und Irland".

Arbeitsmarkttrends

FAS National	www.fas.ie

Firmenrecherche

IrishJobs	www.irishjobs.ie
Yellow Pages	www.goldenpages.ie

Allgemeine Jobsites

Jobs.ie	www.jobs.ie
Jobs-Ireland	www.jobs-ireland.com
Recruit Ireland	www.recruitireland.com
IrishJobs	www.irishjobs.ie

Vermittlungsagenturen

IrishJobs	www.irishjobs.ie/viewAgencies.asp

Zeitungen

The Irish Times	www.ireland.com
The Independent	www.unison.ie/irish_independent

Organisatorisches: Versicherungen, Steuern & Co.

Deutsche Botschaft in Irland	www.germany.ie
Österreichische Botschaft in Irland	Email: dublin-ob@bmaa.gv.at
Schweizer Botschaft in Irland	www.eda.admin.ch/dublin_emb/ e/home.html
German-Irish Chamber of Industry and Commerce	www.german-irish.ie
Information on Public Services	http://oasis.gov.ie
Department of Social and Family Affairs	www.welfare.ie
Department of Entreprise, Trade and Employment	www.entemp.ie
The Revenue Commissioners, Head Office	www.revenue.ie
Europäische Kommission- Arbeitsrecht	ec.europa.eu/employment_social/la bour_law/index_de.htm

Einreisebestimmungen, Aufenthaltsgenehmigung, Arbeitserlaubnis

Europäische Union	http://ec.europa.eu/youreurope/site map/de/citizens-map/index_de.html
Botschaft der Republik Irland in Deutschland	www.botschaft-irland.de
Botschaft der Republik Irland in der Schweiz	Email: irlemb@bluewin.ch

7.4 Nützliche Internetadressen für Ihre Arbeitssuche und Bewerbung in Australien

Wir haben hier nur eine kleine Auswahl von Webseiten und Adressen abgedruckt. Weitaus mehr finden Sie in unseren länderspezifischen Büchern, z.B. „Arbeiten und Studieren in Australien".

Arbeitsmarkttrends

Australian Bureau of Statistics	www.abs.gov.au
Workplace	www.workplace.gov.au
Salaryzone	www.salaryzone.com.au

Firmenrecherche

The German-Australian Chamber of Industry and Commerce	www.ahk.de
Ibisworld	www.ibisworld.com.au

Allgemeine Jobsites

SEEK	www.seek.com.au
Careerone	www.careerone.com.au
Mycareer	www.mycareer.com.au

Vermittlungsagenturen

Hays Personnel Services	www.hays.com.au
Adecco Australia	www.adecco.com.au

Polyglot Personnel	www.polyglot.com.au
Robert Walters Recruitment	www.robertwalters.com.au

Branchen-/berufsspezifische Jobsites

JobNet	www.jobnet.com.au
Pharmaceutical Jobs	www.pharmaceuticaljobs.com
Blue Collar	www.bluecollar.com.au
Traveljobs	www.traveljobs.com.au
Downing Teal Ltd	www.downingteal.com.au

Regionale Jobsites

The Age – Melbourne	www.theage.com.au
Gold Coast Bulletin	www.gcbulletin.com.au
Free Classifieds Brisbane	www.brisbaneexchange.com.au

Zeitungen

Sydney Morning Herald	www.smh.com.au
The Australian	www.theaustralian.com.au

Austausch-, Ferien- und Praktikantenjobs, Au-Pair-Stellen

Conservation Volunteers Australia	www.conservationvolunteers.com.au
WWOOF Australia	www.wwoof.com.au
Sinoz.de	www.sinoz.de
Interswop	www.interswop.de

Organisatorisches: Versicherungen, Steuern & Co.

Deutsche Botschaft in Australien	www.germanembassy.org.au/de/home/
Österreichische Botschaft in Australien	www.austria.org.au

Schweizer Botschaft in Australien	www.eda.admin.ch/australia_all/e/home.html
Deutsch-Australische Industrie- und Handelskammer	www.germany.org.au
Österreichische Außenhandelsstelle in Australien	www.austriantrade.org/au
Swiss-Australian Chamber of Commerce and Industry	www.sacci.com.au/
Australia Now – Health Care in Australia	www.dfat.gov.au/facts/health_care.html
HIC Health Information	www.hic.gov.au
Medicare Australia	www.medicareaustralia.gov.au
WageNet	www.wagenet.gov.au
Australian Taxation Office	www.ato.gov.au

Einreisebestimmungen, Aufenthaltsgenehmigung, Arbeitserlaubnis

Australische Botschaft in Deutschland	www.germany.embassy.gov.au
Australische Botschaft in Österreich	www.austria.embassy.gov.au
Australische Vertretung in der Schweiz	www.australia.ch
Einwanderungsbehörde	www.immi.gov.au

7.5 Internetadressen für Ihre Arbeitssuche und Bewerbung in Kanada

Wir nennen hier nur eine kleine Auswahl von Webseiten und Adressen. Weitaus mehr finden Sie in unseren länderspezifischen Büchern, z.B. „Bewerben und Arbeiten in den USA und Kanada".

Arbeitsmarkttrends

Human Resources and Social Development	www.hrsdc.gc.ca
Jobfutures	www.jobfutures.ca

Labour Market Information (LMI)   www.labourmarketinformation.ca

Firmenrecherche

Workopolis	www.workopolis.com
Yellow Pages	www.yellowpages.ca
German-Canadian Directory	www.germancanadian.com
Monster Salary Calculator	http://salary.monster.ca

Allgemeine Jobsites

Job Bank	www.jobbank.gc.ca
Jobshark	www.jobshark.com
Yahoo! Hot Jobs Canada	http://ca.hotjobs.yahoo.com
Monster Canada	www.monster.ca
Workopolis	www.workopolis.com

Regionale Jobsites

All Star Jobs	www.allstarjobs.ca
Canjobs	www.canjobs.com
Futureworks	www.fwt.bc.ca
Job Canada	www.jobcanada.org

Branchen-/berufsspezifische Jobsites

Canadian RN	www.canadianrn.com
Canadian Forests	www.canadian-forests.com
IT Job Universe Canada	www.itjobuniverse.ca

Vermittlungsagenturen

Kelly Services	www.kellyservices.com
Manpower	www.manpower.com

Zeitungen

Globe and Mail	www.theglobeandmail.com
Montreal Gazette	www.montrealgazette.com
National Post	www.nationalpost.com
Toronto Star	www.thestar.com

Austausch-, Ferien- und Praktikantenjobs, Au-Pair

Studienberatung und Praktika in den USA und Kanada	http://usa.fh-hannover.de
Deutsch-kanadische Gesellschaft (DKG)	www.dkg-online.de
TravelWorks	www.travelworks.de/kanada/index.php
Live-in Caregiver Program	www.cic.gc.ca/english/pub/caregiver/index.html

Organisatorisches: Versicherungen, Steuern & Co

Deutsche Botschaft in Kanada	www.ottawa.diplo.de/de/Startseite.html
Österreichische Botschaft in Kanada	www.aussenministerium.at/ottawa
Schweizer Botschaft in Kanada	www.eda.admin.ch/canada
German-Canadian Chamber of Industry and Commerce Inc.	www.germanchamber.ca
Swiss Canadian Chamber of Commerce	www.swisscanadianchamber.com
Health Care	www.hc-sc.gc.ca
Social Development Canada	www.sdc.gc.ca/en/home.shtml
Canada Benefits	www.canadabenefits.gc.ca
Ministry of Labour - Employment Standards	www.labour.gov.on.ca/english/index.html
Revenue Agency	www.cra-arc.gc.ca/menu-e.html

Einreisebestimmungen, Aufenthaltsgenehmigung, Arbeitserlaubnis

Kanadische Botschaft in Deutschland	www.dfait-maeci.gc.ca/canada-europa/germany/menu-de.asp
Kanadische Botschaft in Österreich	www.dfait-maeci.gc.ca/canada-europa/austria/
Kanadische Botschaft in der Schweiz	www.dfait-maeci.gc.ca/canada-europa/switzerland/
Kandische Einwanderungsbehörde	www.cic.gc.ca/english/index.html

7.6 Internetadressen für Ihre Arbeitssuche und Bewerbung in Neuseeland

Arbeitsmarkttrends

Labour Market	www.labourmarket.co.nz
KiwiCareers	www.kiwicareers.co.nz
Statistics New Zealand	www.stats.govt.nz
WorkSite	www.worksite.govt.nz

Firmenrecherche

UBD-NZ	www.ubd.co.nz
Business Information Zone	www.biz.org.nz
Jobstuff	http://jobstuff.co.nz

Allgemeine Jobsite

Seek NZ	www.seek.co.nz
Kiwi Careers	www.kiwicareers.co.nz
Jobstuff	http://jobstuff.co.nz
NZ Jobs	www.nzjobs.com

Regionale Jobsites

Gisborne Jobs Website	www.gisbornejobs.com
Taranaki Jobs	www.taranakijobsnz.com
Otago Daily Times	http://jobs.odt.co.nz

Branchen-/berufsspezifische Jobsites

Tradestaff	www.tradestaff.co.nz
IT Jobstuff	www.jobstuff.co.nz/it

Personalvermittlungen

Hudson NZ	www.nz.hudson.com
Momentum	www.momentum.co.nz
CRS Recruitment	www.crsrecruit.co.nz
Adecco	www.adecco.co.nz

Zeitungen

New Zealand Herald	www.nzherald.co.nz
The Press	www.thepress.co.nz
The Dominion Post	www.dompost.co.nz

Organisatorisches: Versicherungen, Steuern & Co.

Deutsche Botschaft in Neuseeland	www.wellington.diplo.de/de/Startseite.html
Österreichische Botschaft in Neuseeland	E-Mail: austria@ihug.co.nz
Schweizer Botschaft in Neuseeland	www.eda.admin.ch/wellington
Deutsch-Neuseeländische Handelsvertretung	www.germantrade.co.nz
Ministry of Health	www.moh.govt.nz
Department of Labour	www.ers.dol.govt.nz
Nzopportunities	www.nzopportunities.govt.nz

Ministry of Social Development	www.msd.govt.nz
Inland Revenue Department	www.ird.govt.nz

Einreise, Aufenthaltsgenehmigung, Arbeitserlaubnis

Neuseeländische Botschaft in Deutschland	www.nzembassy.com
Neuseeländische Botschaft in Österreich	www.nz.embassyinformation.com/
Neuseeländische Botschaft in der Schweiz	www.nz.embassyinformation.com/
Einwanderungsbehörde	www.immigration.govt.nz

7.7 Internetadressen für Ihre Arbeitssuche und Bewerbung in den USA

Wir nennen hier nur eine kleine Auswahl von Webseiten und Adressen. Weitaus mehr finden Sie in unseren länderspezifischen Büchern, z.B. „JobLinks USA" und „Bewerben und Arbeiten in den USA und Kanada".

Arbeitsmarkttrends

Occupational Outlook Handbook	www.bls.gov/oco/home.htm
Economic/Employment Projections	www.bls.gov/news.release/ecopro.toc.htm
America's CareerInfonet	www.acinet.org
Department of Labor	www.doleta.gov

Firmenrecherche

Dun & Bradstreet	www.dnb.com/us
Fortune	www.fortune.com
Hoover's Online	www.hoovers.com
InfoUSA	www.infoUSA.com

Salaryexpert.com	www.salaryexpert.com

Allgemeine Jobsites

CareerBuilder	www.careerbuilder.com
Careerjournal	www.careerjournal.com
HotJobs	http://hotjobs.yahoo.com
Monster	www.monster.com
NationJob Network	www.nationjob.com

Branchen-/berufsspezifische Jobsites

Academic360	www.academic360.com
ComputerJobs	www.computerjobs.com
Dice	www.dice.com
BankJobs	www.bankjobs.com
Careers in Finance	www.careers-in-finance.com

Regionale Sites

BayAreaCareers	www.bajobs.com
Boston.com	www.boston.com
Coloradojobs	www.coloradojobs.com
Jobstar	www.jobstar.org

Austausch-, Ferien- und Praktikantenjobs, Au-Pair

Studienberatung und Praktika in den USA und Kanada	http://usa.fh-hannover.de
Idealist.org	www.idealist.org
SummerJobs	www.summerjobs.com
US-Botschaft	www.us-botschaft.de/germany-ger/austausch/index.html

Personalvermittlungen

Recruiters Online	www.recruitersonline.com
Kelly Services	www.kellyservices.com
Manpower	www.manpower.com

Zeitungen

Washington Post	www.washingtonpost.com
USA Today	www.usatoday.com
Careerjournal	www.careerjournal.com

Organisatorisches: Versicherungen, Steuern & Co.

Deutsche Botschaft in den USA	www.germany.info/relaunch/index.html
Österreichische Botschaft in den USA	E-Mail:washington-ob@bmaa.gv.at
Schweizer Botschaft in den USA	www.eda.admin.ch/washington_emb/e/home.html
German-American Chamber of Industry and Commerce, GACC	www.gaccny.com
Austriantrade	www.austriantrade.org/usa/en
Swiss-American Chamber of Industry and Commerce	www.amcham.ch
Agency for Healthcare Research and Quality	www.ahcpr.gov
Social Security Online	http://ssa.gov
Department of Labor, Employment standards	www.dol.gov/esa
FindLaw	www.findlaw.com
Internal Revenue Service IRS.gov	www.irs.ustreas.gov
Life in the USA	www.lifeintheusa.com

Einreise, Aufenthaltsgenehmigung, Arbeitserlaubnis

Botschaft der Vereinigten Staaten von Amerika in Deutschland	www.us-botschaft.de
Botschaft der Vereinigten Staaten von Amerika in Österreich	www.usembassy.at
Botschaft der Vereinigten Staaten von Amerika in der Schweiz	http://bern.usembassy.gov/
U.S. Department of State Bureau of Consular Affairs Electronic Diversity Visa Lottery	www.dvlottery.state.gov
Einwanderungsbehörde (U.S. Citizenship and Immigration Services)	www.uscis.gov/graphics/index.htm

Unser Team hat bis zur letzten Minute vor der Drucklegung recherchiert und all diejenigen Internetadressen ausgewählt, die uns empfehlenswert erschienen. Sie können Ihnen als Ausgangsbasis für weitere Links dienen.

Da es im Netz täglich neue Adressen bzw. ständig Adressänderungen gibt, kann dieses Buch unmöglich vollständig sein oder die aktuelle Situation zeitgleich widerspiegeln. Damit wir aber Neuerungen möglichst zeitgleich berücksichtigen können, mailen Sie bitte dem Verlag, wenn Sie feststellen, dass sich Adressen oder Inhalte geändert haben und wenn Sie interessante neue Sites entdecken.

Wir wünschen Ihnen viel Erfolg bei Ihren Bewerbungen im englischsprachigen Ausland. Und denken Sie daran: Über Kritik und Anregungen, kurzum über ein Feedback, freuen wir uns sehr.

7.8 Mind your Grammar – Grammatikfallen, die Sie vermeiden sollten

Wenn Sie im Ausland arbeiten möchten, sind gute Kenntnisse der Landessprache Voraussetzung. In vielen Ländern wird eine Sprachprüfung bzw. ein Zertifikat vorausgesetzt, wenn ein Bewerber eine Arbeitsgenehmigung beantragt. Wer beispielsweise in Australien oder Kanada dauerhaft einwandern möchte, muss seine Chancen in einem Punktesystem bewerten lassen. Dabei spielen Sprachkenntnisse eine wesentliche Rolle. Sollten Sie noch nicht ganz sattelfest im Mündlichen und Schriftlichen sein, belegen Sie Sprachkurse im In- oder Ausland. Wenn Sie einen Aufenthalt in Ihrem Zielland mit einem Sprachkurs verbinden, werden Sie neben verblüffenden Sprachverbesserungen, die sich einstellen, auch noch besser vertraut mit der Landesmentalität. Im Internet finden Sie entsprechende Verzeichnisse von Sprachkursanbietern unter:

> www.languagecourse.net
>
> www.language-learninge.net

Im Folgenden beschreiben wir einige typische Fehlerquellen, die Sie auf jeden Fall vermeiden sollten, wenn Sie sich schriftlich bewerben oder mit einem potenziellen Arbeitgeber am Telefon oder persönlich sprechen. Wir gehen dabei von für Sie typischen Situationen aus, so wenn Sie im Vorstellungsgespräch gefragt werden: „Was haben Sie bisher beruflich gemacht?" oder „Was würden Sie als erstes machen, wenn Sie hier Montag anfangen könnten?" Simple Past und Present Perfect sowie Konditionalsätze gehören zu den absoluten Stolpersteinen für Englischlernende. Auch „Phrasal Verbs" sind eine beliebte Fehlerquelle, von den „False Friends" ganz zu schweigen.

7.8.1 If-Sätze

Die korrekte Bildung von Konditionalsätzen fällt Lernern der englischen Grammatik besonders schwer. Es gibt drei verschiedene Arten, die danach unterschieden werden, ob die Bedingung erfüllbar ist oder nicht:

- Typ 1: How will you feel, if you don't get this job? Hier geht es um eine Situation, die durchaus möglich ist. (Was machen Sie, wenn ...).

- Typ 2: If we offered you a million pounds to spend on improving the company what would you do first? Hier geht man von einer fiktiven Situation aus (Was würden Sie machen, wenn...). Vorsicht Falle: In dem If-Satz darf kein „would" stehen!

- Typ 3: If we had asked your current employer to describe your character what would he have said? Hier geht es um eine nicht erfüllbare Kondition (Wenn wir das gemacht hätten, was hätte ...).

Die Fehlerquelle bei den If-Sätzen liegt also in der Zeitenfolge. Deshalb hier eine kurze Übersicht:

Zeitenfolge bei if-Sätzen

	If-Satz	Hauptsatz
Typ 1	if + Simple Present	will + Infinitiv
	(If you ask the recruiter,	he will help you)
Typ 2	if + Simple Past	would + Infinitiv
	(if you asked the recruiter,	he would help you)
Typ 3	if + Past Perfect	would have + Partizip II
	(if you had asked the recruiter,	he would have helped you)

7.8.2 Simple Past und Present Perfect

Simple Past beschreibt Handlungen und Vorgänge, die in der Vergangenheit liegen und abgeschlossen sind. Sie haben keinen Bezug zur gegenwärtigen Situation.

Zu den Zeitbestimmungen, die Simple Past verlangen, gehören beispielsweise:

- ... ago (three weeks ago),
- in ... (in 1968, in March),
- yesterday,
- last ... (last week, last year).

Simple Past ist in folgenden Beispielsätzen angebracht:

- In my previous job I was responsible for organizing fund-raising campaigns.
- I left the company in 2004.
- I met Tim Hanks at the last conference in Munich.
- What made you choose to go to Birmingham College after school?
- Did you have trouble in finding our office this morning?

Das Present Perfect dagegen beschreibt Handlungen und Vorgänge, die in der Vergangenheit begonnen haben und in der Gegenwart noch anhalten bzw. sich noch auswirken.

Zeitbestimmungen, die mit Present Perfect verbunden werden sind beispielsweise:

- up to now,
- ever,
- never,
- since,
- always
- already.

Auch hier einige Beispielsätze:

– Have you ever been asked to resign?
– I have been with XYZ for five years.
– I have done several part-time jobs over the past three years.
– I have always been interested in graphic design.

7.8.3 Question Tags

Die so genannten Question Tags werden häufig in der englischen Umgangssprache verwendet. Auf diese einfache Art und Weise können Sie das Interesse des Gesprächspartners wecken und ihm/ihr eine Antwort entlocken. Questions Tags werden gebildet, indem eine positive Aussage ein negatives Anhängsel erhält und umgekehrt. Dies entspricht dem deutschen „Nicht wahr?" und lädt zur spontanen Zustimmung bzw. Verneinung ein. Hier einige Beispiele:

– You taught English at Heidelberg University, didn't you?
– You are married, aren't you?
– You don't mind working overtime, do you?
– I won't be away from home a lot, will I?
– The position has been open for four months, hasn't it?

7.8.4 Präpositionen

Präpositionen stellen eine große Schwierigkeit für Englischlernende dar. Auch die Phrasal Verbs, – eine Kombination aus Verb und Präposition – verleiten dazu, Fehler zu machen. Einige Beispiele zitieren wir, damit Sie sich in Ihrer schriftlichen Bewerbung oder im Vorstellungsgespräch professionell präsentieren können. Hier eine Liste mit häufigen Formulierungen, in denen man besonders auf Präpositionen achten muss:

- I am impressed with your excellent university degrees.
- Which subjects were you good at?
- The success of this project depends on your technical experience and time management skills.
- It is typical of him to win the Nationwide Leadership Award.

Präpositionen richtig wählen

• to agree with someone • to agree on/about something	jemandem zustimmen etwas zustimmen
• to apologize for doing something • to apologize for something	sich dafür entschuldigen, etwas zu tun sich für etwas entschuldigen
• to be astonished at/by something	über etwas erstaunt sein
• to believe in something/in someone	an etwas glauben, an jemanden glauben
• to depend on something/on someone	von etwas abhängen, von jemandem abhängen
• to have difficulty with something • to have difficulty (in) doing something	Schwierigkeiten mit etwas haben Schwierigkeiten haben, etwas zu tun
• to discuss something	über etwas diskutieren
• to be good at (doing) • to be good at something	etwas gut tun können gut in etwas sein
• to be impressed with/by something	von etwas beeindruckt sein
• to be interested in doing something • to be interested in something	daran interessiert sein, etwas zu tun an etwas interessiert sein
• to participate in something	teilnehmen an etwas

• to look for something/someone	etwas/jemanden suchen
• to look forward to doing something	sich darauf freuen, etwas zu tun
• to be married to someone	mit jemandem verheiratet sein
• to be pleased with, about something	sich über etwas freuen
• to prevent someone from doing something	jemanden daran hindern, etwas zu tun
• to remind someone of something	jemanden an etwas erinnern
• to speak to someone	mit jemandem sprechen
• to succeed in doing something	Erfolg haben, etwas zu tun
• to suffer from something	an etwas leiden
• to be surprised at/by something	über/von etwas überrascht sein
• to talk to someone	mit jemandem sprechen
• to think of something/someone • to think about something	an etwas/jemanden denken über etwas nachdenken
• to be typical of someone/something	typisch sein für jemanden/ etwas
• to be used to something	an etwas gewöhnt sein

Und sonst:

• until I'll wait for your answer until Friday morning	bis (mindestens) Ich warte bis Freitagmorgen auf Ihre Antwort
• by We'll inform you by the end of the week.	bis (spätestens) Wir werden Sie bis Ende der Woche informieren.
• in time	rechtzeitig

• on time	pünktlich
• since 1998 • for five years	seit 1998 seit 5 Jahren
• Welcome to London	Willkommen in London

7.8.5 False Friends

Durch die scheinbare Leichtigkeit der Übersetzung locken die False Friends in eine Falle. Im Folgenden einige Wortpaare, die Ihnen im Laufe Ihres Bewerbungsverfahrens vielleicht begegnen. Wenn Sie in diese Falle tappen, führt das unweigerlich zu Missverständnissen. Die einzelnen Vokabeln haben wir nur mit einer Möglichkeit übersetzt, obwohl sie natürlich mehrere Bedeutungen haben.

• akquirieren • to acquire	to look for sich aneignen, erwerben
• aktuell • actual	current, topical tatsächlich
• bekommen • to become	to get werden
• bringen • to bring	to take someone, something (May I take you to the station?) (mit)bringen (Can you bring me some stamps, please?)
• Chef • chef	boss Koch
• engagiert • engaged	active, committed verlobt
• eventuell • eventually	perhaps, maybe im Laufe der Zeit, schließlich
• Expertise • expertise	expert opinion Fachkenntnisse
• Fabrik • fabric	factory Stoff (Textil)
• genial • genial	brilliant freundlich, angenehm

• handeln	to act
• to handle	abwickeln, handhaben
• Handy	mobile phone (BE), Cell phone (AE)
• handy	praktisch
• konkurrieren	to compete
• to concur	übereinstimmen
• konsequent	consistent
• consequently	folglich
• kontrollieren, überprüfen	to check
• to control	verwalten, lenken
• Kritik	criticism
• critic	Kritiker
• Mappe, Aktendeckel	folder
• Aktentasche	briefcase
• map	Stadtplan
• Meinung	opinion
• meaning	Bedeutung (What do you mean?)
• Noten (Zeugnis)	marks (BE), degrees (AE)
• note	Notiz
• Personal	personnel, staff
• personal	persönlich
• Prospekt	prospectus, brochure
• prospect	Aussicht, Chance
• Menü	a set meal
• menu	Speisekarte
• Police	insurance policy
• police	Polizei
• realisieren	to implement
• to realize	bemerken
• Rente	pension
• rent	Miete
• sensibel	sensitive
• sensible	vernünftig
• sparen	to save
• to spare	übrig haben, schonen
• Stadium	stage
• stadium	Stadion

• sympathisch	nice
• sympathetic	mitleidsvoll
• Technik	technology
• technique	Technik, Methode
• vital	energetic
• vital	(lebens)notwendig
• you mustn't	du darfst nicht
• du musst/brauchst nicht	you needn't
• jobben	to work
• job	Job

7.8.6 Amerikanisches Englisch

Wenn Sie sich in den USA oder auch in Asien bewerben, sollten Sie darauf achten, Ihre Bewerbung in amerikanischem Englisch abzufassen. Innerhalb Europas ist der britische CV üblich. Die Unterschiede zwischen amerikanischem und britischem Englisch sind geringfügig, aber sie sollten Ihnen bekannt sein.

Nutzen Sie für Ihre schriftlichen Bewerbungsunterlagen Rechtschreibprogramme Ihres PCs und wählen Sie zwischen verschiedenen Englischversionen die entsprechende aus. So vermeiden Sie unnötige Fehler.

Wichtig ist, dass Sie innerhalb Ihres Briefs oder Lebenslaufs ausschließlich entweder Amerikanisches oder Britisches Englisch verwenden.

Unterschiede in der Rechtschreibung

Einige Endungen werden im Amerikanischen anders geschrieben als im Britischen Englisch.

Britisches Englisch	Amerikanisches Englisch
honour	honor
centre	center
programme	program
licence	license
organisation	organization

Unterschiede in den Begriffen

Andererseits gibt es auch unterschiedliche Begriffe. Hier einige, die für Ihr Bewerbungsverfahren nützlich sein könnten:

Britisches Englisch	Amerikanisches Englisch
Curriculum Vitae, CV	resume, résumé
covering letter	cover letter
advert	job ad
postcode	zip code
enquiry	inquiry
mobile phone	cell phone
nought, oh	zero
surname	last name
work placement, practical	internship, training
timetable	schedule
Secondary School, Grammar School	high school
personnel manager	human resources manager

Achtung: Großschreiben

Berufsbezeichnungen, Studienfächer, Sprachen und Nationalitäten werden im Bewerbungsanschreiben und Lebenslauf mit Großbuchstaben am Anfang geschrieben. Das gilt auch für Substantive, wenn Sie Studien- und Examensarbeiten zitieren.

7.8.7 Zahlen und Trends

Während des Jobinterviews oder im Lebenslauf werden Sie Ihre beruflichen Leistungen hervorheben. Die Kenntnis von Zahlen und mathematischen Symbolen ist dafür wichtig. Hier eine kleine Auswahl, damit Sie flüssig und ohne ins Stocken zu geraten mit Zahlen umgehen können.

- **Brüche**
  - ein Halbes   – half a ...
  - ein Drittel   – a third
  - ein Viertel   – a quarter
  - ein Fünftel   – a fifth
  - zwei Zehntel   – two tenths

- **Prozente**
  - 25 Prozent   – twenty-five per cent
  - 5.4 Prozent   – five point four per cent
  - 0.5 Prozent   – oh point five percent (BE)/
                          zero point five percent (AE)

- **Zahlen**
  - 3,699,281   – three million, six hundred and ninety-nine thousand, two hundred and eighty-one (BE)/two hundred eighty-one (AE)
  - 0,50   – 0.50 oh point fifty (BE)/zero point fifty (AE). Im Englischen und Amerikanischen steht ein Punkt statt des Kommas
  - 1,000,000,000
1 000 000 000   – Eine Milliarde ist im Englischen eine Billion.

So beschreiben Sie Trends

ansteigen von ... auf ...	to rise from ... to ...
ansteigen um ... Prozent	to increase by ... per cent
zurückgehen, fallen	to drop, to fall, to decrease
stabil bleiben	to remain stable, to stabilise
eine Spitze erreichen	to reach a peak
doppelt so viele	twice as many
halb so viele	half as many
jeder dritte	one in three
zwischen ... und ...	between ... and ...

beträchtlich	considerable, significant
dramatisch	dramatic
unterschiedlich	different
vorheriger	previous
annähernd	nearly
fast	almost
knapp unter ...	just under
gerade über ...	just over
um einiges darüber	well over
mehr als	over
überwiegend	largely
fast	almost, nearly
und umgekehrt	vice versa
ungefähr	around, about, approximately, roughly, something like

7.8.8 Interpunktion

Die englische Zeichensetzung ist ein komplexes Thema. Einige Grundregeln werden hier skizziert:

- Vor „and" kann ein Komma stehen, wenn die Aufzählung länger ist.

- Wenn „if"-Sätze am Anfang stehen, wird ein Komma ans Ende des Nebensatzes gesetzt. Das Gleiche gilt, wenn Sätze mit „unless" oder „when" beginnen.

- Sätzen, die mit den Konjunktionen „after", „as", „before", „since", „till", „until" eingeleitet werden, folgt ebenfalls ein Komma.

- Vor Relativsätzen steht nur dann ein Komma, wenn sie „non-defining" sind, d.h. Informationen enthalten, die für das Verständnis nichts Wesentliches hinzufügen. Zum Beispiel:
  This is Dr. O'Neill, whom you met at the Frankfurt Book Fair last year.

- Vor „that" steht kein Komma.

- Nach bestimmten Wörtern folgt ein Komma, wenn sie am Satzanfang stehen wie beispielweise:

  Firstly,

  Secondly,

  In addition

- Wenn zwei Sätze mit den Konjunktionen „yet", „but", „so", „for" verbunden werden, steht ein Komma. Zum Beispiel:

  I missed the bus, so I had to take a taxi.

Sie finden das Ganze verwirrend? Ein kleiner Trost: Die Engländer beschränken sich zunehmend in der Zeichensetzung nach dem Motto: „Less is more."

8 Sachregister

Welche Erfahrungen haben Sie gemacht?

Was haben Sie bei Ihrem Aufenthalt im englischsprachigen Ausland erlebt? Die Tipps, die wir in unseren Büchern abdrucken, sollen möglichst realitätsnah und aktuell sein. Aus diesem Grund wäre es schön, wenn Sie uns mit Ihren Ratschlägen darin unterstützten, in Zukunft noch besser auf landestypische Entwicklungen aufmerksam zu machen. Schwerpunkte unserer Veröffentlichungen sind: USA, Kanada, Australien, Neuseeland, England und Irland. Sollten Sie neue relevante Internetadressen entdeckt haben, freuen wir uns über eine Nachricht.

Schreiben Sie uns und berichten Sie von Ihren besonderen Erfahrungen, beispielsweise zu den Aspekten: Jobsuche im Ausland, Praktika in englischsprachigen Ländern, Bewerbungsstrategien im Ausland, Work-and-Travel-Aufenthalte, Entsendung ins Ausland, Studienaufenthalte etc. Wir sind an aktuellen Berichten aus Ihrer Erfahrung sehr interessiert.

Sollten wir Ihren Report abdrucken, honorieren wir ihn selbstverständlich.

Wir freuen uns über Ihre E-Mail an: info@ilt-europa.de

Dirk und Karsta Neuhaus

Danke,
Thanks

Es hat uns viel Freude gemacht, dieses Buch zu schreiben. Auf dem Weg zum Ziel haben uns einige Menschen kompetent und freundlich unterstützt. Unser Dank gebührt insbesondere:

- Kerstin Heine, die selbst als Personalberaterin in Australien gearbeitet hat. Sie hat für unser Buch fundierte Beiträge zu den Kapiteln „Job Search Letters" und „Job Interviews" verfasst und auch zu den deutsch-englischen Formulierungshilfen wesentliche Teile beigesteuert;

- Susan Hodges, Sachbuchautorin aus England, die mit professionellem Know-how für uns mögliche Antworten auf die häufigsten Interview Questions formulierte, welche den Lesern sicher bei ihrer Vorbereitung aufs Vorstellungsgespräch besonders helfen werden;

- und unserem Freund Fred Herring, der in Bexhill-on-Sea mit Geduld und Sachverstand unsere englischen Manuskriptseiten kommentierte und ergänzte;

- Sigrun Schubert, die in den USA für uns Experten befragte und in einem authentischen Erfahrungsbericht zusammenfasste, worauf es bei einem Vorstellungsgespräch in Amerika wirklich ankommt.

Ohne all diese Beiträge wäre dieses Buch niemals in die Buchhandlungen und in die Hand ratsuchender Leser gekommen.

- Last but not least: Danke auch an Jürgen Elias, der wieder einmal bis zur letzten Minute vor der Manuskriptabgabe an die Druckerei unendliche Geduld mit uns und unserem Mac bewies und sich beim Sortieren unserer Stilvorlagen nie aus der Ruhe bringen ließ.

Das Internet ist der Schlüssel zum Erfolg, wenn es um die effektive Jobsuche in den USA geht. Denn das WWW ist ein unentbehrlicher Helfer bei den Recherchen nach dem richtigen Unternehmen und zeigt zahlreiche Möglichkeiten für die zielgerichtete elektronische Bewerbung auf.

JobLinks USA listet mehr als 200 relevante amerikanische Jobsites - mit Bewertung - auf. Warum also ziellos im Internet surfen und sich mühsam durch den Adressendschungel schlagen?

Darüber hinaus zeigt JobLinks USA:

- wie Sie einen perfekten elektronischen Lebenslauf verfassen,
- wie Sie optimal Ihr Netzwerk aufbauen,
- wie Sie im Netz effektiv allgemeine, branchen- und berufsspezifische sowie lokale Stellenmärkte nutzen,
- und wo Sie geballten Expertenrat finden.

Karsta Neuhaus, Dirk Neuhaus
JobLinks USA
1. Auflage, 2002, 200 Seiten, 10,90 Euro, ISBN: 3-930627-07-8

Egal, ob Sie als Praktikant, Berufseinsteiger, Schüler oder Student, als Fach- oder Führungskraft praktische Erfahrungen in den USA oder Kanada sammeln wollen oder von Ihrer Firma dorthin delegiert werden - Sie finden in diesem Buch alles, was Sie brauchen:

- wichtige Informationen über den amerikanischen und kanadischen Arbeitsmarkt,
- Namen und Anschriften von relevanten Ansprechpartnern, Jobbörsen, Arbeitsvermittlungen und Veranstaltern von Austauschprogrammen,
- Ratschläge von Experten und persönliche Erfahrungsberichte,
- Wissenswertes zu Visabeschaffung, Arbeitsvertrag und Krankenversicherung.

Mit mehr als 150 relevanten Internetadressen für Ihre Arbeitssuche.

Karsta Neuhaus, Dirk Neuhaus
Bewerben und Arbeiten in den USA und Kanada
2. Auflage, 2007, 288 Seiten, 15,90 Euro, ISBN: 7983930627073

Kein Traumjob ohne Auslandserfahrung. Diese Devise gilt nicht erst seit gestern. Egal, ob Schüler oder Studenten, Fach- oder Führungskräfte - für viele steht der Arbeitsaufenthalt im Ausland ganz oben auf dem Karriereplan.

Doch wenn Sie in Großbritannien oder Irland auf Arbeitssuche gehen, sollten Sie die wichtigsten Spielregeln kennen, um sich kompetent und erfolgreich bewerben zu können.

Dieses Buch gibt Antworten auf alle wichtigen Fragen, unter anderen:

- Wie sehen der optimale Lebenslauf und das überzeugendste Bewerbungsanschreiben aus?
- Welche Besonderheiten auf dem Arbeitsmarkt sind zu beachten?
- Wie finde ich die für mich besten Arbeitsvermittler und Jobbörsen?

Mit mehr als 150 kommentierten Internetadressen für Ihre Jobsuche in Großbritannien und Irland.

Dirk Neuhaus, Karsta Neuhaus
Erfolgreiche Arbeitssuche in Großbritannien und Irland
2. Auflage, 2004, 118 Seiten, 9,90 Euro, ISBN: 3-930627-08-6

Australien steht ganz oben auf der Hitliste von Jobsuchenden und Studenten, wenn es um attraktive Arbeits- und Studienmöglichkeiten geht.

Aber gewusst wie! Sie müssen die Spielregeln der richtigen Vorgehensweise kennen, wenn Sie einen Studienplatz oder einen Job in Australien suchen.

Ganz gleich, ob Sie Student, Praktikant, Facharbeiter oder Manager sind, mit diesem Buch werden Sie Schritt für Schritt die richtige Strategie von der Arbeitssuche bis zur optimalen Bewerbung kennen lernen.

Sabine Ranke-Heinemann, Leiterin des Instituts, das den australischen Hochschulverbund in Deutschland vertritt, erklärt in ihrem Kapitel alle Besonderheiten zum Thema „Studienaufenthalt in Australien".

Mit mehr als 100 relevanten Internetadressen für Ihre Recherche.

Dirk Neuhaus, Karsta Neuhaus
Arbeiten und Studieren in Australien
2. Auflage, 2004, 187 Seiten, 11,90 Euro, ISBN: 3-930627-09-4

Bestellschein

Hiermit bestelle ich

EX.	TITEL	ISBN	PREIS
	Bewerben und Arbeiten in den USA und Kanada	3-930627-10-8	15,90
	Das Bewerbungshandbuch für Europa	3-930627-00-0	15,90
	Arbeiten und Studieren in Spanien	3-930626-08-6	9,90
	Erfolgreiche Arbeitssuche in Großbritannien und Irland	3-930627-06-X	9,90
	Applying for a Job in Germany	3-930627-03-5	7,90
	JobLinks USA	3-930627-07-8	10,90
	Arbeiten und Studieren in Australien	3-930627-09-4	11,90
	Das Bewerbungshandbuch Englisch	3-930627-11-6	12,90

Name: ....

Straße: ....

PLZ / Ort: ....

Datum: ....

Unterschrift: ....

Weitere Titel des ILT-Europa Verlags
siehe auch unter: www.ilt-europa.de

ILT-Europa Verlag
Am Birkenbusch 4
44803 Bochum

Den Bestellschein bei Bedarf heraustrennen bzw. kopieren und Ihrer Buchhandlung oder dem ILT-Europa Verlag zusenden.

Tel./Fax: (0234) 9586090/99
E-Mail: info@ilt-europa.de